高等院校园林专业系列教材

园林设计初步

主　编　田建林　杨海荣

中国建材工业出版社

图书在版编目(CIP)数据

园林设计初步/田建林,杨海荣主编.—北京:中国建材工业出版社,2010.1(2021.8重印)
(高等院校园林专业系列教材)
ISBN 978-7-80227-597-3

Ⅰ.园… Ⅱ.①田…②杨… Ⅲ.园林设计-高等学校-教材 Ⅳ.TU986.2

中国版本图书馆CIP数据核字(2009)第192448号

内 容 简 介

《园林设计初步》是园林专业的一门重要的专业基础课程。本书的内容具体包括以下几个方面:园林设计基本表现技能;园林设计制图基本技能与规范;对园林设计要素的认识与应用基础;园林设计构成原理与空间营建基础。

设计基本表现、制图技能是园林设计基础的重要内容,本书通过大量图例向师生展示园林设计中丰富的元素;通过引用诗歌、散文、书法等,扩大学生视野,积累足够的设计基础知识。

本书可作为高等院校园林专业的教材,也可供园林景观工作者参考借鉴。

园林设计初步
Yuanlin Sheji Chubu
主编 田建林 杨海荣

出版发行:中国建材工业出版社
地 址:北京市海淀区三里河路1号
邮 编:100044
经 销:全国各地新华书店
印 刷:北京雁林吉兆印刷有限公司
开 本:787mm×1092mm 1/16
印 张:15.25 彩插:0.5
字 数:381千字
版 次:2010年1月第1版
印 次:2021年8月第8次
书 号:ISBN 978-7-80227-597-3
定 价:48.00元

本社网址:www.jccbs.com,微信公众号:zgjcgycbs
请选用正版图书,采购、销售盗版图书属违法行为

本书如有印装质量问题,由我社市场营销部负责调换,联系电话:(010) 88386906

《园林设计初步》
编写人员

主　编　田建林　杨海荣

副主编　陈永贵

编　委(按姓氏笔画排序)

丁　文　龙自立　冯国禄　田建林

阳　艳　刘卫国　陈　璟　陈阳波

陈盛彬　杜亚填　李三华　李悦丰

吴吉林　卓儒洞　胡利珍　高建亮

聂　琴　唐纯翼　徐一斐

主　审　聂　影

前　言

园林是多个学科交叉而成的综合体，是包括地质学、自然地理、土壤学、气象等自然科学；生物学、植物学、生态学等生物科学；园艺学、林学等农业应用科学；文学、艺术、美学等多学科相综合的新的绿色生物系统工程学科。

园林设计，就是园林的筹划策略，具体来说就是在一定的地域范围内，运用工程技术和艺术手段，通过改造地形(或进一步筑山、叠石、理水)、种植树木花草、营造建筑和布置园路等途径创作而成的美的自然环境和游憩境域的过程。园林设计这门学科所涉及的知识面较广，它包括文学、艺术、生物、生态、工程、建筑等诸多领域，同时，又要求综合各门学科的知识统一于园林艺术之中，一项好的园林设计必须是科学性和艺术性的统一。

作为一个合格的园林设计师，他们从事的工作基本上都是一种创造性的劳动，因此对这类设计人才的培养，更应在素质与能力等方面的培养上多下工夫。而他们必须要具备的素质要求很全面：要具有强烈的事业心；有开阔的设计思路，具备超前意识；具有创造性的设计思维与实现创造的实际操作及表达能力；具有较宽的知识面；并能成为一专多能的实用型人才。

园林艺术创造的关键在构思。构思是其设计创作的灵魂，而思维是设计创造的源泉与基础。所以，作为设计人才，就需要学习和掌握设计的多种思维方法，以增加自己设计的悟性和启迪自己的设计思路。

作为设计人才，在设计构思确立下来后，就要寻求能充分体现设计意图的形式来进行设计表现。而表达设计意图的能力则需要平时学习过程中的反复磨炼和积存，在大学几年的学习中，就需要熟练掌握徒手画、工具画、渲染图，以及 CAD 制图，并能较好地掌握设计艺术的形式美学规律，以便准确表达出设计师心中最完美的设计艺术形象。

作为设计人才，还必须经过长期的训练和努力，锻炼出审美鉴赏的能力。因为一个设计师，首先自己就要具有较高的文化素养和审美情趣，这样才能设计出符合甚至高于大众审美观的艺术形象。如果自己的品位和审美观比一般人还低，就根本无法满足大众对艺术美感的要求。这是衡量设计人才艺术水准的主要内容之一，也是评价一个设计人才合格与否的重要依据。

如上所述，要成为一名优秀的园林设计师除了需要经过长期的理论学习和积累，广泛涉猎专业所需的多学科基础知识，还要通过长期的大量的训练和努力来提高设计基本技能。这个过程是漫长而又艰辛的！毋庸置疑，园林设计基础知识和设计基本技能的学习和掌握是通向园林艺术殿堂的起点。

所谓园林设计初步，就是以园林设计各领域所共同存在的基础问题为研究对象，一方面寻求设计造型领域的共性基础,抽象出本质的东西,作为园林设计造型的基础,另一方面依照园林专业设计对象和内容的不同,重点研究该专业的基本理论和技能。培养园林设计师们对造型艺术基础、园林专业设计技能的把握能力,为园林设计工作打下良好基础。园林设计基础是园林专业的一门重要的专业基础课程。本书的内容具体包括以下几个方面:园林设计基本表现技能;园林设计制图基本技能与规范;对园林设计要素的认识与应用基础;园林设计构成原理与空间营建基础。

"万丈高楼平地起",说明事物的发展是建立在一定的基础之上的,园林设计的学习尤其如此。园林设计的综合性,决定了园林专业的学习必须是一个循序渐进的过程。因个人的思维方式、基础水平等方面的差异,我们的学习方式、方法存在着不同,针对园林设计基础的学习,需要强调的是以下几点:

第一,勇于实践,通过大量的练习来提高设计的基本技能。设计基本表现、制图技能是园林设计基础的重要内容,技能的获得诚然需要理论来指导,但关键还是要动手,最终的获取方式势必需要通过大量、反复的训练和练习来逐步提高园林设计技能。

第二,旁征博引,广泛涉猎,园林设计的综合性,需要设计人员具有广博的知识,一方面要汲取各国、各地园林设计之精华,做到"古为今用,洋为中用",另一方面要广泛借鉴姊妹艺术的成就,如诗歌、音乐、散文、书法等,扩大视野,积累足够的设计基础知识。

第三,举一反三、融会贯通。其一是要带着多个目的去学习,如通过设计技法表现练习,除了要提高设计技能,还要提高审美观、艺术观,提高艺术素养。其二是要将所学的知识联系起来,做到举一反三、融会贯通。

本书的编写和出版得到了许多专家和学者的大力支持。第一章由吉首大学城乡资源与规划学院杨海荣编写,第二章由吉首大学城乡资源与规划学院的杨海荣、冯国禄编写,第三章由吉首大学城乡资源与规划学院的杨海荣、杜亚填和陈阳波编写,第四章由吉首大学城乡资源与规划学院的龙自立、阳艳和陈阳波编写,第五章由吉首大学城乡资源与规划学院的田建林、唐纯翼、聂琴以及丁文编写,第六章由吉首大学城乡资源与规划学院的田建林、唐纯翼、卓儒洞、聂琴、吴吉林以及湖南环境生物职业技术学院胡利珍编写,第七章由湖南环境生物职业技术学院胡利珍和吉首大学城乡资源与规划学院的冯国禄、卓儒洞编写。感谢谢云、陈盛彬、陈璟、高建亮、徐一斐和李三华在资料收集、校对文稿等方面所做的大量工作。本书特邀清华大学美术学院聂影老师对全书进行审读,她对本书内容提出了中肯的建议,在此深表感谢!

本书在编写过程中,参考并借鉴了国内外同行的一些作品,仅在此致以诚挚的谢意。由于编者水平有限,书中不妥之处或错误在所难免,恳请读者和同行给予批评指正。

编　者

2009年10月

目　　录

第一章　绪　　论

第一节　园林概述

1. 园林的定义

园林,在中国古籍里根据不同性质也称作园、囿、苑、园亭、庭园、园池、山池、池馆、别业、山庄等,英美等国则称之为 Garden、Park、Landscape Garden、Ornamental horticulture。

目前学术界对园林这一概念尚无定论。依据篆体“园”字(见图1-1)理解的含义为:“口”表示围墙(人工构筑物);“土”表示地形变化;“口”是井口,代表水体;“衣”表示树木的枝杈。由此可知,园林就是在限定的范围内,通过对建筑、地形、水体、植物的合理布置而创造的可供欣赏自然美的环境综合体。

图1-1　篆体“园”字

各种园林的性质、规模虽不完全一样,但都具有一个共同的特点,即在一定的地段范围内,利用并改造天然山水地貌或者人为开辟山水地貌,结合植物的栽植和建筑的布置,从而构成一个供人们观赏、游憩、娱乐、居住的环境。创造这样一个环境的全过程(包括设计和施工在内)一般称之为造园。

“园林学是研究如何合理运用自然因素、社会因素来创造优美的生态平衡的人类生活境域的学科。”如果对园林作更深入的分析,我们会发现,园林虽然都以“供人们进行观赏、游憩、娱乐、居住等休闲活动”为主要功能,但在实现这一功能时,各个园林在提供休闲功能的价值上是有区别的。普通的宅旁花园之类的园林,仅仅具有改善生态环境和美化环境的功能,即只有生境(富有自然界的生命气息)和画境(园林要素具有符合形式美规律的艺术布局)两个层次。而像拙政园、网师园等我国的许多优秀园林,它们不仅具有生境、画境,而且还能通过诗情画意的融入、景物理趣的构思,表达出造园者对社会生活的认识理解及其理想追求。其园景除了具有一般外在的形式美之外,还蕴涵着丰富深刻的内在思想内容。这类园林在生境和画境之上产生了第三层次的境界——意境。人们通常将这类具有第三境界层次——意境的园林称为狭义的园林。

2. 园林的类别

根据不同的角度,园林可分为以下几个类别。

以历史来区分有古典园林与现代园林。

以规模来区分有森林公园、城市公园和庭园。

以功能来区分有综合公园、动物园、植物园、儿童公园和城市绿地等。

在古典园林中又有多个类别,其中中国古典园林有皇家园林、私家园林、寺观园林;西方古典园林有规则式园林与自然风致园。不同的国家在不同的时代还可以细分不同的类型。

(1)现代公园的分类(见表1-1)

由于各国的国情与观念的差异,公园的分类也各有不同。

表1-1 现代公园的分类

项目	内容
美国的公园类别	国家公园、综合性公园、运动公园、滨水公园、植物园、动物园、城市近临公园、儿童公园、市区公园等
德国的公园类别	森林公园、国民公园、综合性公园、郊外绿地、植物园、动物园、运动与游戏场、广场与装饰道路、果木与蔬菜园等
日本的公园类别	历史公园、区域公园、风景公园、植物园、动物园、综合性公园、运动公园、市区公园、儿童公园等
中国的公园类别	古典园林、风景名胜公园、综合性公园、纪念性公园、植物园、动物园、儿童公园、城区与居住小区公园等

(2)分类公园简介

1)综合性公园:从1853年美国建立第一座城市大型综合性公园——纽约中央公园之后,综合性公园在世界各国迅速发展,现已成为公园的主要类型。

综合性公园面积大,有数十公顷至数百公顷不等。我国限定的范围是不小于$10hm^2$,市区公园游人的人均占有面积以$60m^2$为宜。综合性公园设置的内容广泛而丰富,包括观赏、游览、文化、娱乐、体育、休憩以及面向儿童、老年人的内容等。针对其面积大、内容多的特点,综合性公园普遍具有明确的功能区域的划分,充分利用道路、交通将功能区形成有机的联系。同时针对游人多、游览时间长的特点具备更完善的服务设施。大型的综合性公园一般有体育比赛的场地,文化中心、娱乐中心、露天音乐厅、博物馆、展览馆、水族馆及大片的绿地,专辟的花卉展示区等。

综合性公园往往成为一个城市或地区的象征,是市民活动的重要场所。

2)植物园:植物园的历史最为悠久,公元前138年我国汉代的上林苑即具备了植物园的雏形。目前全世界有上千所植物园,著名的植物园有莫斯科植物园、英国邱园、柏林植物园、意大利比萨植物园、中国的昆明世界园艺博览园、北京植物园(见图1-2)等。

植物园有综合性与专业性两种,在观光游览的基础上具有科普、科研、科学生产的多种功能,一般分为植物进化、地理分布、植物生态、经济植物、观赏植物、树木园以及园林艺术等。

植物园的规划应充分考虑植物的生长与发育,要具有充足清洁的水源,适宜的地形地貌、土壤、气候。公园的选址应为原生植物茂盛的区域。

3)动物园:动物园以1829年伦敦动物园的建成为标志,仅有100多年的历史,目前全世界有900多个动物园。较著名的动物园有柏林动物园、阿姆斯特丹动物园、伦敦动物园、东京上野动物园(见图1-3)以及我国的北京动物园、广州动物园、上海动物园等。

动物园类别很多,有城市动物园、人工自然动物园、专类动物园与自然动物园等。城市动物园动物种类丰富,种类少则几十种,多至千种以上,以兽舍和室外活动场地形式展出。人工自然动物园多位于城郊,以群养敞放的形式展出,富于自然情趣。专类动物园面积最小,展出富有地方特色的种类。自然动物园的面积最为广阔,多设在环境优美的自然风景保护区,游人可乘车观赏野生动物。我国四川都江堰建立了全国最大的野生动物园,其中有大熊猫、金丝猴等10多种珍稀动物。

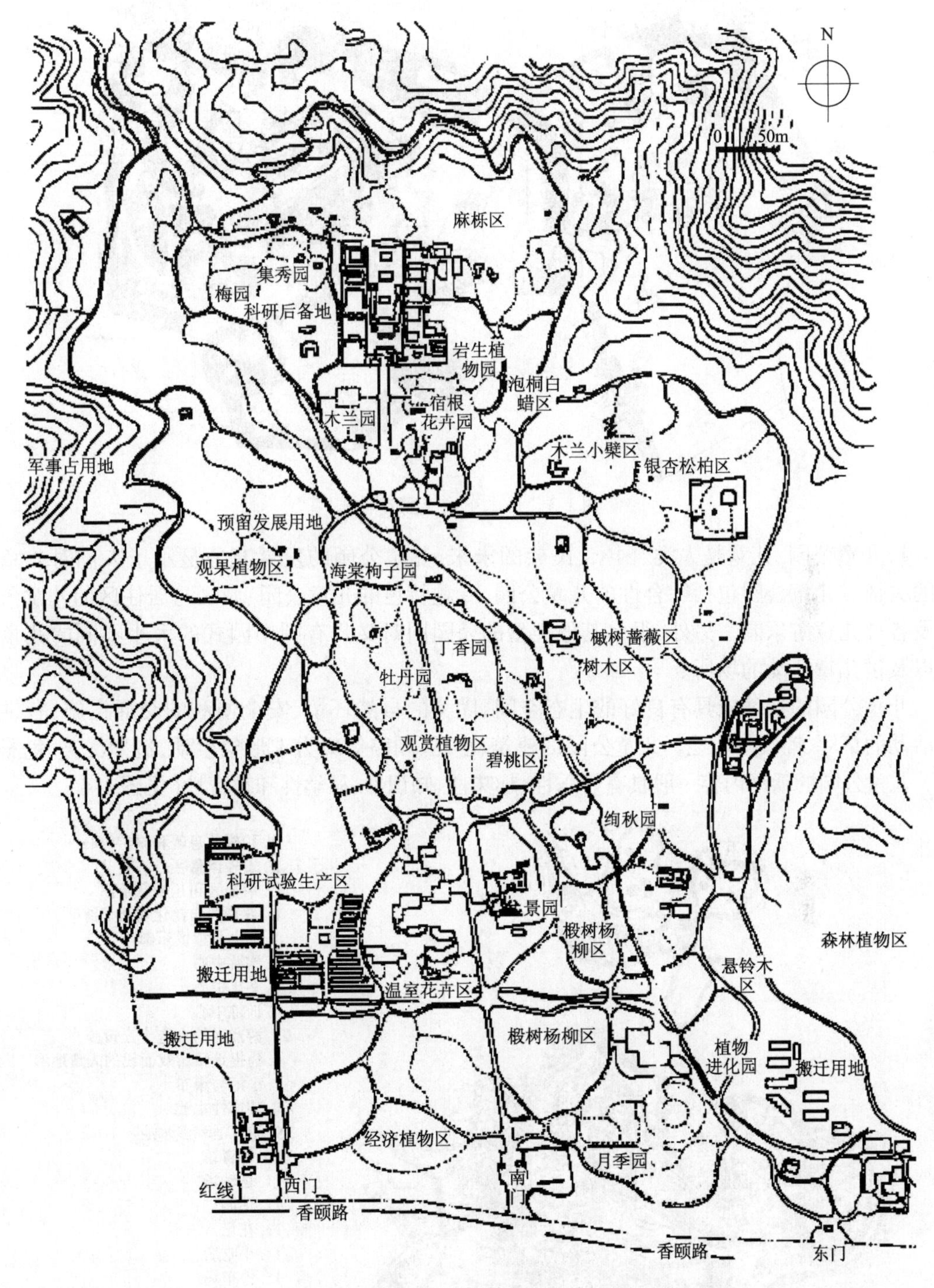

图 1-2　北京植物园

动物园主要按动物进化系统、动物原产地、动物的食性与种类 3 种类型规划布局。动物园已成为衡量一个国家文化教育与科学技术发展的标志之一。

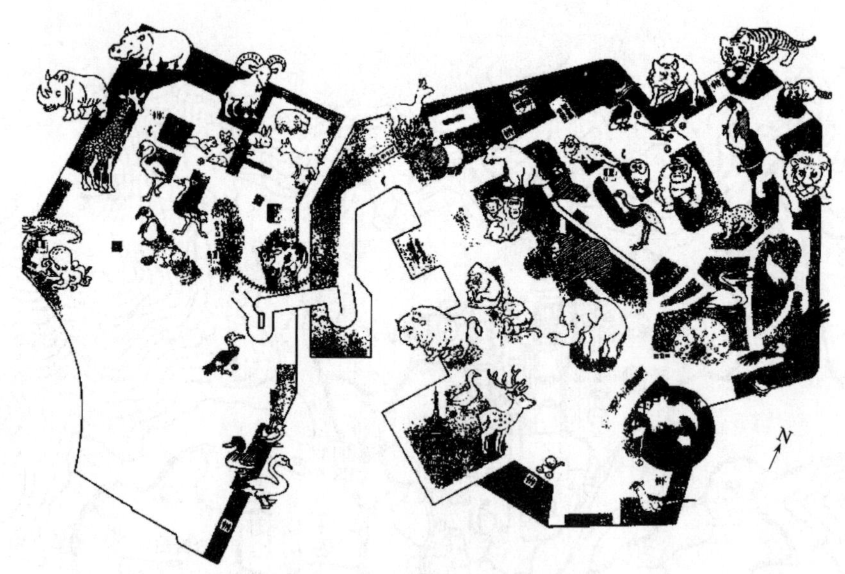

图 1-3　日本东京上野动物园

4) 儿童公园:儿童是人类、国家、民族的未来,儿童公园的发展充分显示了人们对儿童成长的关怀。儿童公园包括综合性的儿童公园、专题特色的儿童公园、城区与居住区的儿童公园以及各种儿童游乐园。另外,很多其他类型的公园同时又具有园中园式的大小不同的儿童公园以及供儿童活动的场所。

儿童公园的选址应具有良好的生态空间、优美的自然环境、安全便利的交通设施,有供儿童活动的草坪、铺装与沙地。儿童公园的建筑、小品、园路等应力求形象生动、造型优美、色彩鲜艳。儿童公园的活动内容一般具有娱乐性、趣味性、知识性、科学性和教育性(见图 1-4)。

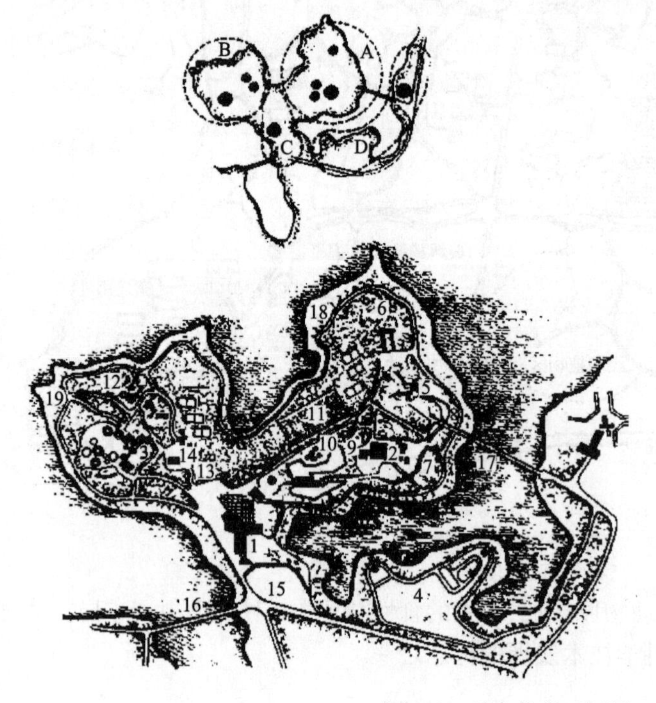

A. 积极休息区和旅游中心
B. 安静休息区
C. 中心区和儿童俱乐部
D. 儿童的自动化城市训练区
1. 中央儿童俱乐部
2. 旅游中心
3. 文化中心
4. 训练中心
5. 游戏用的人造土丘设施
6. 为捉迷藏游戏而设的人造地形
7. 小河与瀑布
8. 装饰性水池
9. 游泳池和涉水池
10. 体育馆
11. 运动场
12. 迷园
13. 花坛
14. 小吃店
15. 停车场
16. 桥梁
17. 步行桥
18. 自行车道
19. 灯塔

图 1-4　日本儿童王国园

5）森林公园：长期居住生活在工业文明与城市文明的人类开始重返自然，森林公园日益受到人们的欢迎。美国是开发森林公园最早的国家，于1872年建立了第一个森林公园——黄石国家公园，目前已有300多处。我国的森林公园建设起步于20世纪80年代，1982年建立了第一个森林公园——张家界国家森林公园，目前森林公园也已达到了300多处。

森林公园的面积一般为数百公顷至数千公顷，具有良好的生态环境与地形地貌特征。由于地域广阔、环境优美，森林公园具有野游、野营、野餐、森林浴、放牧、狩猎等极具特色的活动内容。

森林公园的规划设计要考虑林道交通的导向性，即具有观赏最典型景区的起承转合程序，达到步移景异的效果；具有自然顺畅、回避险情、便于内外沟通的作用。规划设计时要考虑森林公园封闭区与森林砍伐区的布局。过于封闭，郁闭度过大，林间阴湿黑暗不利于停留与观赏；过于开敞，郁闭度过小，则缺少森林公园浓郁幽深的境界，适量的抚育间伐会使林中郁闭度适中。森林公园中的林中空地要有高低起伏的林冠线与曲折且富于韵律感的林缘线，要形成向密林的自然过渡，为游人提供遮阴休憩的场所。林中可开辟透景线，形成前景、中景、远景的层次。居高地势可开辟眺望点，人们可以俯视森林，领略森林的整体美感。通过人工林的营造可以增强森林的季相感，以形成不同季节变化明显的景观效果。

6）其他公园：除以上介绍的几种类型的公园外，还有游乐园、体育公园、水上公园等多种类型的公园。

第二节　园林起源

1. 中国古典园林

纵览中西，不论是西王母的“瑶池仙境”，基督教的“伊甸园”，还是佛教的“西方极乐世界”，都是根据人间优美的自然环境加以理想化的塑造，而成为人们向往的美好境域的。它们都是经过口头流传而后形诸于文字描绘，成为人之神往的佳境的。最早人们在布建祭祀场所时追寻探求，继而拥有权势的人在其生活的空间中加以效仿，即使是一般的民众也在生产、生活的空间中尽其所能利用自然因素来改善自己的现实生存环境。

远古的人们在栖居于林木之间、岩洞之中时便开始懂得用壁画来装饰自己的生存环境。而当他们建立起一个个村落、集镇和城市时，他们毫不怀疑自己正在营造着礼貌（civility）、文明（civilization）、文雅（urbanity）（在西方这三个词与“城市”有着相似的意义）的场所。

园林起初的形态在不同的民族、地域中不尽相同。中国园林起源于何时，已难考证。可以考据的是殷代甲骨文中已有：“园、囿、圃、庭”等字；所谓“囿”，《初学记》定义为“养禽兽曰囿”；《淮南子·本经训》：“有墙曰苑（园），无墙曰囿。”据传早在黄帝时代就已有了毓草林、牧百兽的园囿；到夏代有了“池囿”；殷纣王时有了“园囿、池沼、鹿台”等园林形式；同时民间也有了圃园。由此可知，最早的园林是与游猎、观天象与祈祷、种植与养殖、休闲游憩娱乐等人在自然中的活动相结合的，是人对自然的适应过程。

秦始皇统一六国后，在渭水之南做上林苑，在咸阳大建宫室，“筑土为蓬莱山”，开创了人工堆山的纪录。汉武帝刘彻则开创了园林史上真正的苑囿时代。自此也开始了在园林中体现人对自然的改造。

自魏晋南北朝开始，受佛教和文人士大夫的田园思想的影响，园林设计风格在继承古代

"一池三山"的传统的同时,开始了崇尚和模拟自然的山水园的营造,这种风格也一直影响到唐宋的写意山水园。此时,私家园林和宫殿园林都逐渐形成了"效法自然,高于自然,情景交融,诗情画意"的中国园林风格,并在明清时期达到兴盛。

从粗放的自然风景苑囿,到规整的宫殿式皇家园林,再到面向人民大众的以公园为主的现代城市绿地,园林的设计与营造的过程也是"人与自然"密切发展的过程,是"虽由人作,宛自天开"、"妙极自然"的过程,是伴随城市化发展和注重生态环境改善的过程。

2. 外国古典园林

世界上最先由原始社会进入奴隶社会的国家有古埃及、古巴比伦、古印度和中国,这四个亚非文明古国被称为世界文明的摇篮。它们在奴隶制的基础上创造了灿烂的古代文化,出现了巨大的建筑物、灌溉系统、城市等,并开始有了造园活动。

(1)古埃及园林

埃及是世界最古老的国家之一,尼罗河孕育了古埃及文化,成为欧洲文明的摇篮。公元前500年,埃及的种植园从实用转向唯美与宗教意义的造园。

1)神苑。宗教在古埃及的生活中占有极其重要的地位,最高统治者法老即是神的化身。在这种背景下,出现了大量的神庙以及相关的建筑,神庙周围设置神苑,形成依附于神庙的丛林。笔直的通道从河岸延伸到神庙尽端,两侧栽种成排的树木,入口处屹立着雄伟的狮身人面像,庙前扩展为神坛。主建筑的神庙建在多层次的平台上,配以廊柱,非常壮观。

2)墓园。埃及人相信死后会进入另一个世界延续生命而灵魂不灭,法老与贵族在有生之年纷纷建造金字塔墓地。金字塔铺设中轴线状的圣道,塔前有广场,周边以对称的树木陪衬,营造出肃穆的墓园环境。墓中装饰着大量雕刻、壁画,墓外栽种植被,修建水池,营造浓厚的人世生活的氛围。

3)宅园。王公贵族多建方形宅园,四面是园墙,形成较为封闭的空间。南墙正中设塔门及偏门,从塔门进入垂直的中轴路。凡宅园必有水池,大的水池宽阔,可以行舟、垂钓、猎鸟,池中有水生植物,沉床式水池的台阶与地面相接。园内有凉亭以及攀缘植物的棚架,用以美化、观赏、休憩与蔽日。整个宅园均呈对称布局,组合成各种规整形状的几何形空间。高大树木下的林荫路,修剪齐整的绿篱矮墙是分割空间的界线。

古埃及园林的形成与其自然条件、社会发展、宗教理念以及人们的生活习俗相关。由于地处炎热、干燥、水源短缺、植物匮乏的环境,凉爽、湿润会给予人天堂般的感受。人们寄托于神灵,敬仰水泉与树木,因而敬神、聚水、植树成为造园的要素,水池、凉亭、棚架等应运而生。由于天然林稀少,又往往不能近水,开渠引水就成为重要的工程,这使古埃及园林在初始形成时就具有强烈的人工气息,布局较为整齐规则。

(2)古代西亚地区园林

能代表古代西亚造园艺术的地区是现今的叙利亚、伊拉克一带。

1)古巴比伦的悬空园。古巴比伦诞生于美索不达米亚大平原,得天独厚的地理环境促成了这一地区园林的发展。

悬空园又名"空中花园",是依附在古巴比伦城墙之上的庭园。据古希腊的史书记载,悬空园呈金字塔形,以渐变、错落的露台组成,台层之间大型空中花园的底台长达140m。露台外围是拱券式的柱廊,内部的空间穿插组合成居室、厅洞、浴池等。露台上堆积土壤栽培种类繁多的植被,郁郁葱葱,层层叠叠。宽敞的拱廊、浓密的植物,起到了通风、遮阳的作用。远远望去，悬空园犹如绿色的山丘悬挂在古巴比伦的上空，有着神幻般的境界。

2）古波斯的天堂园。古波斯是闻名于世的强国，在西亚地区有着悠久的造园历史，其中以天堂园最具代表性。

天堂园环以围墙，园中十字形的交叉道路形成中轴线，交叉点筑建水池形成全园的中心，此格局象征天堂。中轴线把园林的空间分为4个区域，每一区域又划分为形态各异但不失齐整的小块区域，栽种树木、果木、花草。其间由水渠分流串联，水池、花坛、水渠、绿篱形成美丽的图案。园林建筑朴素、简洁，由花窗沟通不同空间环境的景色。波斯人喜用彩色陶瓷片作装饰，墙面、地面、水渠、过廊、亭壁、坐凳都用其点缀镶嵌，形成了别致的伊斯兰风格。

（3）古希腊园林

公元5世纪的希波战争因希腊大获全胜而使其进入太平盛世，希腊人把果蔬园进一步建成装饰性庭园，植以花木栽培，并发展为住宅内部规则、方整、柱廊园的形式。大多数园林的中间部分设有祭坛或神庙建筑，并将各式水景、水池设在花丛中，种植果树及观赏花木，使得一年四季都有花可赏。

古希腊是欧洲文明的发源地。体育运动的发展和民主思想的活跃，促使希腊造出了运动场，运动场周边有宽大的林荫走道、路边塑立哲学家头像的"哲学家小径"以及圣林（神庙四周的树林）等公共园地。随着城市人口的密集，希腊人的庭院开始向屋顶花园发展；渴望宁静的哲学家也开始在城外建造别墅，并在那里广收门徒，传播自己的思想。希腊人爱好培植珍木异卉，试验大量的外来植物，重视灌木修剪技术，把厅堂都用花卉植物装饰起来。

希腊哲学家在雅典建造了历史最早的文人园。文人园是哲人与学者的园林，利用天然风景改造而成。文人园占地面积大，有高大树木并列的林荫道；有神殿、祭坛；有纪念碑、雕塑；有花廊、凉亭、坐椅。哲学家可以在这种舒适、温馨的环境中讲学、交谈、浏览、休憩。当时哲人的美学观与数学、几何学密切相关，认为美是秩序与规律的组合，强调比例、尺度的协调，这必然导致园林的规则化。因此，对规整的认知成了欧洲园林类别的雏形。

（4）古罗马园林

古罗马用武力征服了古希腊但却继承了古希腊的文化，古罗马园林艺术亦是古希腊园林艺术的继续。

1）哈德良山庄。罗马皇帝哈德良的山庄坐落在梯沃里的山坡上，地形起伏不规则，大部分建筑顺势而建。山的中心部位是规则式布局，有规则式庭园、柱廊园以及形式多样的花园。山庄的水体丰富，贯穿全园，有溪、河、湖、池、喷泉。宫殿背靠山谷，修建平台、柱廊作为饮宴、观景的场所。

2）托斯卡那庄园。罗马人效仿希腊贵族的乡居生活，在郊外建造庄园成为风尚，作家普林尼就在托斯卡那地区建造了一所典型的规则式园林。由于罗马城在山丘上，因此建造庄园时就将坡地辟为多层平台，这种手法成为以后意大利台地园的基础。庄园有高大的庄门，园内是直线与放射线交织的规整园路，笔直的树木栽种于路边，装饰性的大理石雕塑置于绿荫之下。庄园的水池喷泉成为园林的中心，修剪整齐的绿篱、几何形状的花坛、几何形的植物雕塑随处可见，而这一切都限定在规则的布局中。

3）古希腊、罗马时期的柱式。古希腊、罗马时期创造了以石制的梁柱作为基本构件的建筑形式，经过文艺复兴及古典主义时期的进一步发展，一直延续到20世纪纪初，成为世界上一种具有历史传统的建筑体系，即西方古典建筑。石制的梁柱围绕长方形的建筑主体形成一圈连续的围廊、柱子、梁枋，其基座、柱子和屋檐等各部分之间的组合都具有一定的格式，叫做“柱式”。柱式是西方古典建筑最基本的组成部分，了解西方古典建筑艺术造型的特点应首先从了解柱式入手，柱式是西方古典建筑的象征。

第三节　园林设计

一、园林设计的特点

1. 综合性强

园林设计是一项综合性很强的工作，它的涉及面很广。一个园林设计工作者可能会遇到各种各样的设计任务。在园林设计时还会涉及建筑学、工程学、观赏树木学、花卉学、美学等各方面的知识。

2. 要掌握知识和技巧

园林设计需要有知识和技巧两方面的准备，没有广泛的基础知识，就没有进行设计的基础；而没有一定的设计技巧，就无法将一定的设计资料、理论知识“转变”为有形体、有空间、实用、经济又美观的园林设计。此外，还需要在实践中进行长期的磨炼和积累，才能熟能生巧。

3. 形象的推敲

园林设计中各种矛盾的解决，设计意图的实现最后都将表现为图纸上的具体形象。所以园林设计主要不是一种逻辑的推理，而是一种形象的推敲。对形象的观察和感受能力，是学习园林设计所不可缺少的条件。

4. 相关知识的积累

园林设计和人们的社会生活息息相关，广泛的外围知识会对园林设计有很大的益处，应该抓住一切机会去观察周围的生活，留意它们和园林的关系。关于园林艺术的修养更要注意长期的、点滴的积累。在课堂中所能学到的东西是有限的，经常不断地观察、分析已有的园林，欣赏浏览古今中外的优秀作品都是一种无形的积累。对园林艺术规律的吸收和理解如果没有大量的感性认识作为基础，几乎是不可能的。艺术上的许多规律都是互通的，对于其他艺术类别，如音乐、文学、美术等的爱好和钻研，对提高艺术修养也是十分有益的。

5. 循序渐进，学好基本功

和许多学科一样，园林设计工作者业务能力的高低，关键在于基础训练，因此，切不可好高骛远，急于求成。

二、园林设计的立意

设计的第一步便是立意，立意是园林设计的灵魂。依照立意决定表现什么样的主题，传达什么样的理念，采用何种风格，确定最终的造型手段。

“立意在先”对于古今中外所有园林作品无一例外。

中国古典园林早于秦朝在上林苑开凿了太液池，池中堆筑岛屿为仙山，模拟传说中东海的神岛仙境。秦始皇迷信神仙方术，曾多次派遣方士到三仙山求取不老之药未果，于是便以其求仙的意愿堆筑蓬莱仙岛。到了汉代，此意念依然延续，汉武帝重修了上林苑，苑内仍开凿太液池，仿效秦始皇，在太液池堆筑瀛洲、方丈、蓬莱三岛，成为历史上最完整的“一池三山”仙苑式皇家园林。这种形式一直延续到清代，成为历代皇家园林的典范。“一池三山”仙苑式皇家园林模式见图1-5。

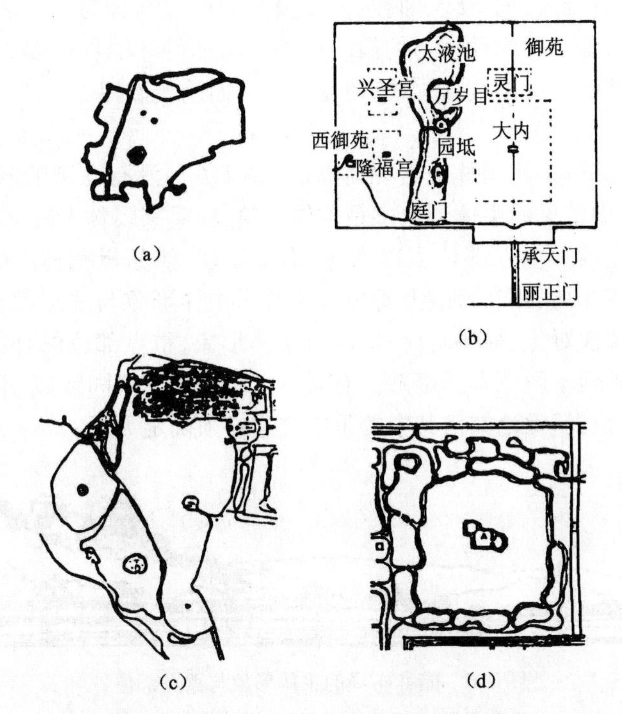

图1-5　“一池三山”仙苑式皇家园林模式
(a)杭州西湖；(b)元大都皇城太液池；(c)颐和园昆明湖；(d)圆明园福海

宋代由于社会动荡不安，文人宦官纷纷逃避现实而又不愿流于世俗便纷纷修建私家园林以安其身，所建的园林成为园林主人的气节与人品的表现。用梅花、兰花、菊花、竹林、奇石借以象征高雅、脱俗、清纯，这是该时期造园的重要手段。

在西方，凡尔赛宫苑是法国古典园林最辉煌的代表。国王路易十四亲自参与策划，并自比太阳王，建苑宗旨为歌颂太阳神阿波罗以寓意自身的伟大。宫苑中最突出的雕塑坐落在宫苑主轴线的显著位置，即阿波罗驾乘四马车迎着太阳从泉池中腾空而起，气势雄壮无比。此喷泉雕塑景点与阿波罗的母亲怀抱幼时阿波罗的雕像相对应，共同构成了园内中心景观。

园林脱离不了时代，任何园林都会留下时代的烙印，时代精神主宰造园的主题思想。

不同园林具有不同的功能，要选择与其功能相适应的立意。园林是艺术创作，园林设计师的情趣、爱好必然会表现其中。园林是视觉艺术，要符合诸多形式美的要素，要有鲜明而突出的风格特点，这一切都引导着园林设计立意的确立。

三、园林设计的总体布局

总体布局为纲，纲举目张，是全局性宏观的处理，以此作为基调将园林设计的诸多要素融为一体，继而深入到其他单项的布局中。总体布局一经确立便具备统领、制约其他单项布局的作用。

1. 骨架线与轴线

在园林设计总体布局的总平面图上应显示出一条明确的骨架线。在规则式的布局中，骨架线往往成为中轴线或平行轴线，如水平与垂直交叉轴线或规则的放射轴线；较活泼自由的布局则形成不太规则的骨架线，如直线、曲线、折线以及它们的复合与变幻的形态。骨架线与轴线能够表现出秩序美，即对称的秩序与均衡的秩序。园林设计中各种要素的综合运用而显现出复杂的组合，穿插清晰的骨架线与轴线，使复杂的局面趋于条理。

2. 主体形象与重点部位

主体形象与重点部位将使园林中出现高潮（见图1-6），没有高潮的园林给人的印象只能是平淡乏味。在园林中常见的主体形象多是主体建筑，如皇家园林中的宫殿，私家园林中的正厅，现代园林中的厅馆等。重点部位多以水体、山体出现，如苏州园林内的中心湖水、中心水池，北京北海公园的琼华岛、颐和园的万寿山等。有了主体形象与重点部位，还要分布与之相适应的陪衬，以产生主次对比、强弱对比，形成对主体形象、重点部位的环抱关系，或以主体形象、重点部位为中心扩展不同节奏的聚散。有时一个园内依照不同区域、不同功能会形成不同的主体形象与重点部位，但无论如何其中的重中之重必须确定无疑。

图1-6　园林布局的主体形象与重点部位

3. 空间序列

全园应划分区域，形成空间序列，如小说中的章节、戏剧中的幕别。序列条理清晰，序列中一个区域与另一个区域的衔接产生间隙，从而使游人的精神得到缓解。区域与区域之间有连接、过渡、转换、渐进等多种变化丰富的处理。我国传统园林从入口开始到出口结束往往采用收、放、收或收、放、收、放、收的手法，入园时多为收，建在一种较为收缩的环境中，经过障景阶段豁然开朗则为放，再进入较为狭窄延续的空间又成收，回转之后又成放的局面，最后以恬静的环境收尾。这种收与放会因园林的面积大小不同而有不同的处理，放时进入主体形象、重点部位，进入高潮；收时巧施变幻，收而不闭塞、不单调。空间序列构思的种种变化使游人在不知不觉中感受到游园的节奏感与韵律感。

4. 点、线、面、体的视觉效果

布局时平面图中反映出园林设计要素的各种点、线、面的关系，在规律的经纬线中保持着和谐的组合。实际景观中平面布局实施为立体的、空间的、时间的多维形态。景观的效果与人所处的位置有关，临高俯看，从低仰望，或开阔纵览的环境或转换莫测的收缩空间，构思中要有身临其境的感受。开阔处点状的景观，如亭、桥、独立小建筑等过多会显得非常散乱；山路、小道、小溪这些线状出现的要素应若隐若现，避免一览无余过于单调；体量过大的山体宜起伏而无定形；湖面、池面宜聚散分割而宛转曲折；丛林疏密相间；草坪点缀灌木、卧石；建筑群体延伸错落而不呆滞（见图1-7、图1-8）。总体布局如乐队的指挥，要对乐曲有从始至终的了解，需把握全局，进行全方位的思考。

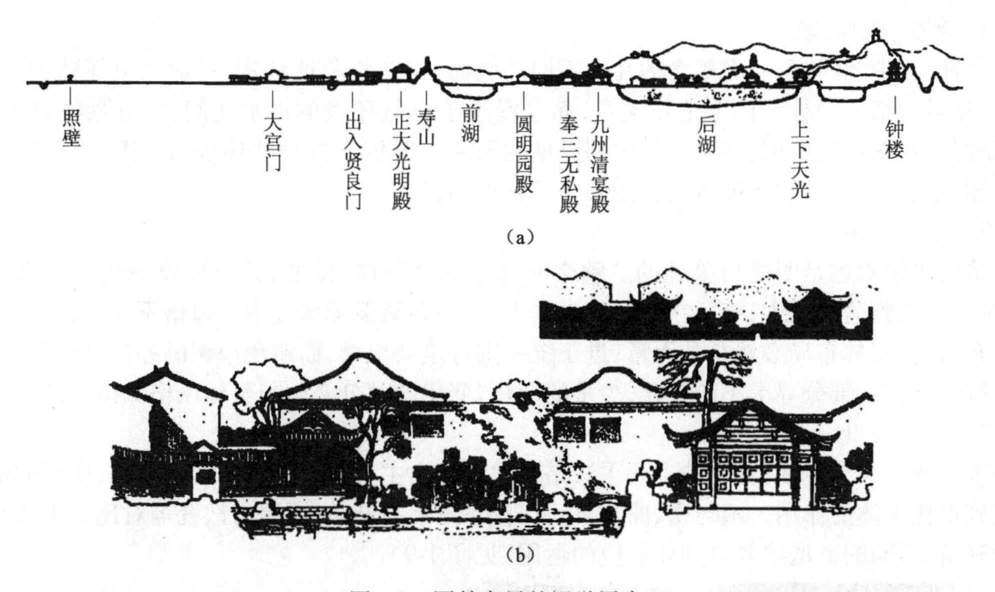

图 1-7　园林布局的视觉层次

(a)圆明园九州景区中轴线的景点层次与疏密变化;(b)苏州网师园东立面的 3 个层次

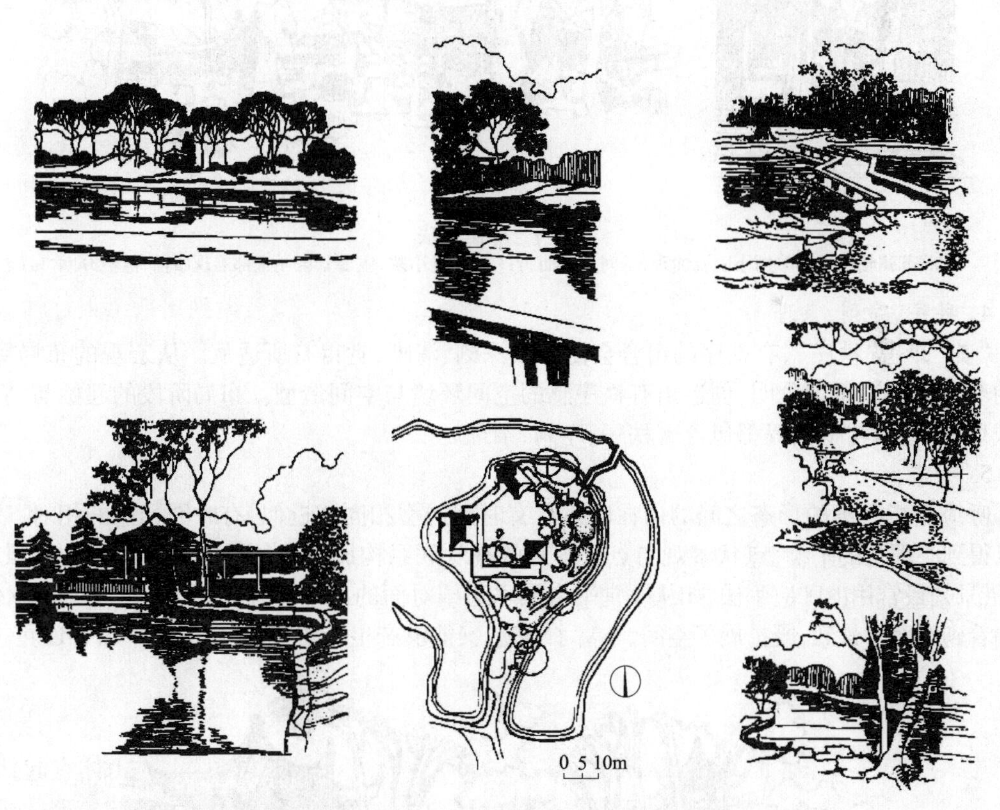

图 1-8　步移景异的视觉效果(合肥逍遥津水榭景区)

四、园林设计中的艺术处理

园林设计的全过程始终贯穿着各种艺术处理手法的运用,各种艺术处理手法是创造完美园林形象的重要环节。

1. 象征、比拟、联想

象征、比拟、联想是一个概念的几个不同的侧面，用此物象征彼物，用形象象征精神，以物托志，见景生情。园林设计不是作文章，而是漫步于自然环境的山水之间，所见景物是山、是水、是树木花草；是廊、榭、亭、桥；是罗列纵横的石头。要依靠置身的环境与氛围去联想、去体会造园的宗旨。设计师要创造的是能够引发联想的氛围。

2. 统一、协调

造园风格永远是明确与单纯的。整个园林是一个整体，例如，其风格统一在富丽堂皇之中，统一在淡雅清静之中，统一在简洁朴素之中，统一在活泼趣味之中。风格不明确，造型手法则五花八门，园林布局必然杂乱无章；过于统一则肯定会单调，而避免单调的办法是变化，即总体上统一、协调，部分寻求小的变化，少量的变化，变化的部分必须与整体风格保持协调。

3. 变化、对比、主次、衬托

唯有变化才显生动，变化的主要手法是对比。突出主要的部分容易产生高潮，次要的部分则起到烘托主体的作用。疏与密、曲与直、大与小、封闭与开敞、团聚与散置等对比的手法在不同的环境、不同的造型中要得到相适应的运用（见图 1-9）。

图 1-9　对比手法

(a)苏州怡园坡仙琴馆小院及曲廊，空间小且曲折；(b)穿过小院，主要景区便全部展现眼前，豁然开朗

4. 秩序、序列、条理

“美”即是“秩序”，有秩序的组合会使印象深刻、清晰，觉得有所适从。从宏观的布局到深入的刻画都应当条理分明，创造出有秩序感的空间环境与空间造型。布局阶段的起始与结尾，区域划分、过渡与衔接等都包含着秩序、序列、条理。

5. 呼应

呼应是指分离的形态之间的内在联系。有时因造型相同或近似，有时因朝向的相对，呼应可以得到心理上的平衡，点状景观与点状景观的视觉联系构成呼应的整体。园林中的对景、框景、借景是最常用的呼应手法，如从厅堂平台隔水远望对面的山亭、从透过分隔两个空间墙体的窗漏看到对面的景致，既扩展了空间、丰富了景观，又能够产生亲切感（见图 1-10 ~ 图 1-12）。

图 1-10　对景（拙政园中部景区的对景亭）

图 1-11　框景(自怡园面壁亭看螺髻亭)

图 1-12　借景(自佛香阁看玉泉山、西山风景)

6. 节奏、韵律

节奏的变化会消除人的疲劳,会产生韵律感,给人以美的享受。形态组合的聚散,景观的开敞与闭合,园林布局序列所形成游览速度的缓急、行进与间歇都会带来节奏的变化(见图 1-13)。

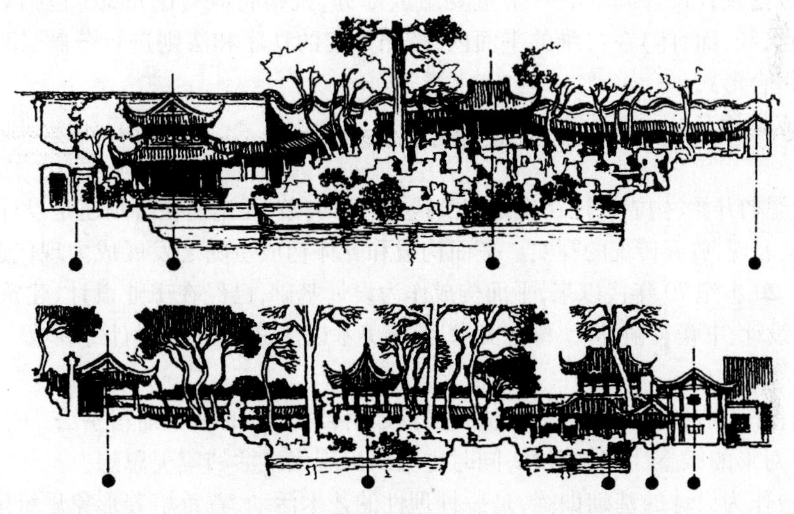

图 1-13　节奏的变化(留园建筑布局的疏密产生节奏的变化)

7. 尺度

园林是微缩的大自然。人造假山体量小,人造湖、池面积小,因而依山傍水筑造建筑的尺度就要相应缩小。略小的建筑会反衬人造山水的宽阔与雄伟。反之,如果建筑过大,感观上则成为小山小水,园林景致则变得乏味。

第二章　园林设计构成基础

第一节　平面构成

一、平面构成设计概论

1. 基本定义

构成是一个造型概念，是现代造型设计的用语，是将不同形态的几个以上的单元（包括不同的材料）重新组合成为一个新的单元，并赋予视觉、力学的观念。构成包括平面构成和立体构成两大类。

平面构成是现代设计基础的一个重要组成部分，是指将既有的形态（包括具象形态和抽象形态——点、线、面、体）在二维的平面内，按照一定的秩序和法则进行分解、组合，从而构成理想形态的组合形式。

立体构成是具有长、宽、高的三维构成。

2. 发展

从19世纪初开始，构成设计在理论和实践上有所突破，无论是在绘画还是设计中，都主张以抽象的形式来表现，放弃传统的写实。平面构成和立体构成也随之发展成为现代造型设计教学训练的基础。20世纪70年代以来，平面构成作为设计基础，已经在工业设计、建筑设计、纺织印染设计、时装设计、书籍装帧设计、舞台美术、商业美术设计、视觉传递设计等领域广泛应用。

3. 作用

构成设计作为造型训练的一种手法，它打破了传统艺术的具象描写手法，主要是从抽象形态入手，培养对形的敏感性和创造性，同时也反映出现代生活的审美思想。

平面构成作为设计的基础训练，是一种理性的艺术活动，着重培养形象思维能力和设计创造能力，其单纯性表现在摒弃功能、材料、工艺、造价等关系设计的思考，而把注意力集中于造型能力的训练，强调形态之间的比例、平衡、对比、节奏、律动、推移等的同时，又讲究图形给人的视觉引导作用。通过抽象形态来体现形式美的法则，培养形象思维的敏感性，反映现代人的生活方式和审美理想。

平面构成所表现的空间并非实在的空间，而仅仅是图形对人的视觉引导作用形成的幻觉空间。著名的“托兰斯肯弯曲幻觉”（见图2-1）3条曲线看起来弯曲度差别很大，实际上半径是一样的，这是因为视觉神经末稍最开始只按照短线段解释世界，当线段相关位置在更大的空间范围延伸概括后，弯曲才被感知到。

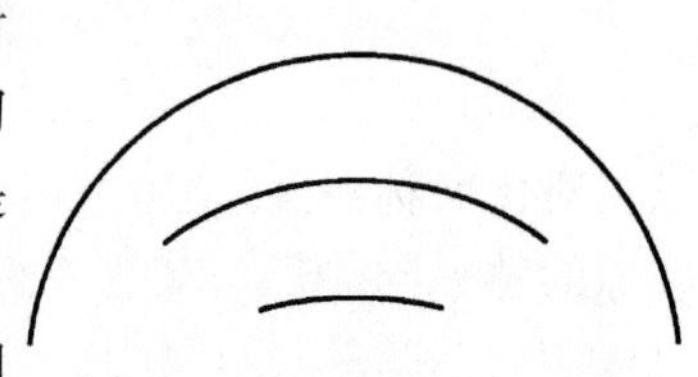

图2-1　托兰斯肯弯曲幻觉

平面构成在于探求二度空间世界的视觉方法、形象建立、骨格组织、各种元素构成规律与规律突破，造成既严谨又有无穷律动变化的装饰构图。它综合了现代物理学、光学、数学、心理学和美学，扩大了传统抽象图案和几何图案的表现领域，大大丰富了装饰图案的图像和表现手段。平面构成对培养设计师的艺术思维能力和设计能力，进行视觉方面的创造，了解造型观念，训练培养各种熟练的构成技巧和表现方法，培养审美观及美的修养和感觉，提高创作活动和造型能力、活跃构思等有巨大作用。

二、平面构成中的形式美法则

形式美法则几乎是艺术学科共同的课题。在日常生活中，美是每一个人追求的精神享受。由于人们经济地位、文化素质、生活习俗、人生理想、价值观念等的不同而有不同的审美追求，然而单从形式条件来评价某一事物或某一造型设计时，却可发现在大多数人中间对于美或丑的感觉存在着一种相通的认识，这种共识是在人类社会长期生产、生活实践中积累下来的，依据就是美的形式法则。

在我们的视觉经验中，帆船的桅杆、电缆铁塔、工厂烟囱、高楼大厦的结构轮廓都是高耸的垂直线，垂直线在艺术形式上给人以上升、高大、严格等感受，而水平线则使人联想到地平线、平原、大海等，因而产生开阔、徐缓、平静等形式感。这些源于生活积累的共识，使我们逐渐发现了形式美的基本法则。在西方自古希腊时代就有一些学者与艺术家提出了美的形式法则的理论，如毕达哥拉斯学派从数的量度中发现的“黄金律”已应用于一切艺术作品的领域，就是一个例子。在构成设计的实践上，美的形式法则更有它的重要性。

1. 调和、对比

调和与对比是互为相反的因素。要在画面上达到既有对比又有调和的统一，就必须通过设计者进行艺术加工，达到合理的配合才能实现调和。

(1)调和

1)同种元素的组合。同种元素，如对形状为圆形的不同数量的大、小圆形进行有机的结合，容易达到统一，但由于这种结合比较简单，容易显得单调和平常。

2)类似元素的组合。最多的是形状的类似。以几何形中的正方形为例，平行四边形、近似于方形的矩形、有机形的方形以及形状接近于以上图形的均为类似形。类似还包括形状、大小多少的类似和方向、距离、速度的类似等。类似元素结合比同种元素结合具备更好的配合条件，它既有形状的变化又有对比，并包括了较多的共同性，因此更能创造出优美的画面效果。

3)不同元素的组合。不同形、不同质的元素，它们本身就有着强烈的区别，组合在一起时就会产生强烈的对比、不调和的状况，因此为了达到调和，必须要调整它们之间的关系和彼此之间的联系，由对比向和谐转化，以达到调和统一的目的。所谓和谐，其广义解释为，判断两种以上的要素，或部分与部分的相互关系时，各部分给我们所感受和意识的是一种整体协调的关系。其狭义解释是统一与对比两者之间不是乏味单调或杂乱无章。单独的一种颜色、单独的一根线条无所谓和谐，几种要素具有基本的共通性和融合性才称为和谐。

(2)对比

对比又称对照，是指把质或量反差甚大的两个要素成功地配列于一起，使人在感受到鲜明强烈的感触同时仍具有统一感的现象，它能使主题更加鲜明，作品更加活跃。对比关系主要通过色调的明暗冷暖，形状的大小粗细、长短、方圆，方向的垂直、水平、倾斜，数量的多少，距离的远近疏密，图地的虚实黑白轻重，形象态势的动静等多方面的因素来实现。

2. 统一

统一总是和变化相依相伴，是有变化的各部分经过有机的组织，使其从整体达到多样统一的效果。统一的原理包括接近、连续、闭合3个方面。

(1)接近的原理

距离接近的物体较容易产生结合感。各种接近类同的要素相结合,也能够得到统一。如形体的大小类同、色彩肌理造型的接近都容易具有统一感。

(2)连续的原理

连续就是图形和线条的不间断,把各种不同的形态和各种不同的色彩的物体,用一根直线、曲线或者折线不断地连接起来,形成一个整体,也能够得到统一。

(3)闭合的原理

将同一个造型要素的形态,隔开一定的距离相互向内侧闭合,从视觉上得到的是另外一个整体而统一的形态,原来闭合前的单一的造型要素则被忽视了。

3. 对称

用对折的方法,基本上可以重叠的图形称为对称。对折线称为对称轴。对称双方是等形等量的配置关系,最容易得到统一,是具有良好稳定感的最基本形式。

(1)轴对称

以对称轴为中心,左右、上下或倾斜一定角度的等形的对称图形。

(2)中心对称

对称的图形,对称点在中心称之为中心对称。

(3)旋转对称

一个图形按照一定的相同的角度旋转,成为放射状的图形,称为旋转对称,旋转90°的图形,称为回旋对称。旋转180°的图形彼此相逆,称为逆对称,也称反转对称。

(4)移动对称

图形按照一定的距离或按一定的规则平行移动所得到的图形称为移动对称。

(5)扩大对称

图形按一定的比例放大,称为扩大对称。

4. 平衡

在平衡器上两端承受的重量由一个支点支撑,当双方获得力学上的平衡状态时,称为平衡。这对立体物来讲是指实际的重量关系。

在图案构成设计上的平衡并非实际重量的均等关系,而是根据图像的形体、大小、轻重、色彩及材质的分布作用于视觉判断的平衡。在平面上常以中轴线、中心线、中心点保持形体关系的平衡,同时关联到形象的动势和重心等因素。平衡是动态的特征,如人体运动、鸟的飞翔、兽的奔驰、风吹草动、流水激浪等都是平衡的形式。因而平衡的构成具有动态。

5. 比例

比例是部分与部分或部分与整体之间的数量关系。它是比对称更为精密的比率概念。人们在长期的生产实践和生活活动中一直运用着比例关系,并以人体自身的尺度为中心,根据自身活动的方便总结出各种尺度标准,体现于衣食住行的器物和工具的形制之中,成为人体工程学的重要内容。比例是构成设计中一切单位大小以及各单位间编排组合的重要因素。

6. 重心

重心在立体器物上是指器物内部各部分所受重力的合力的作用点,对一般器物求重心的常用方法是:用线悬挂物体,平衡时,重心一定在悬挂线或悬挂线的延长线上;然后,握悬挂线的另一点,平衡后,重心也必定在新悬挂线或新悬挂线的延长线上,前后两线的交点即物体的重心位置。任何物体的重心位置都和视觉的稳定有紧密的关系。画面的中心点就是视觉的重心点。但画面图像轮廓的变化,图形的聚散,色彩或明暗的分布都可对视觉重心产生影响。因此,画面重心的处理是平面构成探讨的一个重要方面。

7. 节奏、韵律

节奏在音乐中是指音乐的音色、节拍的长短。节奏快慢按一定的规律出现,产生不同的节奏。这个具有时间感的用语在构成设计上是指以同一要素连续重复时所产生的运动感。节奏必须是有规律的重复、连续,节奏容易单调,经过有律动的变化就会产生韵律。

韵律原指诗歌中的声韵和律动,音的轻重、长短、高低的组合、匀称间歇或停顿。在构成中,韵律常伴随节奏出现。通过有规则的重复变化,产生音乐诗歌般的旋律感,增加作品的美感和吸引力。

节奏感,就是韵律的运用。平面构成中单纯的单元组合重复易显单调,由有规则变化的形象或色群间以数比、等比处理排列,使之产生音乐、诗歌的旋律感,称为韵律。韵律的构成具有积极的生气,是增强魅力的能量。

三、平面设计的门类、元素和形象设计

1. 平面设计的门类

平面设计的门类随着社会分工的发展日益专业化,大体可分以下几大类。

(1)装饰设计

包括壁画设计、染织设计、装潢设计、装帧设计、图案设计等。

(2)视觉传递设计

包括海报设计、广告设计、多媒体设计等。

(3)机能设计

包括工业设计、服装设计、陶瓷设计、家具设计等。

(4)环境设计

包括建筑设计、室内设计、园林设计、城市规划等。

2. 平面设计的元素

设计是一种视觉语言。视觉语言是设计的基础,一个好的设计师应当熟练地运用这种语言进行设计活动。视觉语言又可分解为多种元素,体现在设计中便成为设计元素,主要有以下4类。

(1)概念元素

所谓概念元素,是指那些实际不存在的、不可见的,但为人们意念所能感觉到的东西,如尖形角上有点,物体的边缘上有轮廓线,面包围着体等。概念元素包括点、线、面。

(2)视觉元素

概念元素通过视觉元素而见之于画面,视觉元素包括形象的大小、形状、色彩、肌理等。

(3)关系元素

视觉元素在画面上如何组织、排列,是靠关系元素来决定的。关系元素包括方向、位置、空间、重心等。

(4)实用元素

实用元素主要指设计所表达的含义、内容、设计的目的及功能。

3. 平面设计的形象设计

形象是物体的外部特征，是可见的，包括视觉元素的各个部分，如形状、大小、色彩等。所有概念元素，在见之于画面时，也都具有各自的形象。形象在构成设计中是表达一定含义的形态构成的视觉元素，是有面积、形状、色彩、大小和肌理的视觉可见物。

(1)形的分类(见图 2-2)

1)几何形：是抽象的、单纯的，一般是靠工具描绘。在视觉上有理性、明确的快感，被大量运用在建筑、绘画以及实用品的设计中，因为它不仅便于现代化大机器的生产，而且具有时代的美感。

- 形态
  - 理念形态 —— 抽象
    - 几何形
    - 有机形
    - 偶然形
  - 现实形态 —— 具象
    - 人为形
    - 自然形

图 2-2　形的分类

2)有机形：指有机体的形态，如有生命的动物、生物细胞等，它的特点是具有圆滑的、曲线的、有生命的韵律。

3)偶然形：指人们意识不到、偶然形成的，如白云、枯树、破碎的玻璃等偶然形成的形状。

4)人为形：指人类为满足物质和精神上的需要而人为创造的形态，如建筑、汽车、器物等。

5)自然形：指大自然中固有的可见形态。自然形态千变万化、丰富多彩，是形态的宝库。

(2)平面构成中的基本形

在平面构成中，一组相同或相似的形象组成，其每一组成单位称为基本形。基本形是一个最小的设计单位，利用它根据一定的构成原则排列、组合，便可得到好的构成效果。

在构成中，由于基本形的组合，产生了形与形之间的组合关系，这种关系主要有以下几种方式，如图 2-3 所示。

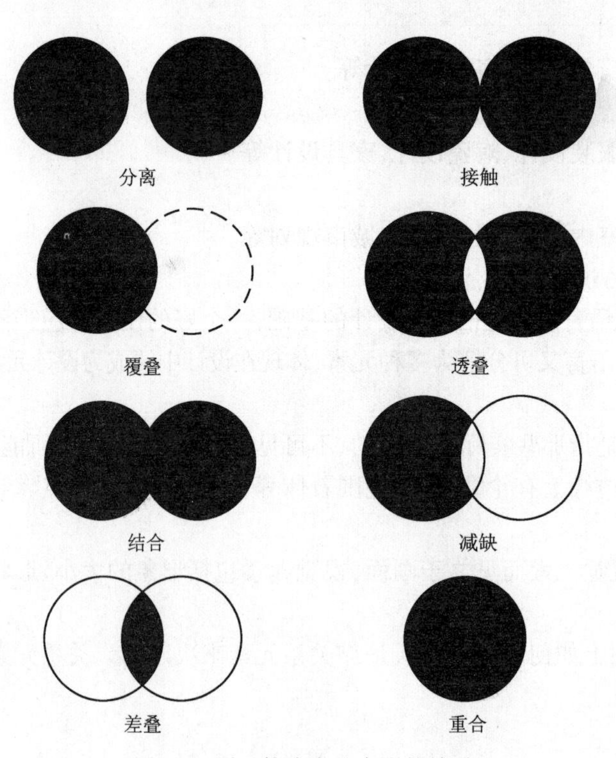

图 2-3　平面构成中基本形的关系

1)分离:形与形之间不接触,有一定距离。

2)接触:形与形之间的边缘正好相切。

3)覆叠:形与形之间是覆盖关系,产生上下、前后的空间关系。

4)透叠:形与形有透明性的相互交叠,但不产生空间关系。

5)结合:形与形相互结合成为较大的新形状。

6)减缺:形与形相互覆盖,形被覆盖的地方被剪掉。

7)差叠:形与形相互交叠,交叠部分产生一个新的形。

8)重合:形与形之间相互重合,变为一体。

四、平面构成设计的基本形态要素

点、线、面是一切造型中最基本的要素,存在于任何造型设计之中,通常被称为构成三要素。对这些基本的要素及构成原则的研究是研究其他视觉元素的起点。

1. 点的形象

点是一切形态的基础。从点的作用看,点是力的中心。当画面中只有一个点时,人们的视线就会集中在这个点上,它便具有了紧张性。因此,点在画面的空间中,具有张力作用。

在几何学上,点只有位置,没有面积。但在实际构成练习中点要见之于图形,并有不同大小的面积。至于面积多大是点,要根据画面整体的大小和其他要素的比较来决定。点在构成中具有集中、吸引视线的功能。点的连续会产生线的感觉,点的集合会产生面的感觉,点的大小不同会产生深度感,几个点之间会有虚面的效果,如图 2-4 所示。

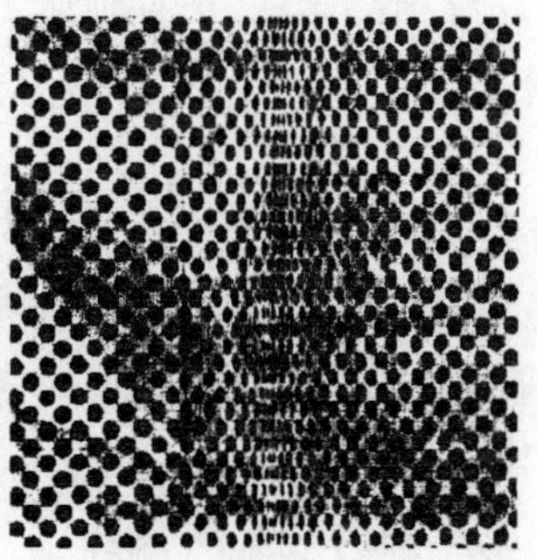

图 2-4　点的构成

2. 线的形象

几何学上的线没有粗细,只有长度和方向,但构成中的线在图面上是有宽窄粗细的,并具有很强的表现力。

线的种类很多,列示如下:

1)直线:平行线、垂直线、折线、斜线等;

2)曲线:弧线、抛物线、双曲线、圆等。

3. 面的形象

面是线移动的轨迹。在平面构成中,不是点或线的都是面。点的密集或者扩大,线的聚集和闭合都会生出面。面是构成各种可视形态的最基本形。在平面构成中,面是具有长度、宽度和形状的实体,无厚度;是体的表面,它受线的界定,具有一定的形状。面又分两大类,一是实面,一是虚面。实面是指有明确形状的能实在看到的面;虚面是指不真实存在但能被我们感觉到的面，由点、线密集而形成。

在平面上，最先吸引人视觉而跳到人眼前占有空间前进的形象被称为“图”。反之，后退的在“图”周围的空间的形象称为“底”。图的形象就是正的形象，底的形象是负的形象。“图”和“底”的形象就像我国的图章一样，总是相互陪衬着的。“图”和“底”的关系并非总是很清楚的，在形象以不同的方向转换的时候，当形象的一部分被框架骨格线分割或者切除，或者形象和形象之间联合起来的时候，何者为“图”，何者为“底”，就不十分明显，因而就很难辨认出某种形象究竟是正形还是负形。这种构成中所产生的“图”和“底”，也就是“正”与“负”随时变化的关系为设计构成中的填色来选择图形，为图形多样性提供了较多的可能，如图 2-5 所示。

图 2-5 “图”和“底”的形象

五、平面构成的方法

1. 重复构成

(1) 重复构成的基本概念

重复是指在同一设计中，相同的形象出现过两次或两次以上，在重复骨格内的基本形的重复排列。基本形的大小由重复骨格的一个单位大小决定，在重复骨格中一个单位内设置。

重复是设计中比较常用的手法，以加强给人的印象。造成有规律的节奏感，使画面统一。所谓相同，在重复的构成中主要是指形状的相同，其他的还有色彩、大小、方向、肌理等方面的相同。

1) 重复中的基本形：用来重复的形状，可称为“基本形”。每一基本形为一个单位，然后以重复的手法进行设计。基本形不宜复杂，一般为单纯的抽象的图形。如基本形过于复杂，不仅不易组合，也容易使画面散乱不整。基本形大多选择较简单的几何形，如图 2-6 所示。

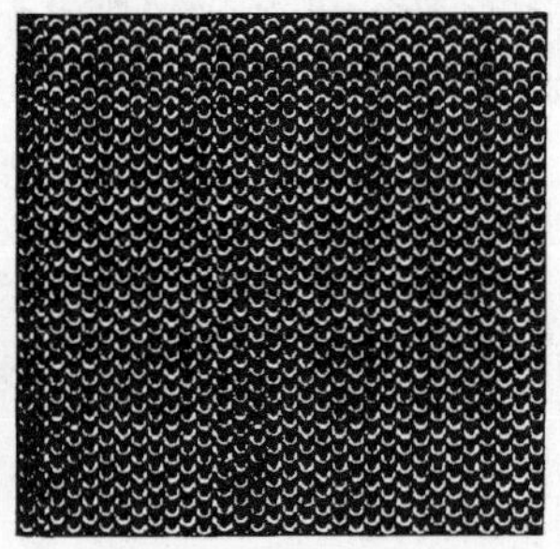

图 2-6 同一基本形方向变动不同组合的重复构成

2) 基本形的重复：是指在构成设计中使用同一基本形构成图面，这种重复在日常生活中随处可见，如高楼上的一个个窗子、地面上的砌砖、布上的图案等，它是一种规律性最强的设计手法，有安定、整齐和机械的美感。

3) 骨格的重复：如骨格每一单位的形状和面积均完全相等，就是一个重复的骨格，重复的骨格是规律骨格的一种，也是最简单的一种。

4) 各种要素的重复：各种视觉要素在设计中都可以是重复的。

① 形状重复:形状是最常用的重复元素,在整个构成中重复的形状可在大小、色彩等方面有所变动。

② 大小重复:相似或相同的形状,在大小上进行重复。

③ 色彩重复:在色彩相同的条件下,形状、大小可有所变动。

④ 肌理重复:在肌理相同的条件下,形状、大小、色彩可有所变动。

⑤ 方向重复:形状在构成中有着明显一致的方向性。

(2)重复构成的方法

在平面内,首先作水平线和垂直线划分空间作重复骨格,骨格的大小、阔窄由设计者的构思决定。

输入到预先设定的重复骨格中的基本形,可以有方向的变动。如设定基本形四边分别为 a、b、c、d,在变动中可以是 a 边和 b 边相接,也可以是 a 边和 c 边相接,依此类推就有 ab、ac、ad、aa、ba、bc、bb、bd、cc、ca、ac、cd、bc、dd、da、db、dc 等排列,也可以把基本形的形象对称形加入排列变动,这样不停地在骨格中位置重复变动,就得到不同接触变化,然后在各个骨格单位内基本形与骨格内的空间可以填黑也可以留白,空间留白,那基本形为黑,反之基本形如果是白那骨格空间就是黑了。这样重复变动,边与边发生关系就可以得到不同的抽象形象,最后再把骨格线消去就可以得到不同的抽象的新形象。因此,重复构成实际是把一个基本形通过方向的变换设置和"图"与"底"的不同交换的数种图形综合起来的而得到发展的形象。在整个过程中就会有许多意外的效果产生,因而为新的造型构成提供了一个较好的方法。这种重复的骨格和重复基本形的构成可以创造出千变万化的设计作品。

2. 近似构成

(1)近似构成的基本概念

近似指的是形与形之间在形状、大小、色彩、肌理等方面有着共同特征,表现了在统一中呈现生动变化的效果。自然界中不存在两个完全一样的形状,但近似的形状却很多。

近似构成是重复构成的轻度变动,在骨格选择上基本和重复构成相同,都是基本形在重复骨格内的排列构成。它的基本形不像重复只有一个基本形象而是有多个基本形象。

在构成设计中要注意近似与渐变的区别,渐变变化的规律性很强,基本形排列非常严谨;而近似的变化规律性不强,基本形和其他视觉要素的变化较大,也比较活泼。

(2)近似构成的方法

1)形状的近似:两个形象若属同一族类,它们的形状均是近似的。在形状的近似中,一般首先找一个基本形作为原始的材料,然后在这个基础上作一些加、减、变形、正负、大小、方向、色彩等方面的变化。其次,也可用两个基本形相互加、减构成不同的近似形状。另外,同一基本形在空间中按不同方向旋转也能得到近似的形状,也可用变形的手法把基本形伸张或压缩以取得近似的基本形。

2)骨格的近似:骨格可以不是重复而是近似的,也就是说骨格单位的形状、大小有一定变化,是近似的,或将基本形分布在设计的骨格框架内,使每个基本形以不同的方式、形状出现在单位骨格里。

在构成时近似构成基本上和重复构成一样,可以变换方向和填色选择图形。由于近似的基本形比重会有变化,因此在构成时应注意视觉的整体效果。

另外,近似构成可以先设立骨格线,类似基本形在骨格框架内基本平均放置,每个基本形所占的骨格空间大致相近似。如在重复骨格中输入大小不等的四边形、平行四边形、三角形、多角形,但保持骨格内各单位间一定的空间关系,这种富有变化的构成方式是一种新的构成方法。

把一个有规则的图形和一个不规则图形互相重叠输入重复骨格中,也会得到特殊的没有特别限制的不规则表现,在整个构成中会产生无限的变化,如图2-7所示。

3. 渐变构成

(1)渐变构成的基本概念

渐变是人们日常生活中经常能体验到的一种自然现象,如路旁的树木由近到远、由大到小的渐变;山峦的色彩一层层的由浓到淡的渐变;听到的声音由小到大、由弱到强的渐变等。

渐变是一种规律性很强的现象,运用在视觉设计中能产生强烈的透视感和空间感,是一种有秩序、有节奏的变化。渐变的程度在设计中非常重要,渐变的程度太大,就容易失去渐变所特有的规律性的效果,给人以不连贯和视觉上的跳跃感。反之,如果渐变的程度太慢,会产生重复之感,但慢的渐变在设计中会显示出细致的效果。

渐变要变动构成中的水平线或垂直线的阔窄,或者水平线和垂直线同时进行变动,以得到有规律的渐变骨格。在渐变骨格中输入的基本形不宜复杂(见图2-8)。

图2-7　近似构成

图2-8　渐变构成

(2)渐变类型

1)形状的渐变:一个基本形渐变到另一个基本形,基本形可以由完整渐变到残缺,也可由简单渐变到复杂,由抽象渐变到具象(见图2-9)。

2)方向的渐变:基本形可在平面上作有方向的渐变。

3)位置的渐变:基本形位置渐变时须用骨架,因为基本形在作位置渐变时,超出骨架的部分会被切除掉(见图2-10)。

4)大小的渐变:基本形由大到小或由小到大的渐变排列,会产生远近深度及空间感。

5)色彩的渐变:在色彩中,色相、明度、纯度都可以做出渐变的效果,并会产生有层次的美感。

6)骨格的渐变:是指骨格有规律的变化,使基本形在形状、大小、方向上进行变化(见图2-11)。

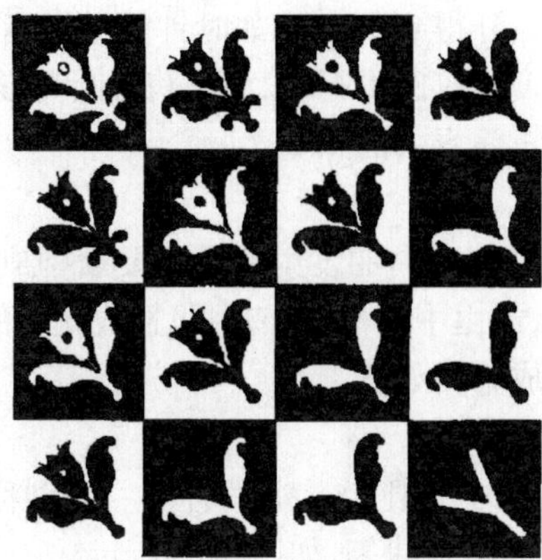

图 2-9　形状的渐变

图 2-10　位置的渐变

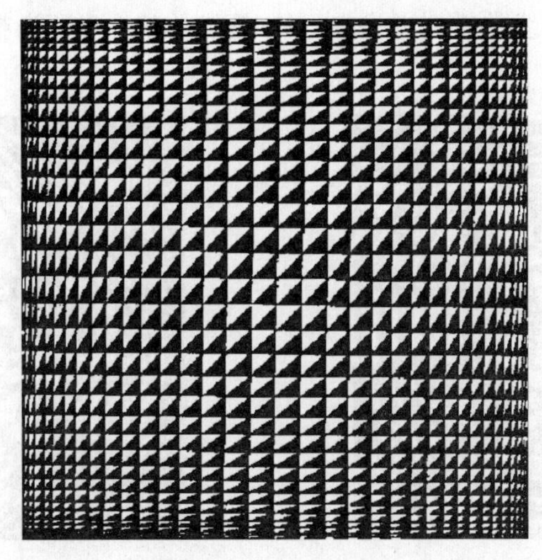

图 2-11　骨格的渐变

(3)渐变方式

渐变一般是根据一定法则产生的数列来进行的,数列对造型极有用处,在实际运用中多采用以下几种有代表性的数列来进行渐变。

1)等差数列:数列为 $a, a+r, a+2r, a+3r, \cdots$

如 a 为 1,公差 r 为 2,等差数列为 1,3,5,7,…

等差数列为变化相对固定的数列,等差数列呈现出的是直线递增的变化。

2)等比数列:开始变化不太大,但越到后来变化越剧烈,是一种强有力的数列。

3)费博那基数列:即第三个数是前面两个数的和。从数列的渐变程度看,这个数列变化较平稳,是有规则、平稳的数列。

4)调和数列:为 1,1/2,1/3,…,1/10。这个数列的数是小数,这样使用起来极不方便。为了方便,一般将数列的各数增加十倍,数列从小到大排列,数列为 1,1.1,1.2,1.4,1.6,2,2.5,3.3,5,10。从上可知,开始这个数列变化不大,但越到后来变化越大。

5)佩尔数列:依次把前一项乘以 2,再加上前一项,这样计算得到的数列,如第 1 项为 1,第 2 项为 2 时,第 3 项则为 5,第 4 项则为 12,第 5 项则为 29,依此类推数列为 1,2,5,12,29,70,169,…

这个数列运用起来较为方便,用圆规可作图,把前项的长度增加2倍再加前一项的长度即可。

6)钟摆数列:此数列在圆周的下半圆进行等分,等分得到的点有如时钟的钟摆运动的轨迹,利用这种数列的点依次作与半圆的直径垂直且长度相等的平行线,便可获得圆筒形般的图形,这种图形给人一种从圆筒表面画出的平行线再从正面看去的感觉。

4. 发射构成

发射也是一种常见的自然形状,是由发射中心和具有方向的发射线两个要素构成。发射中心为最重要的视觉焦点,所有的形象均向中心集中,或由中心散开,有时可造成光学的动感,或产生爆炸性的感觉,有很强烈的视觉效果。发射构成分类如下。

(1)中心式发射

由此中心向外或由外向内集中的发射,在发射构图中是比较普通的种类。分别称为"离心式"和"向心式"发射。发射的骨格线可以是直线、曲线、弧线等,如图2-12所示。

(2)螺旋式发射

螺旋的基本形是以旋绕的排列方式进行的,旋绕的基本形逐渐扩大形成螺旋式的发射,如图2-13所示。

图2-12 中心式发射

图2-13 螺旋式发射

(3)同心式发射

同心式发射是基本形依照骨格线的形状,以一个中心点层层环绕,如几何图案中的回纹、螺旋纹或扩大对称的各种同心的如同箭靶的图形,如图2-14所示。

图2-14 同心式发射

5. 特异构成

特异是指构成要素在有秩序的关系里，有意违反秩序，使少数个别的要素显得突出，以打破规律性。所谓规律，这里是指重复、近似、渐变、发射等有规律的构成。特异的效果是从比较中得来的，通过小部分不规律的对比，使人在视觉上受到刺激，形成视觉焦点，打破单调，得到生动活泼的视觉效果。

在训练中应注意特异的成分在整个构图中的比例，如果特异效果不明显，就不会引人注目，但过分强调特异又会破坏图形的统一感。

(1)形状的特异

在许多重复或近似的基本形中，出现一小部分特异的形状，以形成差异对比，成为画面上的视觉焦点，如图 2-15 所示。

(2)大小的特异

相同的基本形在大小上做些特异的对比，应注意不要对比太悬殊或太相近。

(3)色彩的特异

在同类色彩构成中，加进某些对比成分，以打破单调。

(4)方向的特异

少数基本形在方向上有所变化以形成特异效果，如图 2-16 所示。

图 2-15　形状的特异

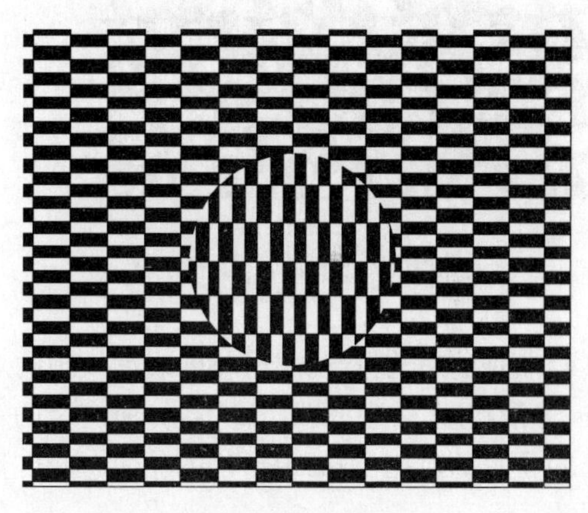

图 2-16　方向的特异

(5)肌理的特异

在相同的肌理质感中，造成不同的肌理变化。

6. 对比构成

(1)对比构成的基本概念

与平衡、调和、静态相对的是对比。在构成中以相反性质的要素组合起来产生对比，有时是形态的、有时是色彩的、有时是质感的。对比可以产生明朗、肯定、强烈的视觉效果，给人以深刻的印象。对比也有程度之分，轻微对比与强烈对比有不同效果，轻微对比比较柔和，强烈对比则非常刺激。

对比首先应注意统一的整体感，在对比的同时，视觉要素的各方面要有一个总的趋势，有一个重点，相互烘托；如果处处对比、反而强调不出对比的因素。其次是要掌握好对比的强度，以取得好的视觉效果。对比构成是属自由性的构成，不以骨格线来构置，而是靠设计者选择基本形的大小、方向、疏密的空间、肌理、重心等对比要点而获得对比构成，最后仍须设计者艺术加工取得统一完整的效果。

（2）构成中常见的对比关系

1）形状的对比：形状的差异是由多种因素造成的，因此形状的对比有多种方式，如形状的刚硬和柔和、形状的繁复和单纯、形状的锐利和圆滑。形状的对比还包括直线形和弧线形构成的形状对比，几何形和任意形构成的形状对比等。完全不同的形状，固然一定会产生对比，但应注意统一感。如图 2-17 所示。

2）大小的对比：形状在画面的面积大小不同、线的长短不同所形成的对比。根据近大远小的原理，在一般情况下，大者重，小者轻，在大小对比的同时也会发生远与近的对比和轻重关系的对比。

3）色彩的对比：色彩由于色相、明暗、浓淡、冷暖不同所产生的对比。如图 2-18 所示。

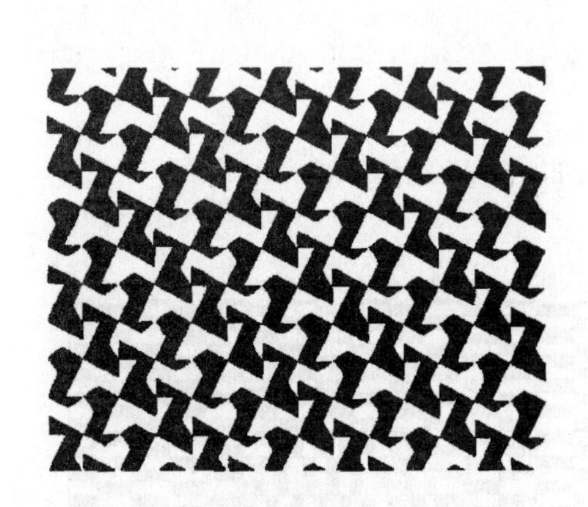

图 2-17　形状的对比

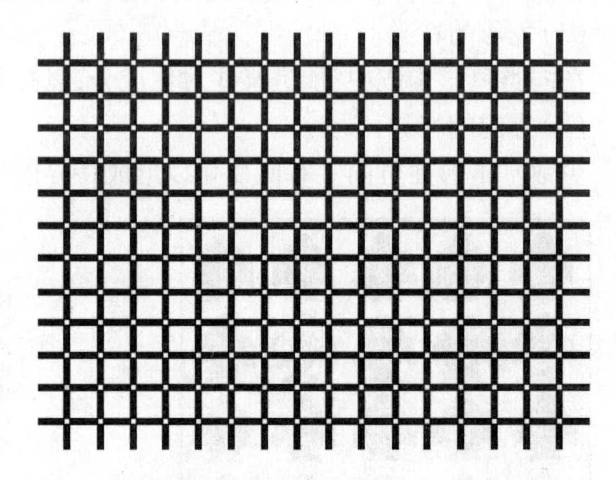

图 2-18　色彩的对比（交叉部分的白点由于对比显得比白色方格更白更亮）

4）肌理的对比：指构成材料的表面纹理的对比，不同的肌理感觉（如天然纹理和人工纹理粗细、光滑程度、纹理的凹凸感不同）所产生的对比。

5）位置的对比：画面中形状的位置（如上下、左右、高低、偏侧、中央、前后）的不同所产生的对比。

6）重心的对比：重心的稳定和不稳定、轻重感不同所产生的对比。在平面上形的稳定或倾斜的不稳定性所发生的对比，稳定性强的形象给人一种安定感，不稳定性形象给人倾斜的动感，从而形成动与静、稳定与不稳定的对比。

7）空间的对比：平面中的正负、图底、远近及前后感不同所产生的对比。

8）虚实的对比：画面中有实感的图形为实，空间为虚，虚的地方大多是底。

7. 密集构成

密集在设计中是一种常用的组织图面的手法。基本形在整个构图中可自由散布，有疏有密。最密或最疏的地方常常成为整个设计的视觉焦点，在图面中造成一种视觉上的张力像磁场一样，并有节奏感。密集也是一种对比的情况，利用基本形数量排列的多少，产生疏密、虚实、松紧的对比效果。如图 2-19 所示。

图 2-19　密集构成

(1)点的密集

在设计中将一个概念性的点放于构图的某一点上,基本形在组织排列上都趋向于这个点密集,愈接近此点愈密,愈远离此点愈疏。这个概念性的点在整个构图中可超过一个,但要注意,基本形的组织不要过于规律,否则会有发射的感觉。

(2)线的密集

在构图中有一概念性的线、基本形向此线密集,在线的位置上密集最大,离线愈远则基本形愈疏。

(3)自由密集

在构图中,基本形的组织没有点或线的密集的约束,完全是自由散布,没有规律。基本形的疏密变化比较微妙。

(4)拥挤与疏离

拥挤是指过度密集,所有基本形在整个构图中是一种拥挤状态,占满了全部空间,没有疏的地方。疏离是指与密集相反,整个构图中基本形彼此疏远,散布在各个角落,可以是均匀的,也可以是不均匀的。

具有一定数量的基本形在平面的某个位置上形成聚集中心点,在平面内的形象成为集散分明、有虚有实、虚实结合、逐渐转移的画面效果。因此可以说,密集是对比的一种特殊情形,是没有规律性发射骨格的另一种表现形式。

在密集的训练中应注意,基本形的面积要细小、数量要多,以便有密集的效果,基本形的形状可以是相同的或近似的、在大小和方向上也可有些变化。在密集的构成中,重要的是基本形的密集组织,一定要有张力和动感的趋势,不能组织涣散。

8. 肌理构成

肌理又称质感,是指由于物体的材料不同,表面的排列、组织、构造各不相同,因而产生的粗糙感、光滑感、软硬感。肌理是形象的表面特征，人们对肌理的感受一般是以触觉为基础的，由于人们触觉物体的长期体验，以至不必触摸，便会在视觉上感到质地的不同，这就是视觉性质感。肌理在现代绘画与设计中越来越受到重视，其本身常常成为设计作品。如图2-20所示。

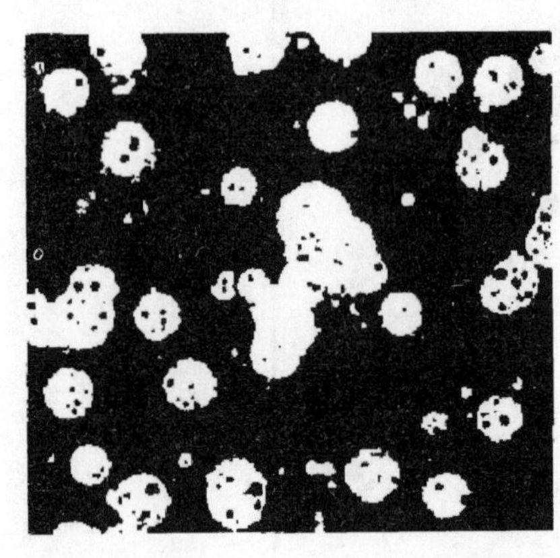

图2-20　肌理构成

视觉肌理的创造方法有很多，用不同的工具和材料，能创造出丰富的肌理变化，这里只介绍几种常用的方法。

（1）笔触的变化

利用笔触的粗、细、硬、软、轻、重及笔触的不同排列，而描绘出不同的肌理效果。

（2）印拓

用油墨或颜料涂于雕刻及自然形成的凹凸不平的表面上，然后印在图面上，便会形成古朴的印拓肌理。

（3）喷绘

用喷笔把溶解的颜料喷在纸上，如雾状；也可用牙刷在梳子上、金属网上刷而得到肌理效果。这种技法可表现渐变的浓淡明暗变化，非常柔和细致，也可表现若隐若现的透明感。这种手法被广泛地利用在广告设计上。

（4）渍染

用吸收性较强的材料，如宣纸、棉纸等在搅和后的有纹理的液体颜料中渍或染成肌理。颜料会在表面自然散开，产生自然优美的肌理效果。

（5）刻刮

在已着色的表面用尖利的物品划刮，会得到粗犷、强烈的肌理效果。

（6）纸张

各种不同的纸张，由于加工材料的不同，本身在粗细、纹理、结构上不同，人为地把纸用折绉、熏炙、揉、搓、拧、撕、拼贴等手法造成特殊的肌理效果。

此外，撒盐、水彩和印拓、蜡的表现也可创造不同的肌理。

9. 空间构成

平面构成中所谈的空间，是立体形态的二次元空间表现。空间是先形象而存在的，但形象决定空间的性质，空间感与立体感具有共同之处。立体是以一种空间形式存在的，因而立体的东西也同时有空间的效果，空间构成就是把立体、空间的东西表现于二次元的平面上。

通常我们使用透视的方法,利用有透视的线条等表现空间感。

1)利用大小表现空间感。大小相同的东西,由于远近不同,会产生大或小的感觉,近大远小。在平面上也是如此,面积大的图形感觉离我们近,反之就远。

2)利用重叠表现空间感。在平面上一个形状叠在另一个形状之上,会有前后、上下的感觉,从而产生空间感。

3)利用阴影表现空间感。阴影明暗的区分会使物体具有立体感觉,阴影还可以表现出物体的凹凸感。

4)利用间隔疏密表现空间感。细小的形象或线条的疏密变化可产生空间感,在现实中如一块有点状图案的桌布或窗帘,在其卷折处图案会变形并密集起来,间隔越小、越密,则感觉越远,反之就近。

5)利用平行线方向的改变来表现立体感。改变排列平行线的方向,会产生三次元的幻象。

6)色彩变化表现空间感。利用色彩的冷暖变化表现空间感:冷色远离,暖色靠近。

7)肌理变化表现空间感。粗糙的表面使人感到接近,细致的表面感到远离。

8)矛盾空间。所谓矛盾空间的表现,是指在真实空间里不可能存在的,只有在假设的空间中才存在。矛盾图形是图底反转矛盾的一种延伸,同时与错觉具有共通性。

10. 图与底

图与底是一种在对比、衬托之中产生的关系。

自然中蓝天白云、红花绿叶都反映出了一种对比与衬托的关系。而在平面设计中,图与底的关系是密不可分的,有时甚至是反转的关系。所以,在设计时首先要了解图底各自的特征。如图2-21所示。

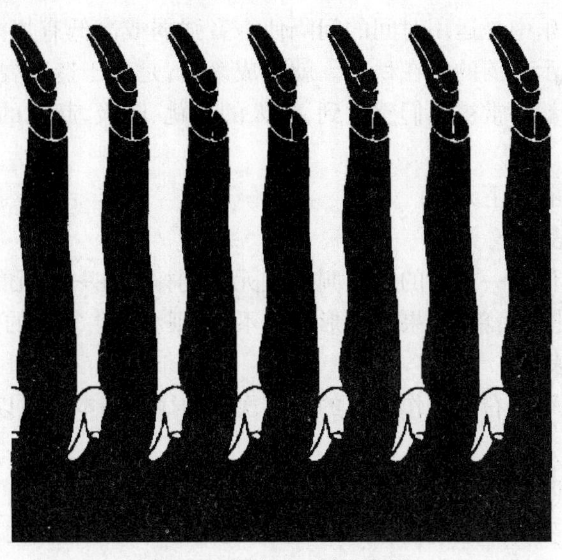

图2-21 图与底(黑白翻转)

图的特征包括:有明确的形象感,给人强烈的视觉印象,在画面中较为突出。

底的特征包括:没有明确的形象感,给人模糊的视觉印象,没有形体的轮廓。

图与底在设计中运用时,在图面中产生正图感时具有以下特点。

1)色彩明度较高的有图的感觉。

2)凹凸变化中凸的形象有图感。

3)面积大小的比较中,小的有图感。

4)在空间中被包围的形状有图感。

5)在静与动中,动态的具有图感。

6)在抽象与具象之间,具象的有图感。

7)在几何图案中,图底可根据对比的关系而定,对比越大越容易区别图与底。

以上是图与底的区别,但有时图与底的特征十分相近,极不容易区别它们,这就是图底的反转现象。它是一种有趣的构成方式,富有哲理性,在设计时须动脑思考,巧妙地加以利用。

11. 打散构成

打散构成是一种分解组合的构成方法,就是把一个完整的东西,分为多个部分、单位,然后根据一定构成原则重新组合。这种构成方法有利于抓住事物的内部结构及特征,从不同的角度去观察解剖事物,从而从一个具象的形态中提炼出抽象的成分,用这些抽象的成分再组成一个新的形态,产生新的美感。

打散构成时应注意,在打散一个具象事物时,应从多视角去分析它,抓住其具有代表性的本质特征,使之在组合成新的抽象构成时,仍然能让人感到原事物的特有面貌及新的构成形式的美感。

12. 韵律构成

韵律的表现是表达动态的构成方法之一,在同一要素周期性反复出现时,会形成运动感,这是人的一种心理活动,心理学称之为"节奏知觉"。韵律的表现使画面充满生机,那么韵律是如何形成的呢?在音乐中是运用时间的间隔使声音强弱或高低有规律地反复,从而形成韵律。在诗中是用押韵表示声韵的内在秩序。就构成来说,是由于造型要素的反复出现而形成韵律的。在实际生活中韵律常被我们感觉到,如人的心跳、呼吸,起伏的海浪等都是自然界中的韵律现象。

构成中韵律的表现有以下几点。

(1)一次元的韵律表现

基本形在上下左右作单一方向的反复叫一次元的韵律。在一次元的韵律中,如果基本形的间隔相同,则韵律变化就简单,如果基本形间隔不一,则会产生复杂的韵律感。

(2)二次元的韵律表现

像围棋的棋盘在上下左右方向作反复的叫二次元韵律。基本形可以等间隔也可有一定的变化。

(3)利用渐变表现韵律

根据数理性的规则变化产生韵律,数理比率的变化是有规律可循的,可造成渐变产生韵律感。

13. 分割构成

在平面构成中,把整体分成部分,叫分割。分割也是一种常用的构成方法,在日常生活中随处可见,如房屋的吊顶、地板,书报的版面设计及广告,很多都是根据分割的原则构成的。下面介绍几种常用的分割方法。

(1)等形分割

要求形状完全一样,分割后再把分割界线加以取舍,会有良好的效果。

(2)自由分割

自由分割是不规则的,将画面自由分割的方法,不同于用数学规则分割所产生的整齐、明快的构成美,自由分割依赖于任意性,不拘泥于任何规则,排除掉数理规则生硬、单调的缺点,给人以自由活泼的感受。自由分割创造变化是比较容易的,但应注意构图的统一感,不能散漫、零乱。

比例与数列:利用比例完成的构图通常具有秩序、明朗的特性,给人一种清新之感,基于一定法则所产生的比例关系,在设计中运用比较有效。希腊人的黄金比最为有名,帕提农神庙屋顶的高度与屋梁的长度便是黄金比在建筑上的完美运用。西方古典雕像重要尺寸的比例中也含有黄金比,即长边与短边的关系是 1∶0.618。

依据垂直及水平线的分割:使用同一个方向的直线来分割,可取得强烈的统一感,表现稳重、平静的感受。

依据垂直、水平及斜线的分割:除水平及垂直线以外,再加上对角线或其他斜线,不仅在分割面积上有变化,也可得到更丰富的变化。

14. 平衡构成

平衡感是构图基础所需要的基本能力。造型的平衡,并不是真正讲求实际的重量关系,在平面造型中属于视觉的平衡,和力学的平衡、数学的平衡不一样。造型平衡着眼于视觉上的安定与心理上的平衡。如形态、色彩、材质在画面中所具有的重量感、面积的大小、色彩的明暗、质感的粗细等。这些因素在设计中必须保持一种平衡的状态,才会使人产生安定的感觉。如图 2-22 所示。

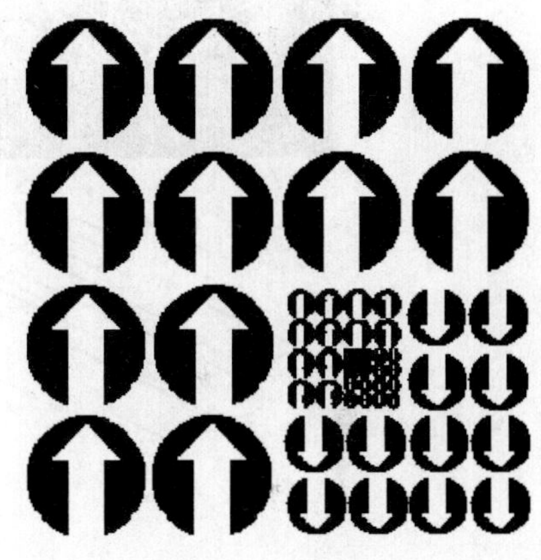

图 2-22　平衡构成

平衡构成主要包括两类。

(1)对称平衡

如人体、蝴蝶等以中轴为中心左右对称的形状。

(2)非对称平衡

虽然没有中轴线,不是对称的关系,却有很端正的平衡美感。

第二节　立体构成

立体构成是具有长、宽、高的三维构成。很多立体形象都包含着空间的因素,广义地讲,立体构成同时又是空间构成。

一件立体构成作品需要多视点的观察,要从四面八方去认识它,前后左右、俯视仰视地欣赏它的造型,由表及里、迂回折返地认识它的空间。

立体构成要通过不同材料去完成,根据材料的特征确定立体构成的 3 个视觉元素,即线材、面材、块材。每种元素都有与之相适应的造型类别,通过立体构成的学习,逐渐把握各类元素的造型手法,建立起立体的、空间的思维能力。

一、线材构成

线材具有平面构成线型的一切特征，在立体空间的环境中更富于多方位的穿插变化。线材造型轻快流畅，形成的空间虚幻空灵。直线坚毅、理性；曲线婉转、优美；粗线刚劲、有力；细线精致、敏锐；平行排列的线材有面的含义，微具厚重感；交叉放射的线材扩展了空间而极具动感。

线材构成包括单线材构成、线材垒叠构成、线材桁架构成、线织面构成以及结绳构成等。

线材构成所用材料有硬质线材与软质线材，硬质线材多用各种木制材以及粗金属丝，软质线材多用各类线绳。

1. 单线材构成

选用一根可以弯折的金属线材，通过不断弯折塑造的抽象几何形态（见图 2-23）。其造型特点如下。

图 2-23　单线材构成

1）只用一根完整的线材，不可折断，不可衔接另外的线材。线材造型流畅。

2）为避免造型成为单片状，要向各个方位展开，以成为立体的空间造型，适合多视角的欣赏。

3）整体造型均呈现单纯明确的几何形态。几何形的类型应单纯，不宜杂乱。

4）图形虽简单，仍需确定重点部位。

2. 线材垒叠构成

线材垒叠构成依靠线材的穿插、搭接、重叠而成形（见图 2-24）。

（1）水平方向展开的垒叠

水平方向垒叠有大量的线材与基面接触，形成匍匐状态的平缓造型，与其基面接触的材料可以把部分形态架空形成通透的视觉效果。

（2）垂直方向展开的垒叠

垂直方向垒叠其底部相对较为简单，形态依靠垒叠向高处发展，出现明显的“瓶状”造型与“井状”空间。形体膨胀与收缩的处理打破了这类造型容易产生的单调感。

(3)旋转形态垒叠

按照旋转骨格线进行垒叠,其造型有强烈的动感。中心地带呈聚合状,四周形成渐变的散开状,收与放的对比加上旋转的动态使其形象生动。

(4)放射形态垒叠

放射形态垒叠的中心是球形空间,从中部辐射出各种放射形线材,放射线的长短变化能使造型更加活泼。均匀放射线如同仙人球的形态,长放射线偏集一侧会形成跃动感。

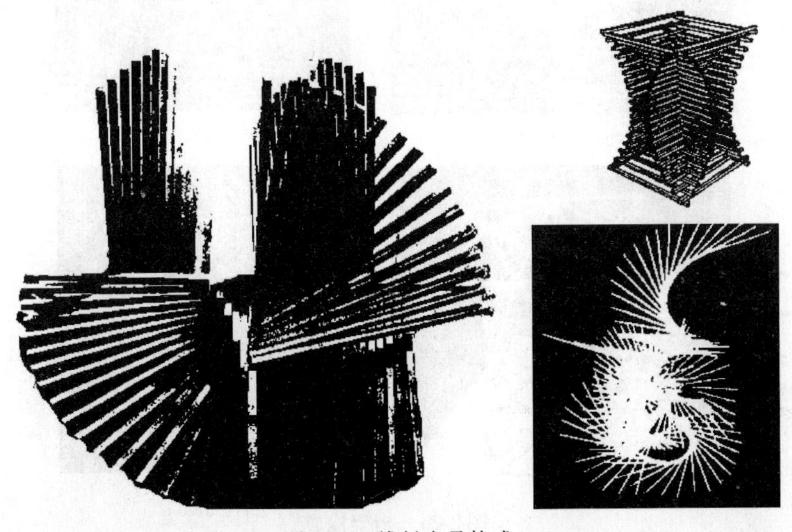

图 2-24　线材垒叠构成

3. 线材桁架构成

桁架构成又称网架构成,是一种单元体的组合形式。以线材组合的正三角形作为单元体,众多的单元体相互连接形成延伸。由于正三角形均衡受力,大量的三角形组合在一起非常牢固。桁架构成显示了通透的空间关系,即便是塑造闭合的造型也仍然有玲珑剔透的感觉(见图 2-25、图 2-26)。

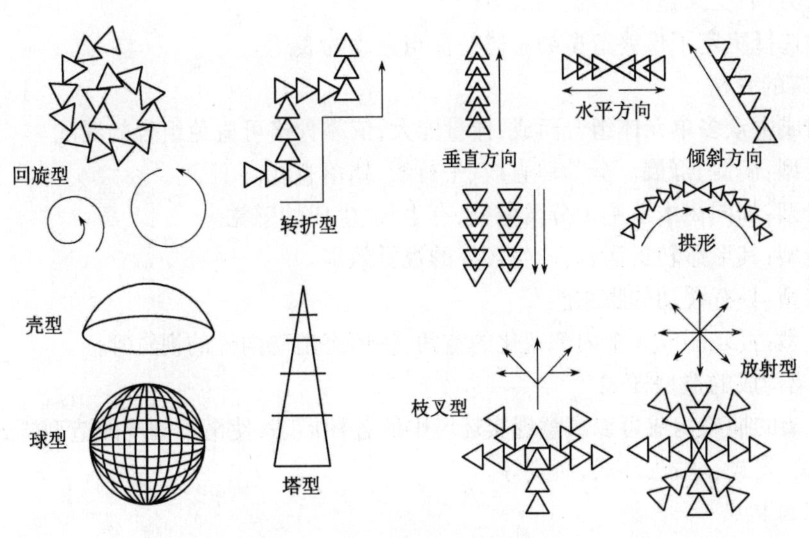

图 2-25　桁架的骨格与造型样式

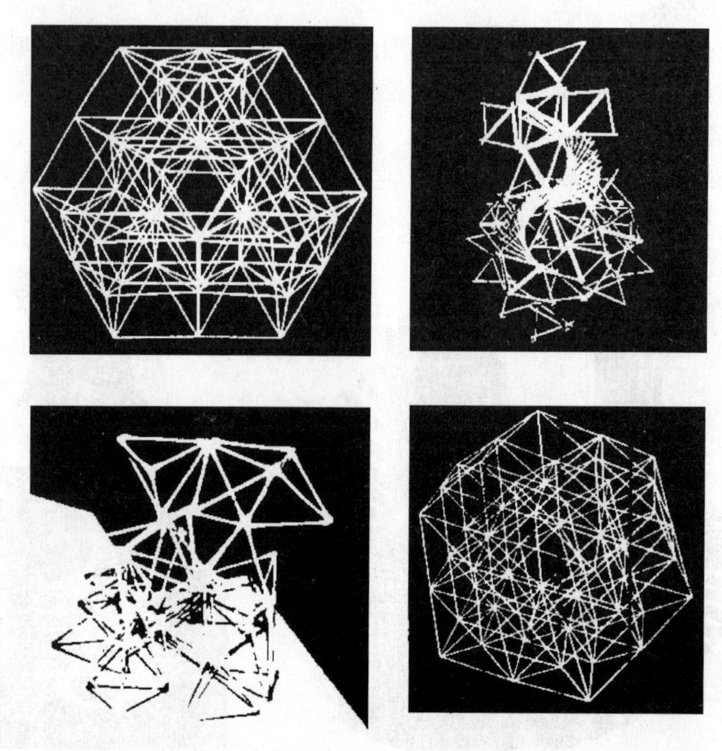

图 2-26　桁架构成

(1)桁架的造型方向

造型方向决定桁架向何处延伸。

1)垂直方向:垂直造型矗立挺拔。

2)水平方向:水平造型平稳浑厚。

3)倾斜方向:倾斜造型险峻生动。

4)交叉方向:交叉造型放射扩张。

方向的选择决定了最终造型的总体特征与意念的表达。

(2)桁架的骨格

桁架构成由众多单元体组合而成,体量庞大,依靠骨格可避免组合的混乱。

1)直线型:简捷、舒展。分为单直线、平行线、错落直线。

2)分叉型:如同树木从主干分叉分枝,有生长、生成的感觉。

3)折线型:其形体转折运行,产生顿挫的视觉效果。

4)旋转型:具有缓动的膨胀感。

5)围合型:可以形成一个内部变化的空间,使形态出现内外的视觉穿插。

(3)桁架构成的造型样式

通过桁架的抽象构成可以寓意现实环境中的各种形态,使桁架构成的造型样式丰富多彩。如塔式、桥式、壳式、球式、环式、瓶式等。

4. 线织面构成

选择不同方位的载体在确定的两个固定点之间牵引直线,众多排列的牵引直线形成“线织面”。载体的不同类型、固定点的不同方位的选择和数据的变化会构成不同的奇妙的线织曲面。

(1)作为载体的支架

载体可以由基面与附着在基面上的支架组成,也可以单独运用支架。支架的形状包括直线、曲线、折线、组合线、几何形体的框架等(见图 2-27)。

(2)固定点的方位选择

基面与支架以及支架本身的不同线段都可以作为固定点的方位选择。选择不同的方位将构成完全不同的线织面效果。

(3)固定点的数据变化

固定点是固定织线的部位。较为密集的线织面效果鲜明,因而固定点的数量较多,排列较密。固定点的疏密变化产生线织面节奏的变化。

1)等级数:指相同的间距。

2)变级数:指变化的间距。

(4)线织面的方位选择

一个线织面造型有众多的固定点行列,每组线织面选择两个方位。不同方位的选择将牵引出不同的线织面。

(5)线织面的平行排列与交错排列

两根平行的支架排列平行的织线比较平淡,平行织线排列在垂直与水平两个方位的支架就会比较生动,而首尾交错的线织面排列在不同方位的支架上则更生动。

(6)独立与交插的线织面

独立的线织面与交插的线织面会得到静与动、平面与曲面的对比变化。

(7)线织面的数量

支架造型复杂,只用一组线织面即会得到生动的效果。支架较为单纯可用双组或三组线织面(见图 2-28)。

图 2-27　线织面支架的造型

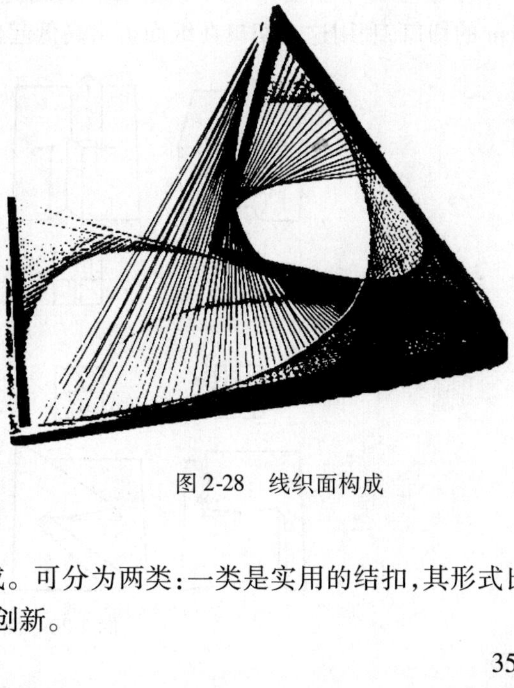

图 2-28　线织面构成

5. 结绳构成

结绳构成是软质线材互相穿插、编结的构成。可分为两类:一类是实用的结扣,其形式比较固定;一类是欣赏的装饰纹样结,其形式不断创新。

(1)实用结扣

此类结扣受力方向异常牢固,解扣方向则易于开结,各种水手结、捆绑结是其典型范例。

(2)装饰纹样结

装饰纹样结也有实用的成分,如发结、礼品包装结等。我国传统的中国结的造型美观,形式多样,往往采用如意纹、云纹、锦花纹象征幸福美满、吉祥如意。(见图2-29)。

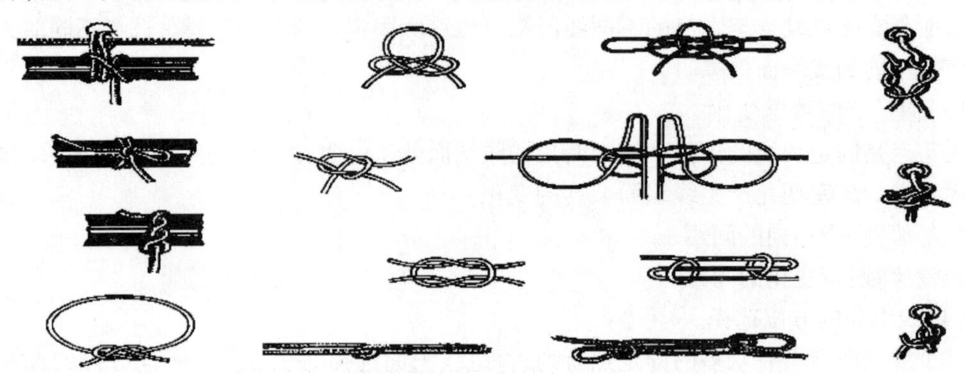

图2-29　结绳构成

二、面材构成

面材是立体构成塑造空间的基本要素。面材与面材的组合形成空间的分割、空间的转换、空间的流动。面材具有双重性,当视线垂直于面材的正面,对面材的感受是实体,具有实体的体量感。当视线从面材的侧面望去,看到的是面材的边缘,对面材的感受是线型,具有线材的流动感。大面非常充实,极小的面有时呈现出点的效果。不同视角,表现不同的透视关系。面材有外空间与内空间,有开敞空间与封闭空间,面材是3种元素中空间变化最为丰富的元素。

面材构成的种类很多,包括以下几种。

1. 面材的浮雕构成

浮雕构成可选用6cm见方的绘图纸,通过纸的中心点切一条垂直纸边或对角线方向3~5cm的切口,利用这一切口在纸面折出高低起伏的浮雕形态(见图2-30)。

图2-30　面材的浮雕构成

(1)构思折线

1)折线可以采用直线、曲线、圆弧线等不同类型。

2)折线的数量可以为单线、双线或多线。

3)折线将与纸边和切口形成起伏关系。

(2)划刻折痕

1)在将要隆起的一面用小刀轻轻划刻折痕,依靠折痕纸面会整齐地折起。

2)不可将折痕刻透形成开口。

3)折纸成形后固定在黑色卡片纸上。

2. 面材的翻转构成

面材经过翻转形成变化的曲面,翻转的过程极为简单,随意一翻,只需几秒钟的时间便会出现一种形态,在不断的翻动中寻求最为理想的造型。这种构思若离开动手实践而以笔来勾画或单纯冥思苦想都是非常困难的事情。翻转的曲面造型广泛地应用于环境雕塑的设计中(见图 2-31)。

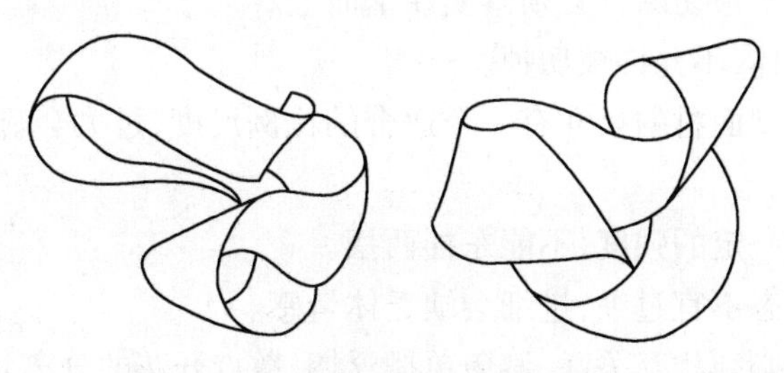

图 2-31 带状面材的翻转构成

(1)翻转的类型

1)带状翻转:用 4cm × 40cm 长条纸带进行翻转练习。

2)面状翻转:用 30cm × 30cm 或 30cm × 40cm 的纸面进行翻转练习。设定一条过纸面中心点的切口线,其方向为垂直纸边或对角线方向。切口线在纸面中,不要将纸边切开。翻转时要注意充分利用这一切口。

(2)翻转时的注意事项

1)全部翻转自始至终应保持顺畅舒展的曲面。

2)不能出现硬折,而使曲面中断。

3)不结扣使形象停滞。

4)没有视觉的死角,能满足各种角度的欣赏。

5)选择最好的位置落实在底板上。

3. 面材的可还原切折构成

在原材中切口,折起成形,所切部分都连在原材上,折起部分可以轻易还原成原始片状面材。面材可选用 30cm × 30cm、30cm × 40cm、40cm × 40cm 3 种。

(1)切折造型的数量

1)1 个独立的造型。

2)2 个相互搭接的造型。

3)3 个以上组合的造型,有的只宜做低矮的陪衬。

(2)切折造型展开的方向

1)上下方向起伏折动。

2)左右方向围合折动。

(3)切折造型的形态特征

切形的种类要单纯,最忌繁多。往往一件作品只运用一类形态,依靠一种形态的大小、疏密变化以及折动方向的不同求得造型的变化。

1)方形类。

2)圆形类。

3)三角形类。

4)其他单纯的几何形类。

5)组合类,是以一种形作为基础,最好限定在3种类型之内。

(4)切折造型的注意事项

1)原型面材的四边不被切断且必须落实在基面上。

2)全部材料连成一体,不允许被切掉。

3)造型的大小与原型面材的尺寸有一个适合的比例尺度,过大会显得空洞、乏力;过小会显得局促、干瘪。

4)站立的形态应有一定的强度,不能东摇西摆。

5)所切折的条状形态不宜过细,过细会缺乏体量感。

6)两组以上的造型必须相互关联,避免单摆浮搁、散点开花的分离状态。

7)主体部位需加以强调。

可还原的切折构成造型丰富多样,其所展示的抽象形态往往能引发各种联想:如类似体育馆的建筑形象,环境景观的水景造型,具有环境衬托的雕塑等(见图2-32)。

可还原切折中有较为实用的折卡形式,如表现具象形态造型的卡式切折与各种贺卡(见图2-33)。

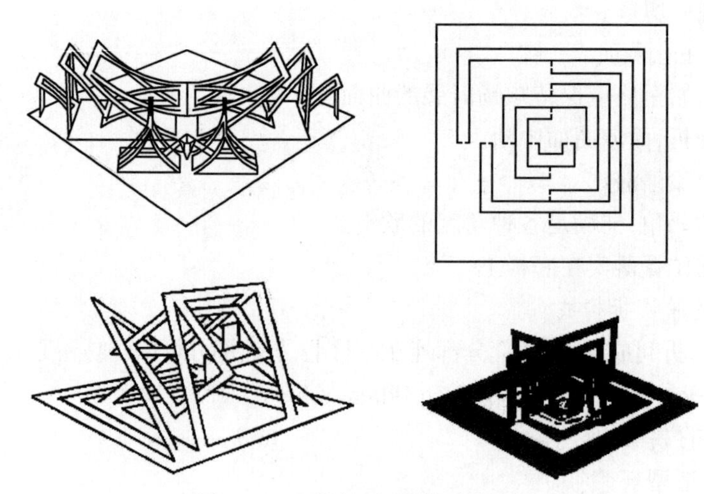

图2-32 面材的可还原切折构成

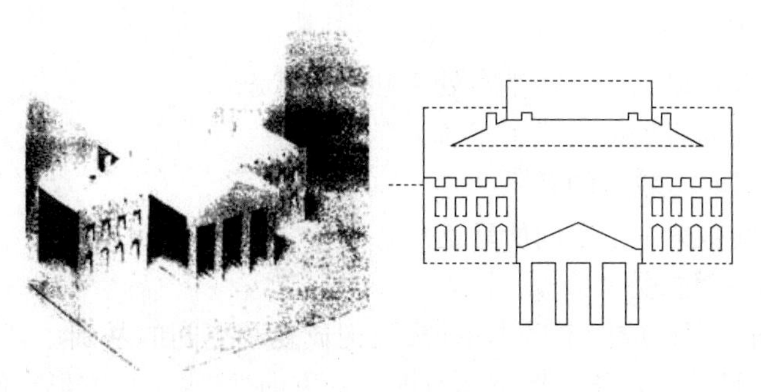

图 2-33 折卡

4. 面材的限形切折构成

原型的面材作为母体，将限定的几何形从母体中切掉，然后对它们进行任意的折形处理。折形后所有的形态元素加以组合构成一件偏于空间表现的作品。面材仍选用 30cm × 30cm、30cm × 40cm、40cm × 40cm 3 种规格。

(1)母体

整块面材作为母体，切除的限形部分应触及边缘，切除后母体的边缘有齐边也有残边，中间部分有虚实的区别，不宜散而破碎。

母体要经过折形，作为整个造型的基础部分。

(2)限形

限形为这一构成的制约条件，如限形切掉大小不限的 4 个正方形、3 个长方形、2 个正三角形、1 个正圆等。

(3)组合

以折形的母体作为造型的基础，其折形的方向、折形的手法决定了最终造型的框架。各种限形根据总体构思即兴发挥进行再加工，采用黏合、插接等方法与母体组合。较大的限形可以与母体相互呼应成为独立体，较小的限形可以点缀在基面作为陪衬。

5. 面材的自由切折构成

自由切折构成不受局限性的约束，可以充分地表现空间的各种组合方式，便于追求较为完美的造型。

(1)整体造型的空间形态

1)显露式：通体显露，极少围合封盖，主要依靠形态的体量落差与少量的穿插而成型。

2)敞开式：有一定的闭合，但形态的内外有众多通透的关系。

3)封闭式：封闭的状态是相对而言的，整个造型围合封盖的成分多一些。

(2)各类限定空间的形成

1)天覆：是以大遮小。平顶有领域感，斜顶有方向感，穹顶有内聚感，凹顶有扩散感，折顶有节奏感。

2)地载：是以大托小。凹陷有隐蔽感，凸起有升腾感，架空有莅临感，平坦有舒畅感。

3)竖断：是垂直与倾斜的分割，空间产生流动感。两个垂直面为 90°时，角端产生停滞感。

4)横断：是水平分割，空间产生层次感。

5)夹持：是双壁相间，呈廊道的形态，有方向感。

6)环抱：是横向围合的形态，有驻留感。

(3)空间组合的形式

1)分离:两个或两个以上的空间基本处于独立的状态。

2)接触:不同空间具有少量的联系。

3)连接:不同空间具有较多的联系。

4)包容:一个空间被另一个空间所环抱。

(4)空间造型的心理感受

单一空间是建筑空间构成的最基本单位,是构成复杂空间的基础。其形状、比例、尺度会影响人们对空间的心理感受。长方形空间有明显的方向性,水平长方形空间有舒展开阔感,垂直长方形空间有上升崇高感;三角锥形空间强调上升聚合;圆柱形空间向中心团聚;正方形空间具有庄重的静态,球形空间具有收敛的动态;环形空间有导向性;拱形空间有回旋性;而纵深狭长的空间产生探求性前进的势态(见图 2-34)。

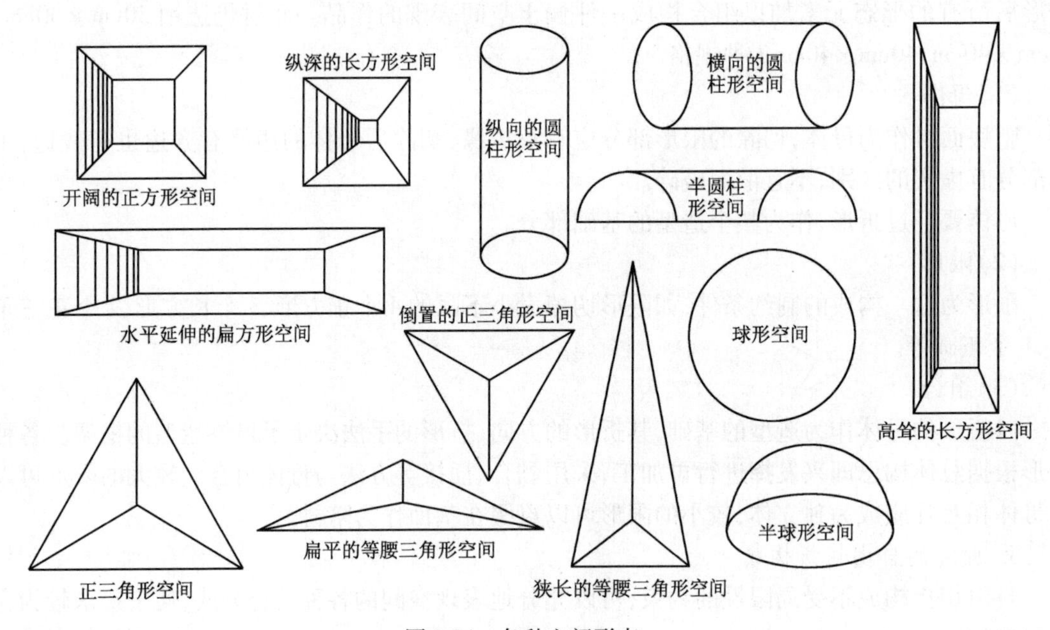

图 2-34　各种空间形态

6. 面材的球形构成

将面材围合成多面体,对多面体的角、边、面 3 个部分进行加工塑造,成为形象生动的“球体造型”。

(1)多面体的基本形态(见图 2-35)

1)柏拉图多面体:其各表面均为相同的正多边形。有正四面体、正六面体、正八面体、正十二面体、正二十面体。

2)阿基米德多面体:其由两种以上多边形组合而成。有多种十四面体与二十六面体。

(2)多面体的制作

1)在质地较厚的纸面上画出多面体的平面展开图形,铅笔线要轻要匀。

2)适应图形的大小,在所有的多边形边缘加工出供黏合的边条。

3)沿边条外轮廓剪出图形。

4）在边条的角端做切口。

5）所有多边形的轮廓线都用小刀轻轻做划痕。有划痕可以齐整成形。划线要极轻，划线过力会刻断纸。

6）擦掉铅笔线。

7）在边条部分涂乳胶。

8）轻度合力依次黏合相邻的边条。

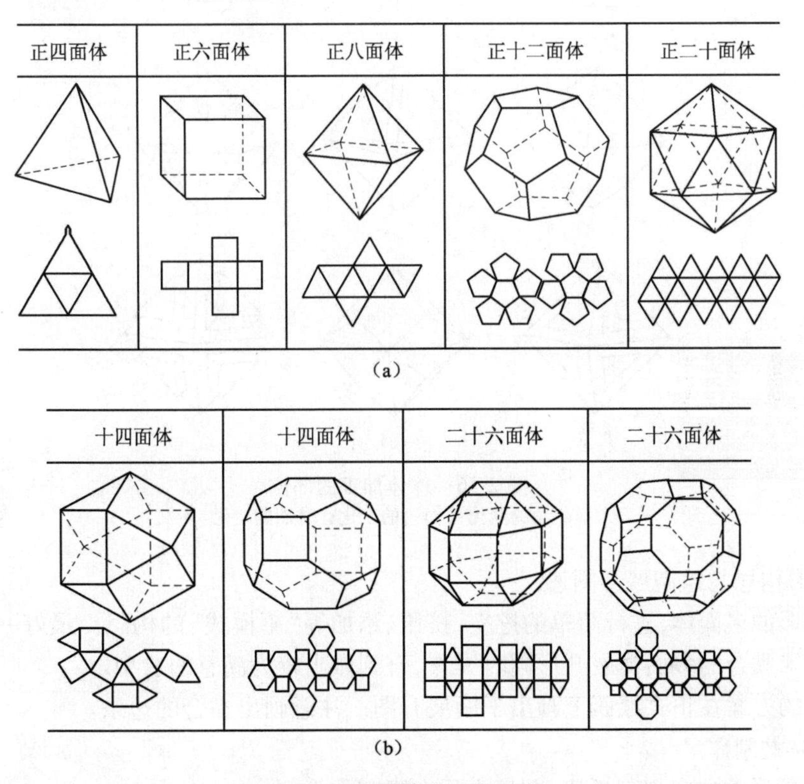

图 2-35　多面体的基本形态

(a)柏拉图多面体；(b)阿基米德多面体

(3)多面体加工塑造的方法(见图 2-36)

1）折角：对角的部分做凹凸的折形，包括直线型凹凸与圆弧线的凹凸。可以进行多层的折角。

2）切角：对角的部分进行少量的切除。

3）角的切折：切割后在折形处翻转加工。

4）折边：对边的部分做凹凸的折形，包括直线型凹凸与圆弧线的凹凸。

5）切边：对边的部分进行少量的切除。

6）边的切折：切割后做折形与翻转的加工。

7）面的镂空：对面的部分进行切除。切除的部分有时需要再进一步加工，有时则保留为一种简单的纹样。

8）面的切折：切割后做折形与翻转的加工。

9）添加：在多面体的表面黏合或插接添加的体块。

10)复合形:在多面体的中心再复合小的多面体,形成包容的关系,依靠镂空的效果做搭接的组合。

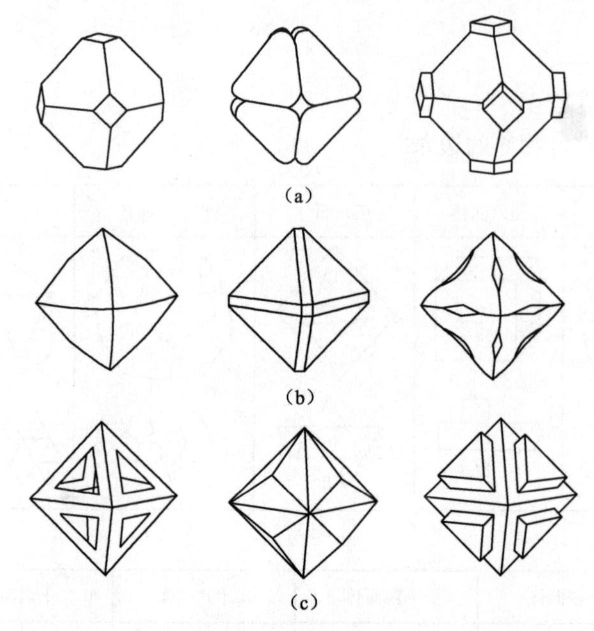

图2-36　球体加工的部位

(a)角的变化;(b)边的变化;(c)面的变化

(4)球形构思与绘制展开图形

面对成形的多面体,进行简单的挖空、挤压、添加等“草模式”的构思。最好一个黏合的多面体与一个未黏合的多面体展开形同时操作,直到做出较为满意的造型。

将确定的方案在正式纸面上画出平面展开图。注意画出黏合的边条。

(5)球体的制作

1)选择折形的方向划刻折痕,刻痕永远在隆起的一侧。

2)制作复合形时先将小球体完成再围合外面的大球形。

3)黏合的基本造型不能再折形。

4)黏合添加的部分。这个阶段应格外小心,不能挤压球体出现凹瘪的现象。

(6)面材球体造型的注意事项

1)保持球体造型的基本特征:添加部分不宜大体量,总体造型不能成为三角形、双球形、长方形等另类造型。

2)体量感:追求球体表面凹凸起伏的体块造型,产生较强的体量感。避免单纯挖空切除造成的单薄形象,避免切折翻转的部分产生纤细、轻浮而软弱之感。

3)造型手法单纯:一种手法反复出现在角和边的部分,与面的部分就会形成丰富的变化。切忌挖空各种形、添加各种形,成为大杂烩。要保持手法单纯的效果。

4)加工工艺:面材球体造型整个加工过程都较为精细,制作的球体要求棱角分明、体面清晰、整洁美观,可作为将来模型制作的基础训练(见图2-37)。

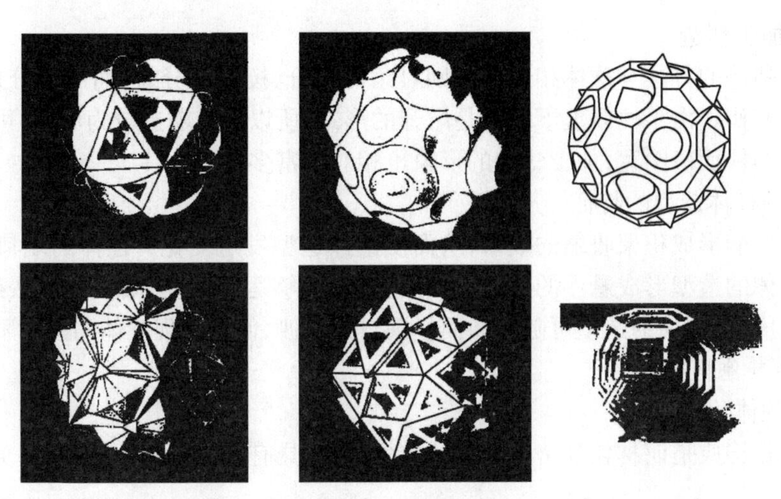

图 2-37　球体构成

7. 面材的柱体构成

将面材围合成棱柱体与圆柱体，对其边角以及柱面进行加工塑造，成为形象生动的柱体造型（见图 2-38）。

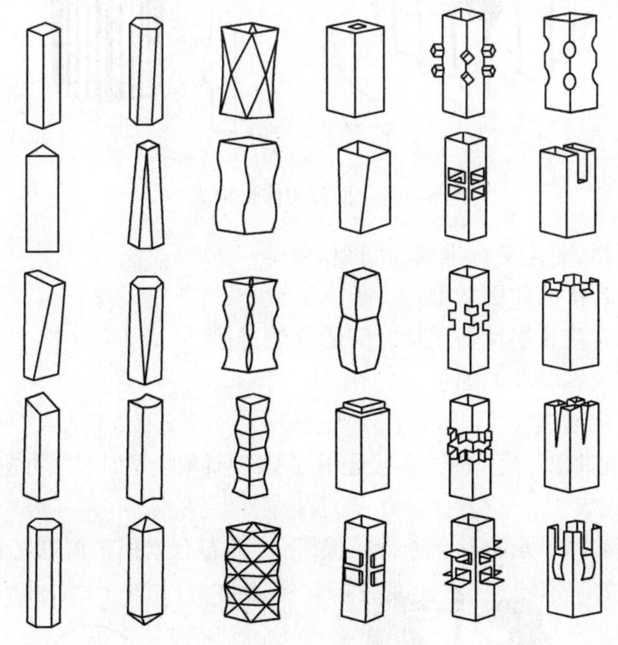

图 2-38　柱体构成

（1）柱体的基本形态

1）方柱类：正方形、长方形与梯形。

2）三棱柱类：等边形与等腰形。

3）圆柱类：正圆与椭圆。

4）多边形柱类：五边形与六边形等。

5）扭曲形柱类：边棱呈曲线形。

6）其他异型柱类：各种收缩、膨胀、折皱变化的柱形。

(2)柱形加工塑造

柱形加工塑造的方法与球体相近。分别对角的部分、棱边部分、柱面的部分进行折形、切折、切除、添加操作。由于柱体上下端口是敞开的形式,所以加工塑造较为灵活,可以出现较大的变化。柱体的柱面范围宽,加工塑造的形象也相对丰富多样。

(3)面材的柱体造型的特征

柱体的端口能形成积聚收缩的效果,从而使整体造型发生变化。柱体的端口可以形成支叉、支脚,使柱体的造型形成悬浮的感觉。柱面宽阔,能够运用重复、渐变的手法产生节奏感。圆柱通体浑然成形,柱面的造型可随着曲面呈现自然过渡,便于表现整体的韵律感。

8. 面材的其他构成

(1)面材的体化构成

面材的体化构成是面材较为密集的平行排列,构成具有充实感的体量造型(见图2-39)。

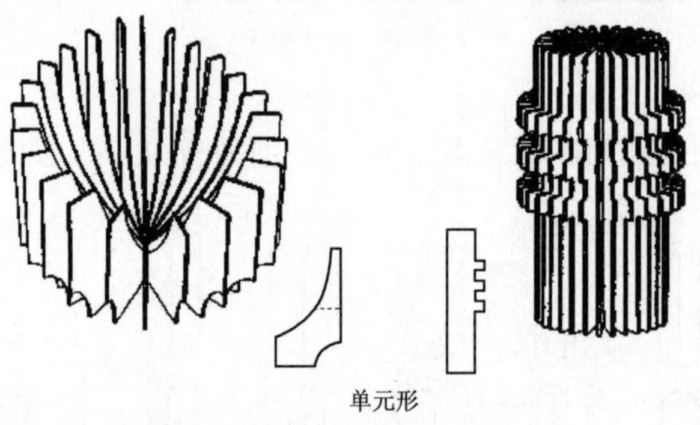

图2-39 面材的体化构成

1)根据面材的薄厚、变化平行排列的间距。

2)适合表现各种起伏的曲面造型。

3)表现曲面造型时注意层片与层片之间的自然过渡。

4)水平层面间加入不明显的隔垫。

5)垂直层面宜完全通透。

6)体化构成在表现抽象化模型时可直接运用,在表现具象模型时表层可覆合适当的材料成型。

(2)面材的插接构成

面材的插接构成常以单元的形态进行插接组合,形态有繁衍扩展的特征(见图2-40)。

图2-40 面材的插接构成

(3)面材的屏障构成

面材的屏障构成以单元的形态进行并列组合,成为通透的壁墙(见图2-41)。

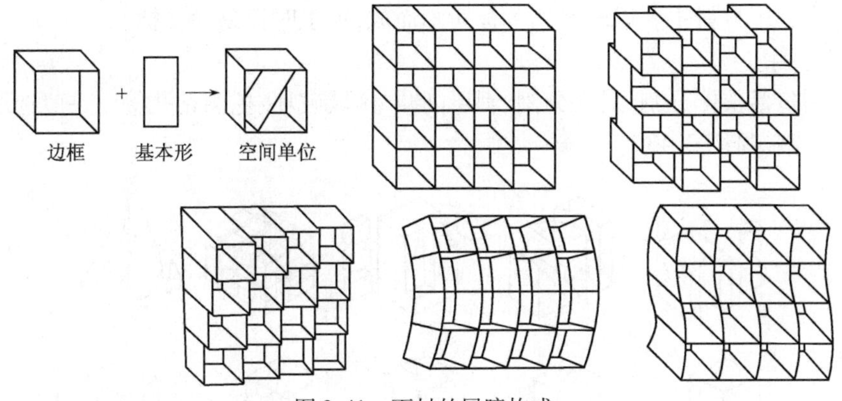

图 2-41　面材的屏障构成

三、块材构成

块材是实在的体块，具有充实、厚重的体量感。产生力量与雄浑的视觉印象，表现出庄重与凝固的造型特征。

块材构成包含两个方面的内容：一为加法，即塑造、积聚、增加；二为减法，即雕刻、分割、削减（见图 2-42）。

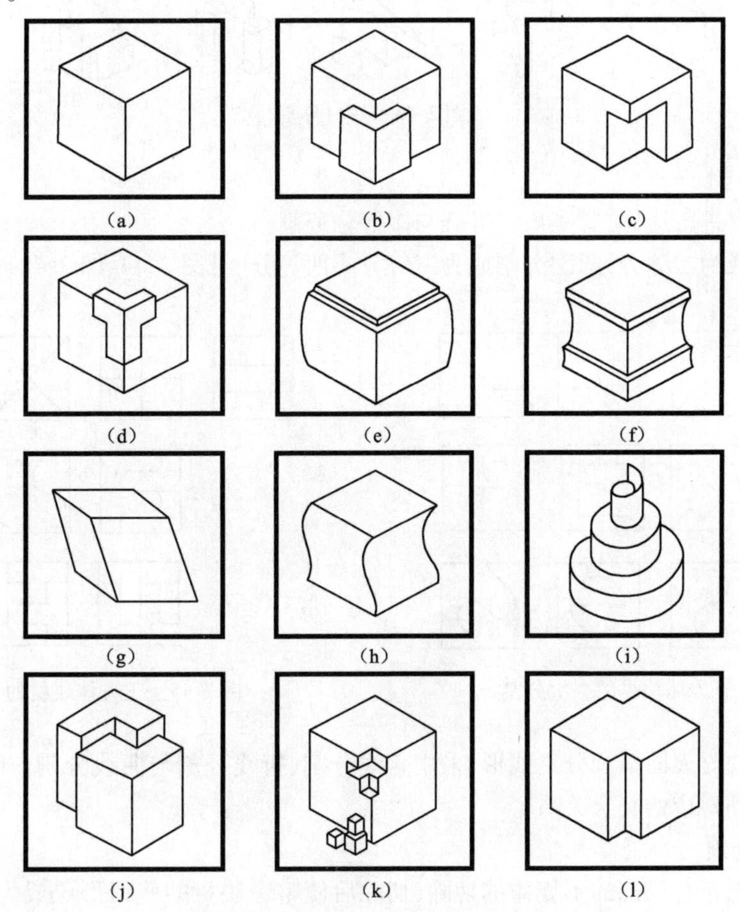

图 2-42　块材的造型类别

(a)基本形体；(b)添加；(c)减少；(d)镶嵌；(e)膨胀；(f)收缩；(g)倾斜；(h)扭曲；(i)剥层；(j)分裂；(k)破坏；(l)组合

块材构成所用材料主要以较厚的苯板切割而成，加工时简易而便捷。

1. 块材分割

块材分割包括整体分割、局部分割、剥层削减、区域破坏、挖洞钻孔等。一般选用单纯的几何形体进行分割（见图2-43）。

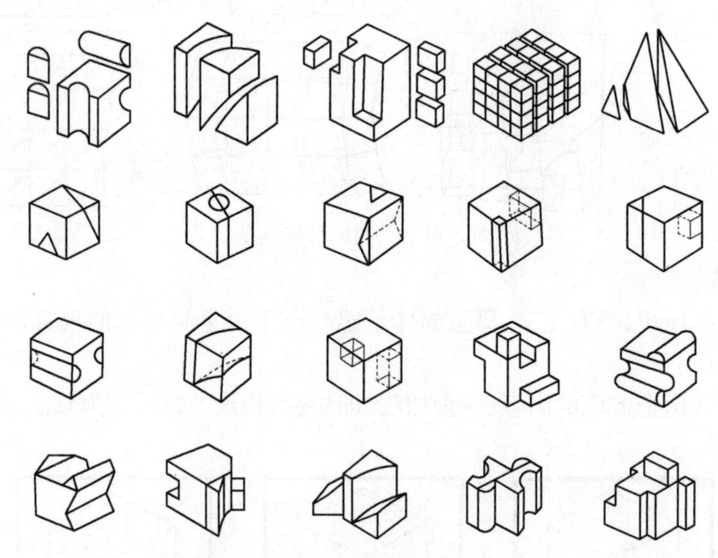

图2-43　块材分割

(1)整体分割

对整个块材进行通体二等分、三等分与多等分分割。

一次分割成为二等分，两次分割成为三等分或四等分（见图2-44、图2-45）。

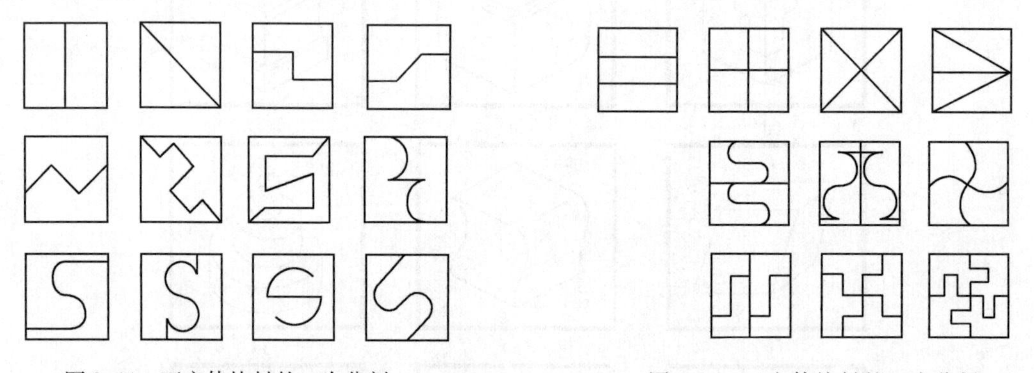

图2-44　正方体块材的一次分割　　　图2-45　正方体块材的二次分割

分割时在块材表面描画分割线形，采用直线分割、折线分割与曲线分割。因为是等分形，分割面具有凹凸对应的契合关系。

(2)局部分割

将整体块材进行局部的不规律的切除，切除后使整个块材的残留形象成为构思中的主体形象。切除的形体与原体块材的形状相同或相近，以达到造型的协调感，个别部位可以采用对比的手法。

(3)剥层削减

剥层削减是渐变的分割法,形成有规律的递减。圆柱形体的剥层效果最好,有旋转的动感。

(4)区域破坏

模拟某一区域遭受破坏,看似偶然的残缺效果。整体形象的完整与区域的破坏形成强烈的对比。

(5)挖洞与钻孔

分割向体块内部发展,造成镂空的体内空间。钻挖部分增多会形成壳状,形成特殊框架感的造型,形体的浑厚感、重量感会随之减弱。

2. 块材积聚

块材的积聚包括相同形态的垒叠、不同形态的组合、联合形体。一般选用单纯的几何形体进行积聚。

(1)相同形态的垒叠(见图2-46、图2-47)

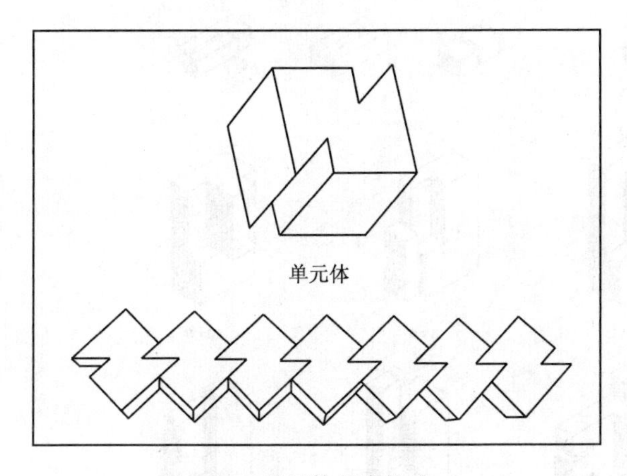

图2-46　单元体组合构成

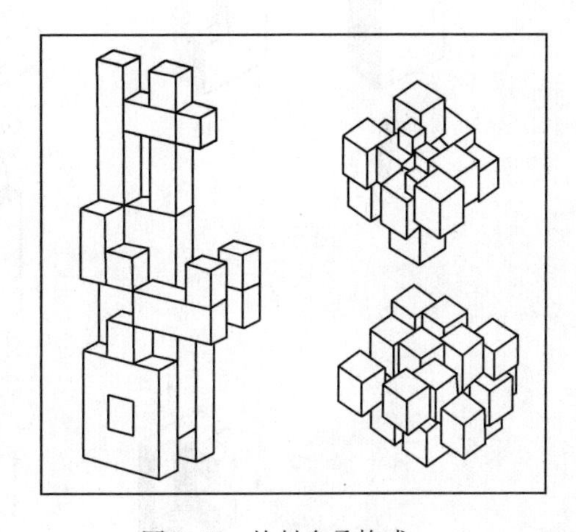

图2-47　块材垒叠构成

相同形态的垒叠即为单元体的组合。众多形体相同的单元体相互垒叠构成一个综合性的造型。垒叠的造型要在设定的骨架关系中发展。有直线型、支干型、交叉型、曲折型、旋涡型、围合型等。

1)单元体可形成凹凸咬合的关系。

2)运用叠压成型,尽量少用黏合。

(2)不同形态的组合

不同形态的对比形体与近似形体的组合,可以用搭积木的方法或用黏合的方法。

1)选用一种形体作为主体形态。

2)塑造均衡状态的造型。

不同形态体块的组合构成是显露式的造型,要满足多种视点的审美要求(见图2-48)。

(3)联合形体

联合形体是少量形体之间的组合,选取最佳结合部位构成组合体。新的形体具有各自的特征而又能和谐相处。

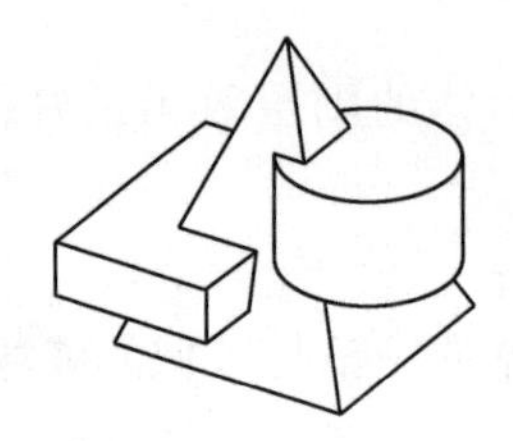
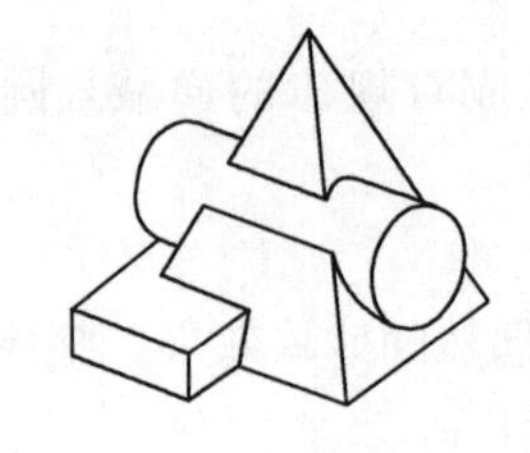
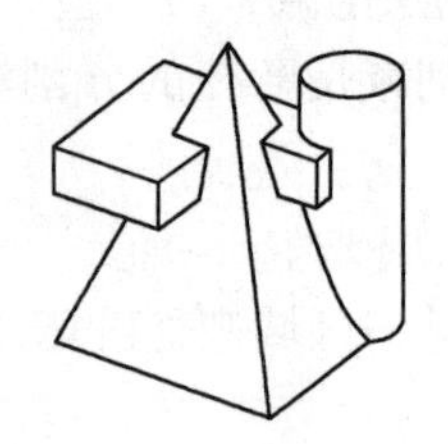

图 2-48　不同形态块材的组合

3. 块材的分割与积聚

块材的分割与积聚兼顾了两方面的特征。它是对整体块材进行分割后的换位组合(见图 2-49)。

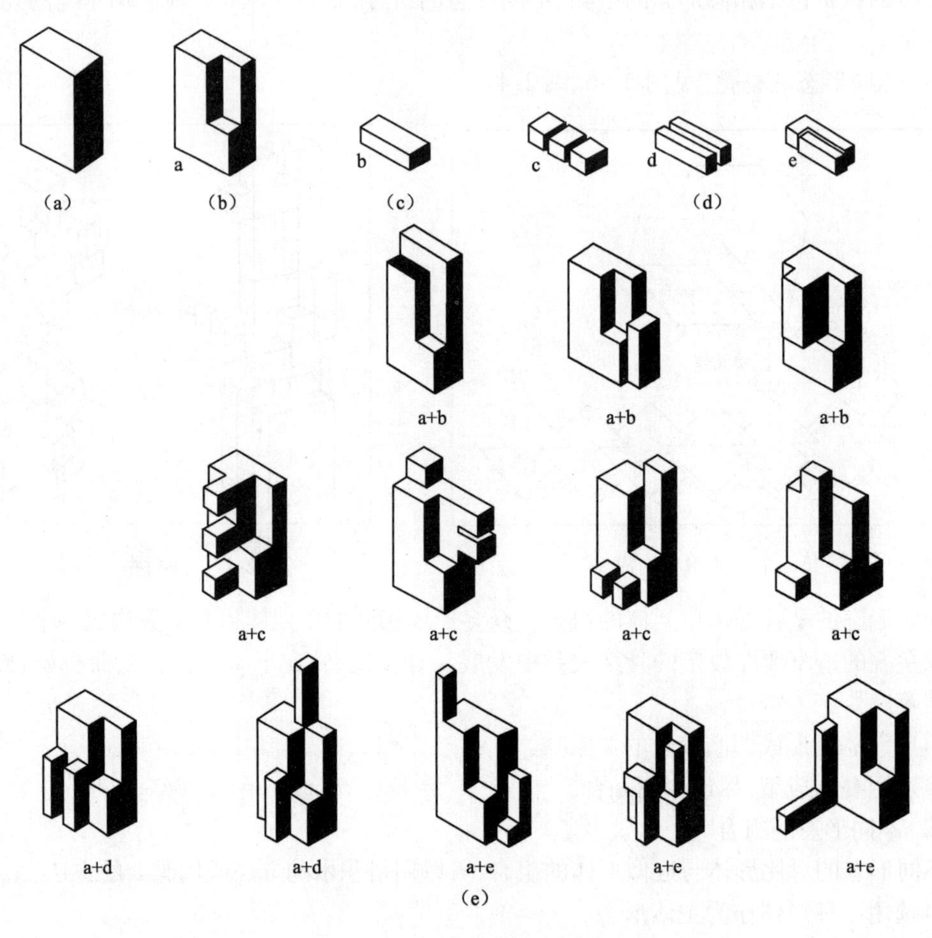

图 2-49　块材的分割与积聚

(a)基本形体;(b)一次分割;(c)分割体;(d)分割体的再分割;(e)形体的组合

(1)分割与积聚的类型

1)限形分割与积聚只限形体的造型与数量而不限形体的大小。

2)自由分割与积聚分割的形体应有大小的差别。

(2)分割的手法

1)等比例分割:分割出的形体大小不同,但与原型块材的比例相同。

2)平行分割:运用平行直线分割。

3)曲面分割:运用曲线分割出曲面的形体。

4)自由分割:不受制约的随意分割。

5)任何情况下的全部形体,都要求积聚在一起。

第三节　色 彩 构 成

一、色彩常识

色彩有 3 个元素:色相、明度、彩度。研究这 3 种元素之间的关系,应依据一定的规律将 3 种元素组合运用以达到所需目的要求,这一创作过程即为“色彩构成”。

1. 光与色

(1)光源

必须通过光线才能观察到色彩。光源有自然光和人造光两种。自然光主要是太阳光;人造光如灯光、烛光等,灯光又有白炽灯光与荧光灯光。不同的光源会使色彩呈现不同的效果,正常观察与研究色彩要依靠太阳光。

(2)光波

光以波长来表示,人可以感觉到波长 380 ~ 780nm 的电磁辐射,这个波长范围内的光称为可见光。小于 380nm 的是紫外线,大于 780nm 的是红外线。

(3)光谱

通过三棱镜太阳光被折射成红、橙、黄、绿、蓝、靛、紫,这一顺序的排列称为“光谱”。

(4)色谱

在学习过程中使用水性颜料的水彩色、水粉色,将颜料有规律地排列成红、橙、黄、绿、蓝、靛、紫,称为“色谱”。

2. 色彩的三元素

色彩的三元素是色相、明度与彩度,它们是色彩的 3 种属性,相对独立又相互关联、制约。

(1)色相

色相是色彩的名称、相貌。光谱中红、橙、黄、绿、蓝、靛、紫为基本色相。玫瑰红、大红、朱红、橘红则为特定色相。色相按顺序排列成环状,即色相环,形成循环的色彩关系。

(2)明度

明度是指色彩的明暗程度。将黑、白作为两个极端,中间分成若干等差的灰色色阶,靠近白端的为高明度色,靠近黑端的为低明度色,中间部分是中明度色。每一种色彩都有与其相一致的明度关系,黄色的明度最高,紫色的明度最低。

(3)彩度

彩度又称纯度、饱和度,是指色彩的纯正度、鲜艳度。当一个颜色调入其他色,彩度将变低。有彩度感的色称为彩色,无彩度感的色称为无彩色,如黑色、白色以及黑白调出的灰色。

大红色和与之明度相同的灰色相调,调出从大红到灰色均匀过渡的色带,靠近大红色一端为高彩度色,靠近灰色一端为低彩度色,中间部分是中彩度色。

3. 色立体

“色立体”是色彩三元素的立体组合。

(1)色立体的基本骨架

骨架中心为无彩色垂直轴(又称中心明度轴),顶端是白,底端是黑,中间分布着渐变的灰色。围绕中心轴环抱成球形的是色相环,色相环上的各种颜色与无彩色轴相连。色相环表面色彩的彩度最高,越向无彩色轴则彩度越低(见图2-50)。

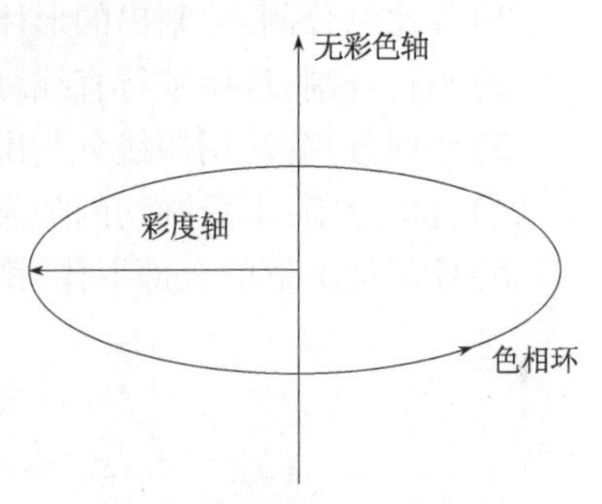

图2-50　色立体的基本骨架

通过无彩色轴进行纵切,纵断面上部为高明度色,下部为低明度色。垂直于中轴的横断显示等明度面(见图2-51)。

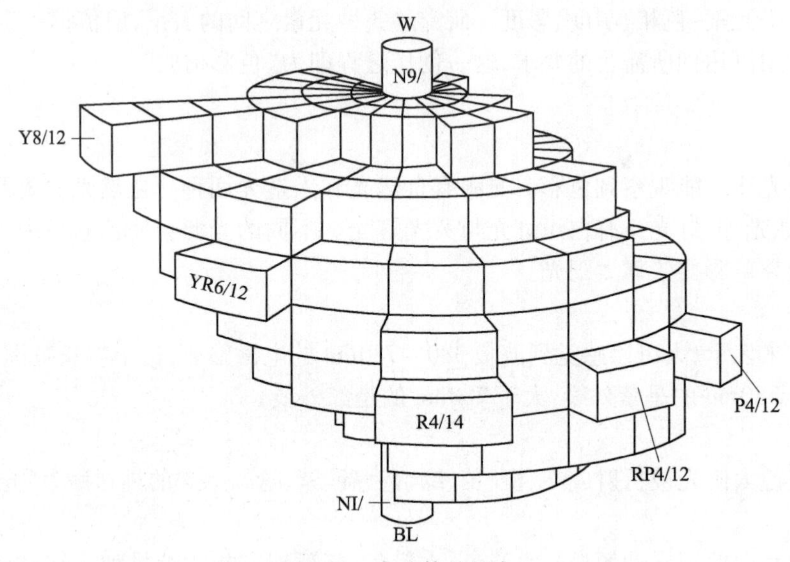

图2-51　色立体的组合

(2)孟塞尔色立体

目前世界上流行3种色立体:美国的孟塞尔色立体、德国的奥斯特瓦德色立体、日本色彩研究所的色立体。孟塞尔色立体是美国画家孟塞尔1905年创立的,经过多次修订,是目前国际上应用最广泛的色彩系统(附图1)。

1)色相:孟塞尔色立体的色相环以红(R)、黄(Y)、绿(G)、蓝(B)、紫(P)5色为基础,加上它们的中间色黄红(YR)、黄绿(YG)、蓝绿(BG)、蓝紫(BP)、红紫(RP)作为10个主要色相。每一种色相又细分为10个等份,一共100个色相。各色相的第5号为代表色相。置于直径两端的色相为补色关系。

2)明度:孟塞尔色立体的中心分为11个阶段,黑为0,白为10,从1~9为灰色系列。

3)彩度:孟塞尔色立体的无彩色轴的彩度为0。红色的彩度有14个阶段,距轴最远。蓝绿色的彩度有6个阶段,距轴最近。由于各种色相的彩度长短不一,其展开的断面成为复杂的外形,被称为“色树”。

4)符号:孟塞尔色立体的三元素分别以英文第一个字母标示:色相(H)、明度(V)、彩度(C)。各种颜色的表示符号为HV/C。

(3)色立体的应用

色立体图谱:是一本平面展开的、成册的色彩字典,1000 多块色彩有秩序地存在于坐标上,展示了色彩之间的关系,是配色的重要参考。

色立体的最大特点是每一块颜色都有自己的符号,在设计与印刷的图稿中只要标明符号即可,准确而便利。

4. 原色、间色、复色(附图 2)

(1)原色

红、黄、蓝为三原色。原色是不可以用其他色调出的颜色,以水彩颜料为例,分别是大红、中黄、普蓝。原色彩度高,色彩最为鲜艳。

(2)间色

原色之间相调,成为第二次色,即为间色。红加黄为橙、黄加蓝为绿、蓝加红为紫。间色与原色的含量有关,红加黄调色时红多为橙红色、黄多为橙黄色。

(3)复色

间色之间相调成为第三次色,即为复色。复色彩度低,色彩效果含蓄而沉稳。在实际运用中大量使用各种复色,应具备识别与调配复色的能力。

5. 相同色、同类色、近似色、对比色、补色(附图 3)

在 24 等份色相环中可以对相同色、同类色、近似色、对比色、补色进行截取。

(1)相同色

<5°范围内的色彩是相同色,相同色之间只有极微小的差异。

(2)同类色

>5°且<30°范围内的色彩是同类色,同类色是以同一种颜色成分作为主导。

(3)近似色

>30°且<90°的色彩是近似色,近似色的两种颜色兼有对方的成分。

(4)对比色

>90°的色彩是对比色,对比色不含对方的成分,是彼此独立的色彩。

(5)补色

色环上处于等边三角形关系的红、黄、蓝 3 种色彩,其中一个色彩与另外两个色彩的混色互为补色,补色是最强烈的对比色,同时又包含了协调的因素。

6. 暖色、冷色、中间色、中性色

色彩的物理性并没有冷暖,赋予色彩冷暖是人们的心理反映。暖色使人们联想到炽热的火焰,冷色使人们联想到清凉的湖水。24 等份色环中区分了暖色、冷色与中间色。

(1)暖色

红、橙、黄是暖色系,给人以热情、兴奋、温暖的感觉。

(2)冷色

蓝、绿、紫是冷色系,给人以平静、理性、幽深的感觉。

(3)中间色

暖色系与冷色系的过渡地带是中间色,如黄绿、红紫等。它们所含冷暖成分的不同会出现不同的冷暖偏移。

(4)中性色

无彩度的黑、白、灰色是中性色。金色与银色也是中性色,但金色偏暖,银色偏冷。

7. 色彩的混合(附图4)

(1)加色的混合

色光的混合称为加色混合。当红、黄、蓝3种光照射在一个平面上混合成为白光时,光的感觉更加明亮。加色混合一般应用于舞台照明与摄影。

(2)减色混合

颜料的混合称为减色混合。当红、黄、蓝三色调和在一起涂在纸面上成为黑色,混合后彩度即降低。

(3)中性混合

中性混合又称空间混合。

(4)旋转混合

在能转动的白色圆盘间隔涂上蓝与黄的色块或色带,旋转圆盘形成绿色的效果。

(5)并置混合

将众多小块蓝色与黄色间隔并置,当处在一定距离会产生空间的视觉混合效果,成为绿色,这很像建筑装饰或壁画中使用的马赛克片。印象画派的点彩画法就是运用了并置混合的手法。

二、明度基调

设定从黑1到白9的9个等级均匀过渡的黑、白、灰系列。

1. 高调、低调、中调

(1)高调

靠近白的7、8、9三级为高调。高调具有明亮、开朗、扩展的效果。

(2)低调

靠近黑的1、2、3三级为低调。低调具有深沉、厚重、收缩的效果。

(3)中调

中间地带的4、5、6三级为中调。中调具有丰富、平和、充实的效果。

2. 短调对比、长调对比、中调对比

(1)短调对比

3个等级内的对比为明度的弱对比,由于这种对比关系明度差距短,所以称为短调对比。短调对比具有柔和、协调、含蓄的效果。

(2)长调对比

5个等级外的对比为明度的强对比,由于这种对比关系明度差距长,所以称为长调对比。长调对比具有舒展、高亢、强烈的效果。

(3)中调对比

3个等级以外、5个等级以内的对比为明度的中对比,由于这种对比关系介于高调、低调之间,所以称为中调对比。中调对比具有活泼、生动、趣味的效果。

3. 10种调式

将9个等级明度进行排列组合构成10种调式(附图5)。

(1)高长调

高长调反差大,对比强,形象的清晰度高,有积极、活泼、刺激、明快之感。

(2)高短调

高短调是高调的弱对比,形象含蓄,有优雅、柔和、高贵之感,是女性色彩的特征。

(3)高中调

高中调是以高调为主的中强度的对比,其效果明亮、愉快、辉煌。

(4)中长调

中长调以中调色为主,间以高调色和低调色的对比。有稳重、坚实之感,是男性色彩的特征。

(5)中短调

中短调是中调的弱对比,有朦胧、含蓄、犹豫、平叙、思念之感。

(6)中中调

中中调是不强不弱的中调对比,有丰富、饱满、中庸、平息之感。

(7)低长调

低长调是低调的强对比,具有强烈、爆发、深沉、压抑的感觉。

(8)低短调

低短调是低调的弱对比,具有幽深、沉默、忧郁、肃穆的感觉。

(9)低中调

低中调是低调的中对比,有朴素、厚实、稳重之感。

(10)最长调

最长调是最明色与最暗色呈抗衡的对比,效果强烈、锐利、简洁、硬朗。

这些明度基调的图标是符号式的元素,每种调子的内涵都极为丰富,都是由各种细节来充实的。在运用色彩时,把握它们的明度基调可以更好地表现主题及立意。

三、色彩的表情

光与色是一种物理现象,人们观察认识色彩是一种生理现象。由生理的感知进而引发心理的感受、联想,使色彩具备了一定的特征与表情。暖色系传达出温暖、热情、积极、向上、兴奋、扩张的表情。冷色系传达出寒冷、宁静、理性、幽深、含蓄、收缩的表情。各种色相都具有其自身的表情特征。

1. 色相引起的情感因素

(1)红色

在可见光谱中红色的光波最长,穿透力最强,对视觉的影响最大。红色使人感到激情、热烈、兴奋、扩张。深红显得庄重,紫红有些深奥,橘红显示丰满,粉红有妩媚的感觉。红色在我国深受人们喜爱,它是国旗的颜色,在国际交往的各种活动中往往作为中国的象征。红色还代表吉庆,节日庆典时被广泛使用。

(2)橙色

橙色是色彩中最响亮、最悦目的色彩。具有活泼、欢快、健康、丰盛的表情特征。由于橙色与很多水果与食品的色泽相关,给人以成熟、饱满、欲望之感。橙色又是灯火、阳光的色彩,使人感到华丽、辉煌。

(3)黄色

黄色的波长适中,是所有色相中最具光射效果的色彩,给人以轻快、明朗、喜悦、高贵的印象。黄色同样有水果与食品的色彩特征,表现出甜美的表情,偏冷的黄色则是酸涩的表情。黄色是我国古代帝王色,皇家园林建筑的黄色琉璃瓦顶、皇帝的黄袍、皇宫的各种黄色铺挂陈设都显示了黄色的尊贵、至上、神圣。佛教中以黄色作为超世脱俗的象征，使黄色具有了极强的宗教性。

(4)绿色

绿色的彩度偏低，是人的双目最适宜的色光，观察绿色可以养神明目。绿色象征温馨、平和、安定、舒适。绿色是大自然的色彩，表现环境的优美，象征生长、希望。嫩绿寓意新生，中绿、翠绿有繁茂感，深绿、墨绿具有森林般的深沉。交通信号的绿色给人以安全感；邮政的绿色给人以信任和通畅的联想。

(5)蓝色

蓝色是天空、海洋、湖泊的颜色，有透明、清凉、深邃的直观印象，往往象征宁静、理性。湖蓝色清澈、华丽，普蓝色沉稳，深蓝色凝重。

(6)紫色

紫色的光波最短，是色相中最暗的色彩。紫色是红与蓝的调和，在不同的背景下它总是显出或者偏红或者偏蓝捉摸不定的感觉。紫色象征着神秘、幽深、庄重、冷漠。浅淡的紫色有高雅的感觉。偏红的紫雍容，偏蓝的紫寂静。大自然中紫色的花果稀少，显出紫色的珍稀。古希腊国王披紫袍，我国封建社会贵妇饰紫服显出紫色的高贵。

(7)黑色

黑色的明度最低，不反射光线。给人以沉重、紧张、肃穆和力量。黑色使人联想到死亡，悲哀，有不吉祥的感觉。黑色稳重、明确，是协调色彩的因素。黑色与其他鲜艳的色彩搭配最为强烈鲜明。年轻人穿黑色服装有超前的时尚感，女人穿黑色服装有冷艳的美。黑色有力量感受，有统领性，是理智的色彩。

(8)白色

白色，又称全色光，是由全部可见光均匀混合而成。白色是阳光的颜色，给人以光明。白色最宽容，在白色表面能够充分表现所有的色彩。白色是光亮、纯净、圣洁、高尚的象征。白色是冰雪、云彩的色彩，因而显得偏冷而轻盈。医务人员的白色着装给人以寄托与希望，婚礼的白色礼服让人感觉纯洁与坚贞。任何颜色与白色相邻都会显得深暗，任何颜色调入白色会变得明亮。

(9)灰色

灰色是最完全的中性色。它的视觉反映是朴素、平稳、寂静、缓冲。有色彩倾向的灰色运用最为广泛，在人们服饰、日用品和办公用品中被大量使用，往往有优雅、精致、协调感强的特征。

因民族、地域、国家、性别、年龄、职业的不同，色彩的象征性，色彩的表情会形成差异。要针对不同的情况，尽可能把握最恰当的表情特征是运用色彩的一个重要内容。

2. 传达色彩表情的训练

在4个6×8=48的方格内填充各种色块，形成的总体色彩关系要能正确地表达所设定的命题。

(1)色彩与季节

选择季节变化明显的北方，表达春、夏、秋、冬4个季节(附图6)。

1)春季：春天是浅绿、黄绿的色彩，表现出植物的鲜嫩与萌发。春季的花清纯、淡雅，初春的大地有朦胧之感，运用色彩多含有粉质。

2)夏季：夏天阳光灿烂、色彩绚丽，碧绿浓荫与各种鲜艳的色彩交织，具有高彩度、强对比的视觉效果。

3)秋季:秋天是丰收的季节,绿色植被带有暖色的成分,黄色、橙色、褐色、橘红色成为色彩的主旋律,灿烂辉煌。

4)冬季:冬天寒冷的空气透明而稀薄,一切色彩都披上了含蓝、含灰的调子,偶然跳动的鲜艳色也都是淡雅的状态。

(2)色彩与味觉

选择差异各具特色的味觉甜、酸、苦、辣。以相应的食品颜色与各种色相所具有的表情来描绘(附图7)。

1)甜:粉红色、暖黄色、暖橙色。整个色调偏暖、偏淡。

2)酸:冷黄色、黄绿色、青绿色。整个色调偏冷,是中明度色调。

3)苦:各种褐色,各种含灰、低彩度的色彩。整个色调偏重。

4)辣:各种红色间以翠绿色。整个色调强烈、鲜艳。

(3)色彩与性别、年龄

选择男、女、老、幼,泛指每一个层面(附图8)。

1)男:男性要比较硬朗、呈现力度,有阳刚之美。男性的色彩可以鲜明但要沉稳,色调偏低,形成穿插对比。

2)女:女性比较柔和,色彩鲜艳但不宜俗媚。运用对比变化但要有协调之感。

3)老:老年趋于平和,色彩含灰,但不感沉寂,应与男性的表现有明显的差异。

4)幼:儿童活泼,色彩鲜嫩而跳跃,应与女性的表现有明显的差异。

四、色彩的协调

任何色彩的调配都应追求色彩的协调感,使整个画面统一和谐。协调的色彩给人以完美的感受,吸引观众长时间地欣赏。置身于具有协调色彩关系的环境中使人心情舒畅。

组织与调配有协调感的色彩(附图9)有以下的一些手法。

(1)运用同类色

同类色具有相同的主导色彩,是统一的色调,配置在一起非常协调。为避免画面单调应增加它们之间的明度或彩度的对比。

(2)运用近似色

近似色相互之间具有对方的色彩成分,导致它们的一致性,因而成为协调的组合。近似色比同类色的效果生动,色彩之间会形成微弱的冷暖对比。

(3)运用低彩度的颜色

低彩度的颜色组合使整个画面具有朦胧、含蓄的色调,随意地选择色彩都可以协调。可适当加强相互间的明度变化,使图面不致低迷。

(4)调入相同色

在所使用的颜色中均调入同一种色,如生褐色或灰绿色等,由此所有的颜色具备了同一性,因而达到协调。要根据颜色的面积调入适量的同一色,调入量太少则效果不明显,调入量太多画面容易乏味。

(5)一种颜色占主导的面积

当一种颜色占据整个画面的绝大部分成为主导色时,画面容易形成主调,尤其当其他颜色较为分散时,画面的协调感更强。

(6) 中性色占较大的比重

中性色黑、白、灰是无彩度颜料，它们在画面中起着稳定、缓和、协调有彩度色彩的作用，其面积、比重较大时，任何相配置的鲜艳色彩都会归于协调感之中。

(7) 中性色作为间隔的配置

中性色黑、白、灰如同框架结构式间隔所有的色彩或大部分色彩，画面的效果永远是协调的。在实际运用中，这种框架的形式较为灵活，其形状、宽窄都会有所变化。

(8) 对比色有明显的明度差与彩度差

在冷暖对比色的配置中有明显的明度差与彩度差，明度与彩度差异的冷暖对比色将减缓一种色相的抗衡能力，使它们之间形成协调感。如高彩度鲜艳的红色与低彩度浅灰绿色的配置。

(9) 主调明确的对比色

主调色可以由多种颜色构成，如各种蓝色。在对比色的画面中，主调明确，将减弱抗衡色的力量，使画面具有协调感。

(10) 对比色呈渐变的关系

渐变是平缓的过渡，它缓解了对比色的矛盾，任何方向渐变的对比色都是协调的。增加渐变的组合，改变渐变的节奏会引导出画面生动的韵律感（附图 9）。

五、色彩的对比

两种或两种以上的色彩同时存在，彼此之间有着较为明显的差异即为对比关系。色彩对比的种类很多，它们是使色彩画面丰富生动的基本手段（附图 10）。

1. 色彩三元素的对比

(1) 色相的对比

色彩的差异有强有弱，差异弱的更趋向协调，严格地讲，色彩环中超过 90°相关联的两种颜色具有明确对比关系。90°的位置为色相环的中对比，120°左右为色相环的中强对比，180°左右为色相环的强对比，又称补色对比。中对比的效果最为适度。中强对比效果强烈、极具动感，但处理不好则生硬、浮躁，有不安定的感觉。而作为补色关系的强对比反而因其互补性有着相容的成分。在配合时改变一个色相的明度或彩度会得到非常悦目的效果。

红、黄、蓝是色相对比的极端。三原色红、黄、蓝和三间色橙、绿、紫组成 3 对互补色：黄、紫是明度对比的极端；红、绿是彩度对比的极端；橙、蓝是冷暖对比的极端。黄与紫、红与绿、橙与蓝的补色对比被广泛地加以利用。

(2) 明度的对比

任何有彩度的色彩都可以在明度轴上找到与其相一致的明度标位。黄色最亮，紫色最暗，在运用色彩认知各种色相的同时，要明了它们的明度关系，如红与绿两色在色相上容易加以区分，但在明度关系上往往难以区分其差别的程度。色彩具有色相对比与明度对比才会得到完美的表现。两种色相对比强而明度极为接近的色相配合所得到的色彩效果最差。具有明度对比的色彩并置，明度高的色彩更明亮，明度低的色彩更深重。

明度关系能反映色彩的层次，好的色彩表现应具有深、中、浅明度层次。在具象的表现中，它能产生强烈的体量感与空间感。在平面抽象的色彩组合中，它可以丰富画面，同样有空间穿插变化的生动效果。

在运用短调式的图面时应特别注意尽可能扩大它们的明度差，而针对明度弱对比的图面则应增加色彩的鲜明，以避免出现平淡乏力的弊端。

(3)彩度的对比

具有彩度对比的色彩并置,彩度高的色彩更鲜艳,彩度低的色彩更浑浊。彩度对比与色相对比、明度对比相比较,显得柔和而含蓄。运用彩度对比更适合高反差的彩度关系。彩度差别弱的画面灰、粉、沉闷、单调。降低一种色彩彩度的简便方法是调入白色、黑色或灰色。可以采用与白、黑、灰并置的方法以衬托某一色彩的彩度使其感觉更鲜明。

色相、明度、彩度是一个整体的概念,任何色彩都有它的色相,同时也有与之相容的明度与彩度。在运用色彩对比手法时 3 种因素必然会兼顾。

2. 色彩的关系对比

色彩可以划分很多种对比,但往往不同的对比、不同的称呼其实是一个内容。如大红与浅蓝,它们既是色相的对比,又是明度的对比、彩度的对比、强弱的对比、远近的对比等。为了使关系逻辑更清晰,下文将具体进行介绍。

(1)色彩的冷暖对比

色彩对比中最为强烈的是冷暖对比。色相环可以明确地划分出两个色系,就是暖色系与冷色系。其间隔带的中间色大都具有冷暖的倾向。日本色彩学家大智浩归纳了冷暖色的相对关系。

1)暖色:阳光、不透明的、刺激的、稠密的、深的、近的、重的、男性的、强烈的、干的、旺盛的、方角的直线型、扩大的、静止的、热烈的。

2)冷色:阴影、透明的、镇静的、稀薄的、淡的、远的、轻的、女性的、微弱的、湿的、理智的、圆滑的曲线型、缩小的、流动的、冷静的。

上面所有相对的感觉、象征都是完全对立的。冷色与暖色不是物理性能温度的概念,而是色彩的心理反映,人处在浅蓝的冷色调的室内会感到凉爽与平静,处在火红的暖色调的室内会感到炽热与兴奋。

(2)色彩的面积对比

1)两种对比色彩的面积接近形成相互的抗衡力,其对比效果最为强烈。反之,两种对比色彩的面积悬殊,一个色彩形成主导,则对比效果虚弱。

2)在使用大面积色彩的时候适合高明度弱对比,给人以明快、持久、和谐的舒适感。使用小面积的色彩适合高彩度强对比,起到吸引人的作用。

3)远距离的视觉效果,虽然是大面积,但也适合于高彩度对比。

(3)色彩的集中与分散的对比

1)两种对比色彩的绝对面积相近。如果一种色彩集中,一种色彩分散,则集中的状态色彩强烈,分散的状态色彩减弱。

2)两种对比色彩都呈现集中的状态,其对比强烈,而都呈现分散的状态则对比减弱。

3)两种对比色彩靠近的对比效果强烈,距离疏远的对比效果减弱。

(4)色彩位置的对比

1)图面黄金地带所形成的椭圆形是最好的视觉范围,处在这一区域的对比色效果最强烈,而边、角地区则对比效果减弱。

2)图面进行黄金分割的“黄金涡”的位置是视觉的重心点,处在这个点状区域的对比最强烈。

3)红色位于图面上部有沉重感,位于下部较为安定。蓝色位于图面上部有轻飘感,位于下部较为浑厚。色彩置于图面偏左显得紧凑,置于图面偏右显得松散。这些惯常的心理因素会影响色彩对比关系的确立。

(5)色彩的空间对比

色彩有扩张与收缩,有前进与后退的感觉,这形成色彩的空间对比。

1)暖色有扩张感,称为前进色。冷色有收缩感,称为后退色。

2)明亮色有扩张感是前进色,灰暗色有收缩感是后退色。

3)高彩度色有扩张感是前进色,低彩度色有收缩感是后退色。

4)色彩的前进与后退与背景有关,在白色背景中,深色向前推进,浅色则在收缩。

5)大面积色向前,小面积色向后。但在众多大面积色的衬托下,小面积色却向前。

6)有完整形、单纯形的色彩向前,处于分散形、复杂形的色彩向后。

7)色彩的面积虽然相同,但扩张的、前进的色彩显得大,收缩的、后退的色显得小。

(6)色彩的强弱对比

1)色相中对比色与补色强烈,同类色、近似色软弱。

2)明度中的长调强烈,短调软弱。

3)高彩度、低明度的色彩强烈,低彩度、高明度的色彩软弱。

(7)色彩的轻重对比

1)冷色轻,暖色重。

2)明亮的色彩轻,深暗的色彩重。

3)彩度高的色彩轻,彩度低的色彩重。

(8)色彩的华丽与朴实的对比

1)红、橙、黄色有华丽感,含灰的蓝、绿、紫有朴实感。

2)彩度高的色彩华丽,彩度低的色彩朴实。

3)明度高的色彩偏于华丽,明度低的色彩偏于朴实。

此外,色彩还有柔软与坚硬,兴奋与沉静,明快与忧郁,活泼与呆板,敏锐与迟钝等多种概念上的差异与对比。而各种对比都源于色相、明度与彩度三元素的不同表现。

(9)色彩的错视

两种色彩并置,相互接触的边缘地带由于对比的作用会产生与其他部位不同的错视;一块相同的色彩由于背景色的不同会产生不同的对比关系而出现不同的色彩感受(附图11)。

第三章　园林设计图纸的绘制与阅读

第一节　制 图 标 准

1. 图线

为了更好地表示园林设计图中的各方面内容，就需要对不同的内容采用不同的线型和宽度，以求得变化丰富的景观效果（见表3-1）。

表3-1　园林设计制图图线

名称		线型	线宽	用途
实线	粗	（粗实线）	b	1. 平、剖面图中被剖切的主要建筑构造（包括构配件）的轮廓线 2. 建筑立面图或室内立面图的外轮廓线 3. 建筑构造详图中被剖切的主要部分的轮廓线 4. 建筑构配件详图中的外轮廓线 5. 平、立、剖面的剖切符号
	中粗	（中粗实线）	$0.7b$	1. 平、剖面图中被剖切的次要建筑构造（包括构配件）的轮廓线 2. 建筑平、立、剖面图中建筑构配件的外轮廓线 3. 建筑构造详图及建筑构配件详图中的一般轮廓线
	中	（中实线）	$0.5b$	小于 $0.7b$ 的图形线、尺寸线、尺寸界限、索引符号、标高符号、详图材料做法引出线、粉刷线、保温层线、地面、墙面的高差分界线等
	细	（细实线）	$0.25b$	图例填充线、家具线、纹样线等
虚线	中粗	（中粗虚线）	$0.7b$	1. 建筑构造详图及建筑构配件不可见的轮廓线 2. 平面图中的起重机（吊车）轮廓线 3. 拟建、扩建建筑物轮廓线
	中	（中虚线）	$0.5b$	投影线、小于 $0.5b$ 的不可见轮廓线
	细	（细虚线）	$0.25b$	图例填充线、家具线等
单点长划线	粗	（粗单点长划线）	b	起重机（吊车）轨道线
	细	（细单点长划线）	$0.25b$	中心线、对称线、定位轴线
折断线	细	（折断线）	$0.25b$	部分省略表示时的断开界线
波浪线	细	（波浪线）	$0.25b$	部分省略表示时的断开界线，曲线形构件断开界限构造层次的断开界限

注：地平线宽可用 $1.4b$

2. 比例

园林设计不能把设计的物体的实际大小表现在图纸上，需按一定比例放大或缩小。比例的大小是指图形尺寸与实际尺寸比值的大小。

在设计中根据实际情况确定比例尺，比例尺能清楚表达设计的内容即可，园林设计中常用的比例见表3-2。

表3-2 园林设计图常用比例

项 目	常 用 比 例
总体规划、、总体布置、区域位置图	1∶2000、1∶5000、1∶10000、1∶25000、1∶50000
总平面图、竖向布置图、管线综合图、土方图、铁路、道路平面图	1∶3000、1∶500、1∶1000、1∶2000
建筑物或构筑物的平面图、立面图、剖面图	1∶50、1∶100、1∶150、1∶200、1∶300
建筑物或构筑物的局部放大图	1∶10、1∶20、1∶25、1∶30、1∶50
配件及构造详图	1∶1、1∶2、1∶5、1∶10、1∶15、1∶20、1∶25、1∶30、1∶50
道路纵断面图	垂直：1∶100、1∶200、1∶500 水平：1∶1000、1∶2000、1∶5000
道路横断面图	1∶20、1∶50、1∶100、1∶200

3. 建筑制图统一标准

在园林工程中，建筑的表示方式有统一的标准，见表3-3、表3-4。

表3-3 常用建筑材料图例

序号	名 称	图 例	备 注
1	自然土壤		包括各种自然土壤
2	夯实土壤		
3	砂、灰土		
4	砂砾石、碎砖三合土		
5	石材		
6	毛石		
7	普通砖		包括实心砖、多孔砖、砌块等砌体。断面较窄不易绘出图例线时，可涂红，并在图纸备注中加注说明，画出该材料图例
8	耐火砖		包括耐酸砖等砌体
9	空心砖		指非承重体砖砌体
10	饰面砖		包括铺地砖、马赛克、陶瓷锦砖、人造大理石等
11	焦渣、矿渣		包括与水泥、石灰等混合而成的材料

续表

序号	名称	图例	备注
12	混凝土	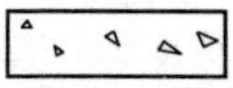	1. 本图例指能承重的混凝土 2. 包括各种强度等级、骨料、添加剂的混凝土 3. 在剖面图上画出钢筋时,不画图例线 4. 断面图形小,不易画出图例线时,可涂黑
13	钢筋混凝土	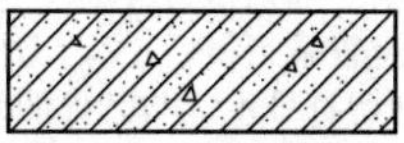	
14	多孔材料		包括水泥珍珠岩、沥青珍珠岩、泡沫混凝土、非承重加气混凝土、软木、蛭石制品等
15	纤维材料	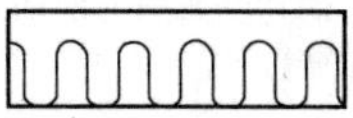	包括矿棉、岩棉、玻璃棉、麻丝、木丝板、纤维板等
16	泡沫塑料材料	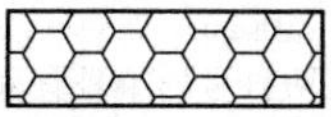	包括聚苯乙烯、聚乙烯、聚氨酯等多孔聚合物类材料
17	木材		1. 上图为横断面,上左图为垫木、木砖或木龙骨 2. 下图为纵断面
18	胶合板	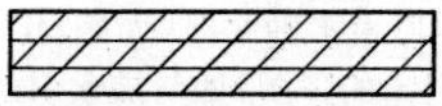	应注明为X层胶合板
19	石膏板	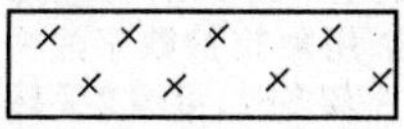	包括圆孔、方孔石膏板、防水石膏板、硅钙板、防火板等
20	金属	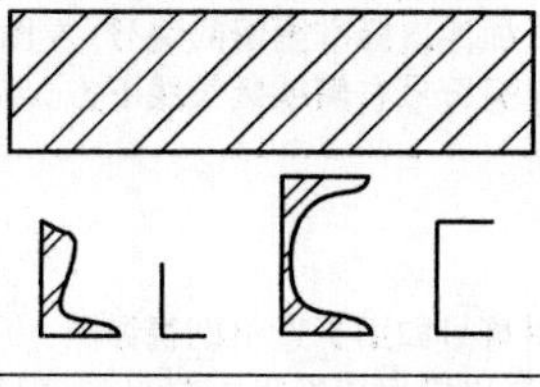	1. 包括各种金属 2. 图形小时,可涂黑
21	网状材料		1. 包括金属、塑料网状材料 2. 应注明具体材料名称
22	玻璃	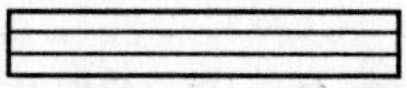	包括平板玻璃、磨砂玻璃、夹丝玻璃、钢化玻璃、中空玻璃、加层玻璃、镀膜玻璃等
23	橡胶	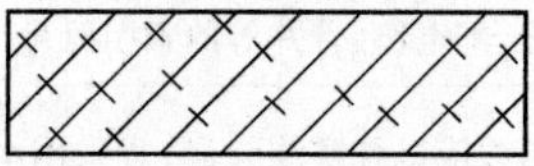	
24	塑料	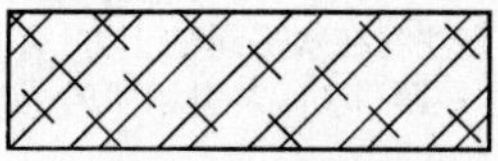	包括各种软、硬塑料及有机玻璃等
25	防水材料		构造层次多或比例大时,采用上面图例

注:序号1、2、5、7、8、13、14、18图例中的斜线、短斜线、交叉斜线等一律为45°。

表 3-4　剖切、索引、详图、轴线等表示方法

序号	图　例	说　明
1	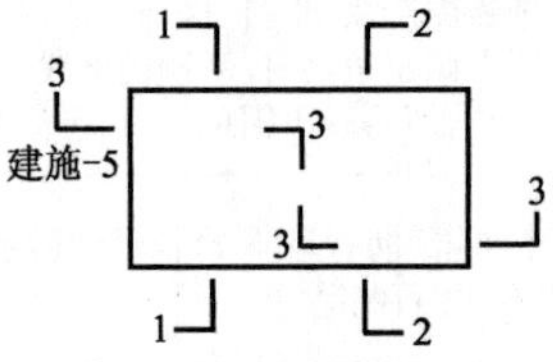 剖视剖切符号	1. 剖视的剖切符号应由剖切位置线及剖视方向线组成,均应以粗实线绘制。剖切位置线的长度宜为 6 ~ 10mm;剖视方向线应垂直于剖切位置线,长度应短于剖切位置线,宜为 4 ~ 6mm。绘制时,剖视剖切符号不应与其他图线相接触 2. 剖视剖切符号的编号宜采用粗阿拉伯数字,按剖切顺序由左至右、由下向上连续编排,并应注写在剖视方向线的端部 3. 需要转折的剖切位置线,应在转角的外侧加注与该符号相同的编号 4. 建(构)筑物剖面图的剖切符号应注在 ±0.000 标高的平面图或首层平面图上
2	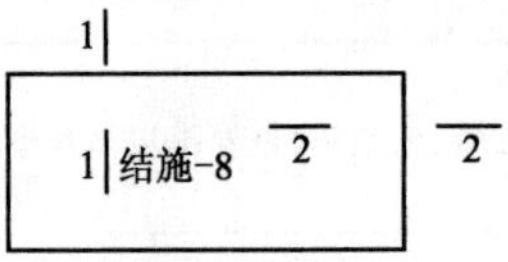 断面剖切符号	1. 断面剖切符号应只用剖切位置线表示,并应以粗实线绘制,长度宜为 6 ~ 10mm 2. 断面剖切符号的编号宜采用阿拉伯数字,按顺序连续编排,并应注写在剖切位置线的一侧;编号所在的一侧应为该断面的剖视方向
3	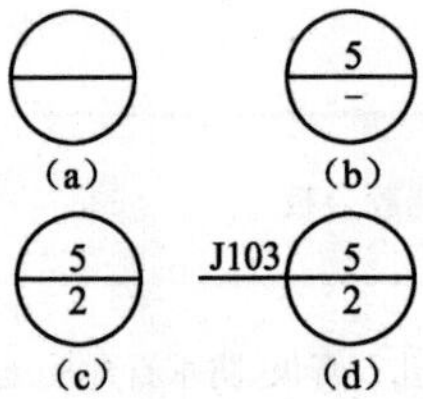 索引符号	图样中的某一局部或部件,如需另见详图,应以索引符号索引[左图(a)]。索引符号是由直径为 8 ~ 10mm 的圆和水平直径组成,圆及水平直径应以细实线绘制。索引符号应按下列规定编写: 1. 索引出的详图,如与被索引的详图同在一张图纸内,应在索引符号的上半圆中用阿拉伯数字注明该详图的编号,并在下半圆中间画一段水平细实线[左图(b)] 2. 索引出的详图,如与被索引的详图不在同一张图纸内,应在索引符号的上半圆中用阿拉伯数字注明该详图的编号,在索引符号的下半圆用阿拉伯数字注明该详图所在图纸的编号[左图(c)]。数字较多时,可加文字标注 3. 索引出的详图,如采用标准图,应在索引符号水平直径的延长线上加注该标准图册的编号[左图(d)]。需要标注比例时,文字在索引符号右侧或延长线下方,与符号下对齐
4	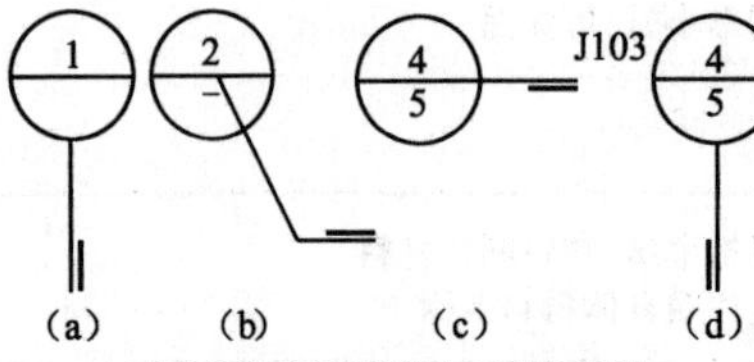 用于索引剖面详图的索引符号	索引符号如用于索引剖视详图,应在被剖切的部位绘制剖切位置线,并以引出线引出索引符号,引出线所在的一侧应为剖视方向
5	 零件、钢筋等的编号	零件、钢筋、杆件、设备等的编号直径宜以 5 ~ 6mm 的细实线圆表示,同一图样应保持一致,其编号应用阿拉伯数字按顺序编写。消火栓、配电箱、管井等的索引符号,直径宜以 4 ~ 6mm 为宜
6	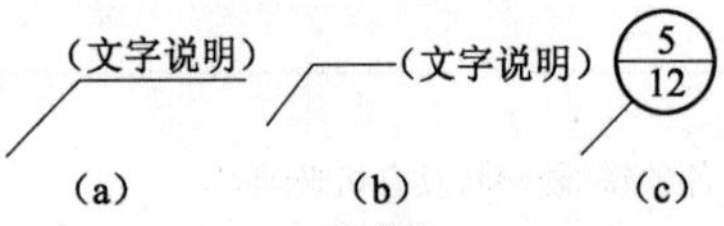 引出线	引出线应以细实线绘制,宜采用水平方向的直线、与水平方向成 30°、45°、60°、90°角的直线,或经上述角度再折为水平线。文字说明宜注写在水平线的上方[左图(a))],也可注写在水平线的端部[左图(b)],索引详图的引出线,应与水平直径线相连接[左图(c)]
7	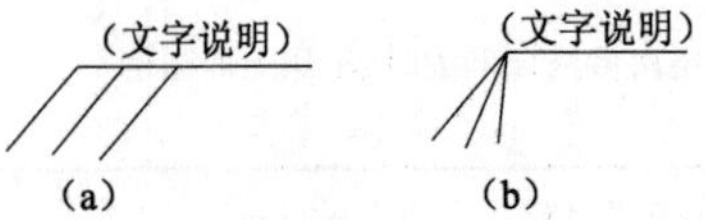 共用引出线	同时引出几个相同部分的引出线,宜互相平行[左图(a)],也可画成集中于一点的放射线[左图(b)]

续表

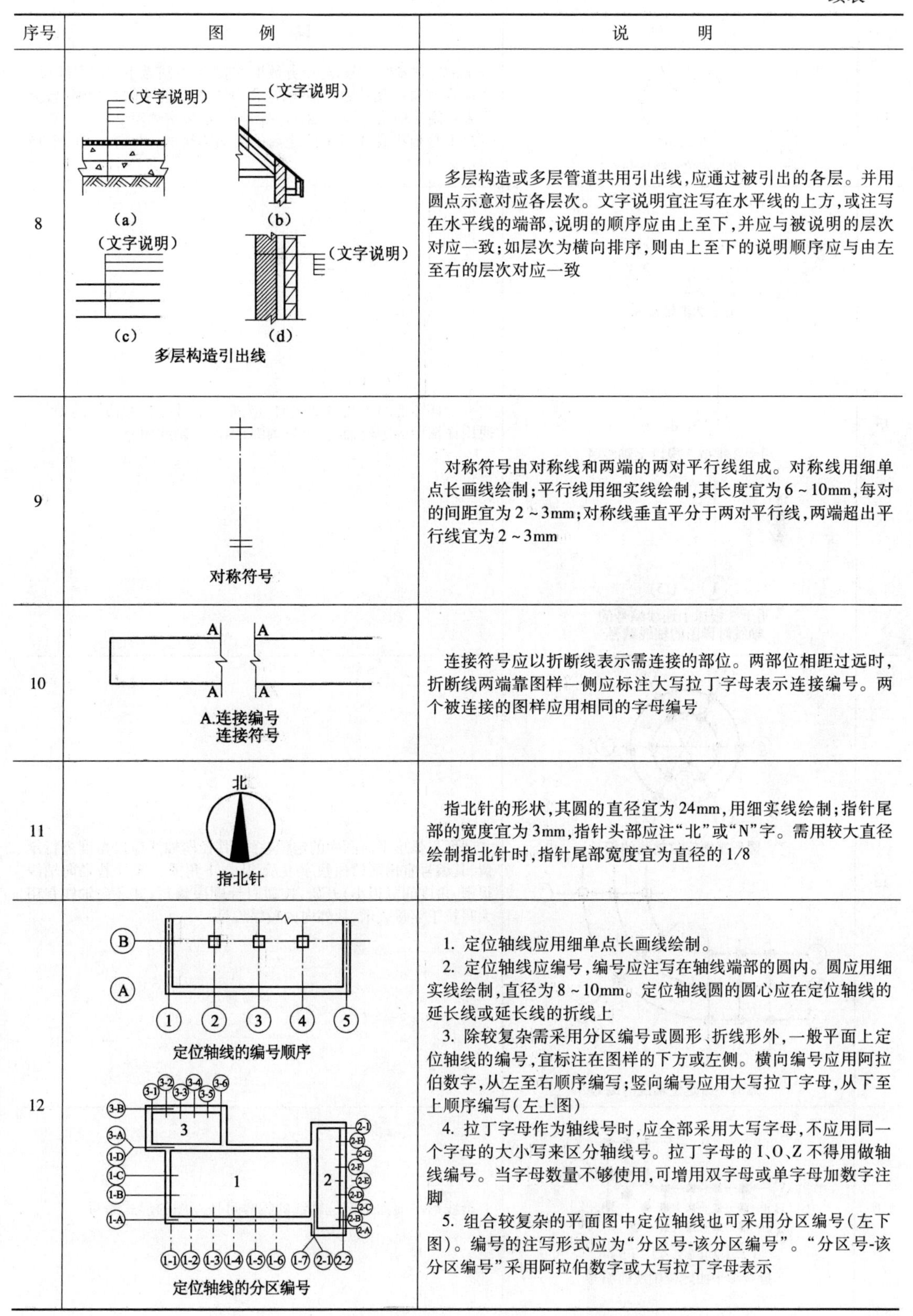

序号	图例	说明
8	（文字说明）（文字说明）（a）（b）（文字说明）（文字说明）（c）（d）多层构造引出线	多层构造或多层管道共用引出线，应通过被引出的各层。并用圆点示意对应各层次。文字说明宜注写在水平线的上方，或注写在水平线的端部，说明的顺序应由上至下，并应与被说明的层次对应一致；如层次为横向排序，则由上至下的说明顺序应与由左至右的层次对应一致
9	对称符号	对称符号由对称线和两端的两对平行线组成。对称线用细单点长画线绘制；平行线用细实线绘制，其长度宜为 6 ~ 10mm，每对的间距宜为 2 ~ 3mm；对称线垂直平分于两对平行线，两端超出平行线宜为 2 ~ 3mm
10	A A A A A.连接编号 连接符号	连接符号应以折断线表示需连接的部位。两部位相距过远时，折断线两端靠图样一侧应标注大写拉丁字母表示连接编号。两个被连接的图样应用相同的字母编号
11	北 指北针	指北针的形状，其圆的直径宜为 24mm，用细实线绘制；指针尾部的宽度宜为 3mm，指针头部应注“北”或“N”字。需用较大直径绘制指北针时，指针尾部宽度宜为直径的 1/8
12	B A 1 2 3 4 5 定位轴线的编号顺序 3-1 3-2 3-3 3-4 3-5 3-6 3-B 3-A 1-D 1-C 1-B 1-A 3 1 2 2-1 2-H 2-G 2-F 2-E 2-D 2-C 2-B 2-A 1-1 1-2 1-3 1-4 1-5 1-6 1-7 2-1 2-2 定位轴线的分区编号	1. 定位轴线应用细单点长画线绘制。 2. 定位轴线应编号，编号应注写在轴线端部的圆内。圆应用细实线绘制，直径为 8 ~ 10mm。定位轴线圆的圆心应在定位轴线的延长线或延长线的折线上 3. 除较复杂需采用分区编号或圆形、折线形外，一般平面上定位轴线的编号，宜标注在图样的下方或左侧。横向编号应用阿拉伯数字，从左至右顺序编写；竖向编号应用大写拉丁字母，从下至上顺序编写（左上图） 4. 拉丁字母作为轴线号时，应全部采用大写字母，不应用同一个字母的大小写来区分轴线号。拉丁字母的 I、O、Z 不得用做轴线编号。当字母数量不够使用，可增用双字母或单字母加数字注脚 5. 组合较复杂的平面图中定位轴线也可采用分区编号（左下图）。编号的注写形式应为“分区号-该分区编号”。“分区号-该分区编号”采用阿拉伯数字或大写拉丁字母表示

续表

序号	图　例	说　明
13	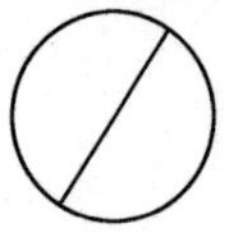 附加定位轴线编号	附加定位轴线编号,应以分数形式表示,并应按下列规定编写: 1. 两根轴线间的附加轴线,应以分母表示前一轴线的编号,分子表示附加轴线的编号,编号宜用阿拉伯数字顺序编写。 2. 1 号轴线或 A 号轴线之前的附加轴线的分母应以 01 或 0A 表示
14	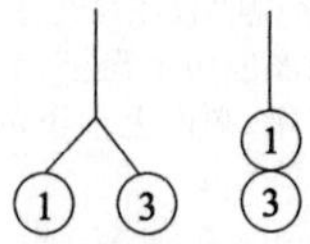 1 3 1 3 用于 2 根轴线时 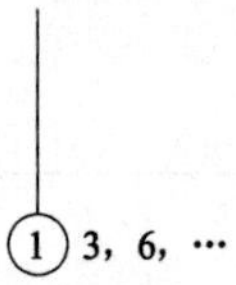 1 3, 6, … 用于 3 根或 3 根以上轴线时 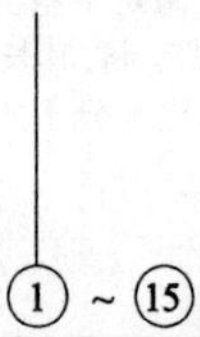 1 ~ 15 用于 3 根以上连续编号的轴线时详图的轴线编号	一个详图适用于几根轴线时,应同时注明各有关轴线的编号。通用详图中的定位轴线,应只画圈,不注写轴线编号
15	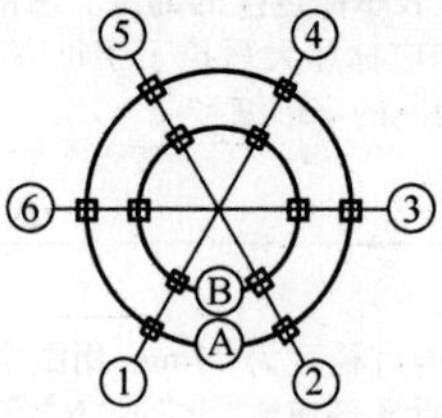 5 4 6 3 B A 1 2 圆形平面定位轴线的编号 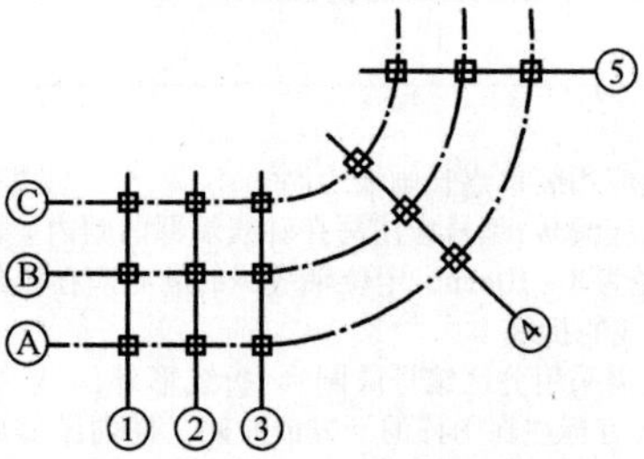 5 C B A 4 1 2 3 弧形平面定位轴线的编号	圆形与弧形平面图中的定位轴线,其径向轴线应以角度进行定位,其编号宜用阿拉伯数字表示,从左下角或 -90°(若径向轴线很密,角度间隔很小)开始,按逆时针顺序编写;其环向轴线宜用大写拉丁字母表示,从外向内顺序编号
16	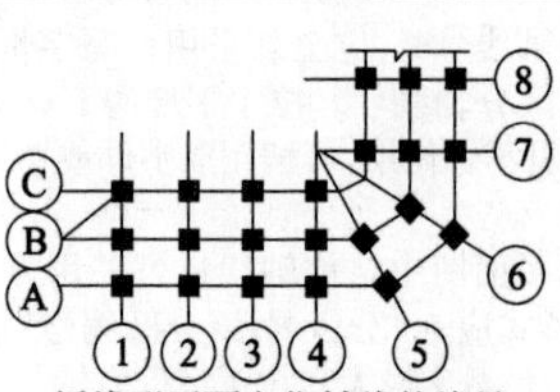 8 7 C B 6 A 1 2 3 4 5 折线形平面定位轴线的编号	折线形平面图中定位轴线的编号可按左图的形式编写

续表

序号	图　例	说　明
17	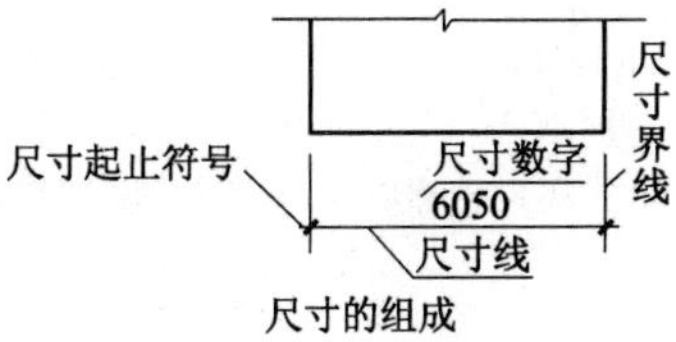 尺寸的组成	图样上的尺寸,包括尺寸界线、尺寸线、尺寸起止符号和尺寸数字 尺寸线应用细实线绘制,应与被注长度平行。图样本身的任何图线均不得用作尺寸线 尺寸起止符号一般用中粗斜短线绘制,其倾斜方向应与尺寸界线成顺时针 45°角,长度宜为 2 ~ 3mm
18	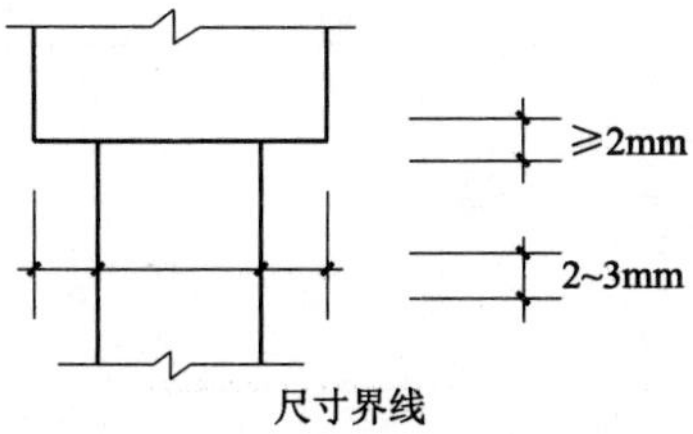 尺寸界线	尺寸界线应用细实线绘制,一般应与被注长度垂直,其一端应离开图样轮廓线不小于 2mm,另一端宜超出尺寸线 2 ~ 3mm。图样轮廓线可用作尺寸界线
19	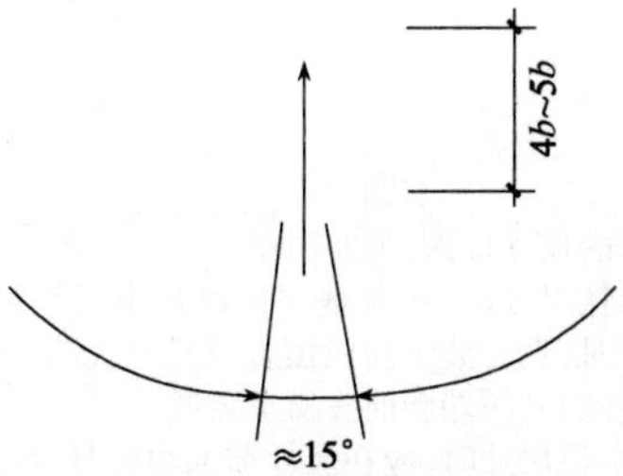 箭头尺寸起止符号	半径、直径、角度与弧长的尺寸起止符号,宜用箭头表示
20	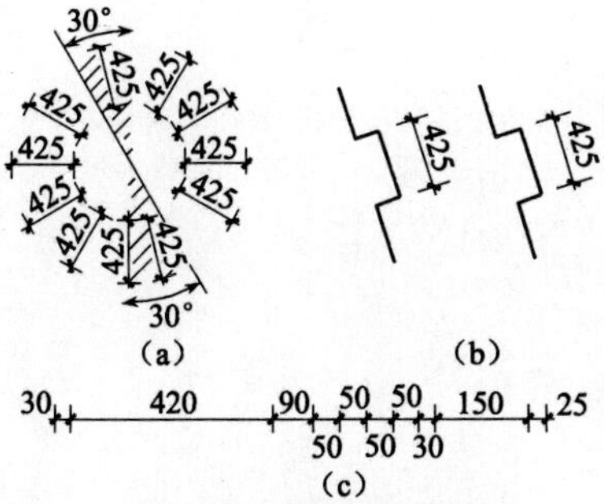 尺寸数字的注写方向和位置	1. 图样上的尺寸,应以尺寸数字为准,不得从图上直接量取 2. 图样上的尺寸单位,除标高及总平面以米为单位外,其他必须以毫米为单位 3. 尺寸数字的方向,应按左图(a)的规定注写。若尺寸数字在 30°斜线区内,宜按左图(b)的形式注写 4. 尺寸数字一般应依据其方向注写在靠近尺寸线的上方中部。如没有足够的注写位置,最外边的尺寸数字可注写在尺寸界线的外侧,中间相邻的尺寸数字可错开注写,引出线端部用圆点表示标注尺寸的位置[左图(c)]
21	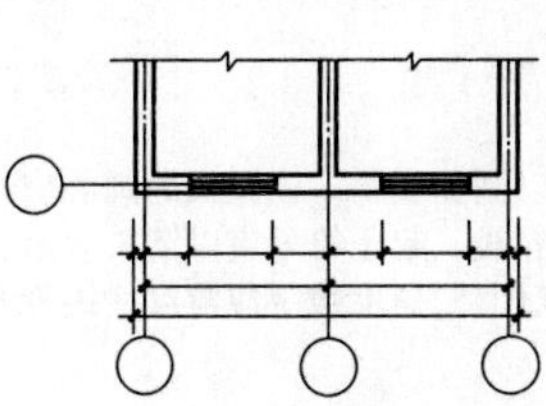 尺寸的排列	互相平行的尺寸线,应从被注写的图样轮廓线由近向远整齐排列,较小尺寸应离轮廓线较近,较大尺寸应离轮廓线较远 图样轮廓线以外的尺寸线,距图样最外轮廓之间的距离,不宜小于 10mm。平行排列的尺寸线的间距,宜为 7 ~ 10mm,并应保持一致

续表

序号	图例	说明
22	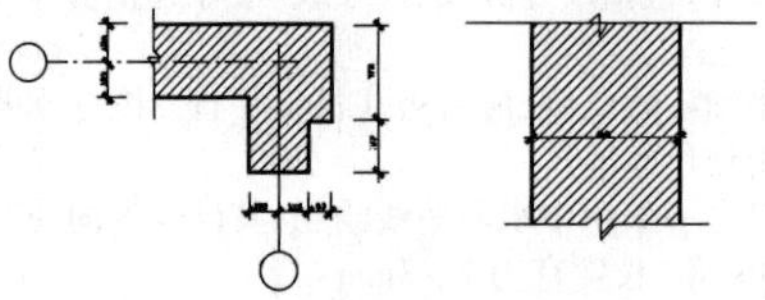 尺寸数字的标注写	尺寸数字宜标注在图样轮廓以外，不宜与图线、文字及符号等相交
23	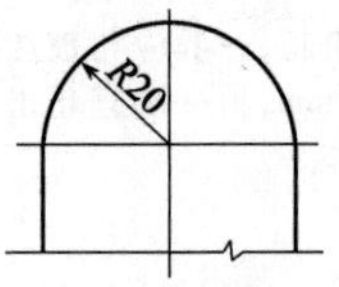 半径标注方法 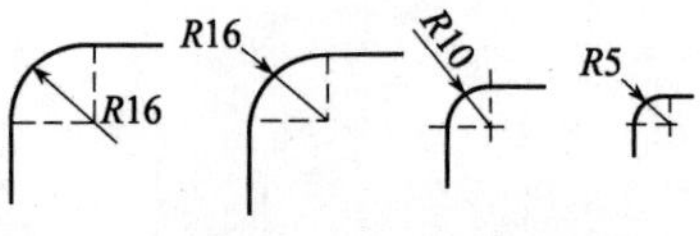 小圆弧半径的标注方法 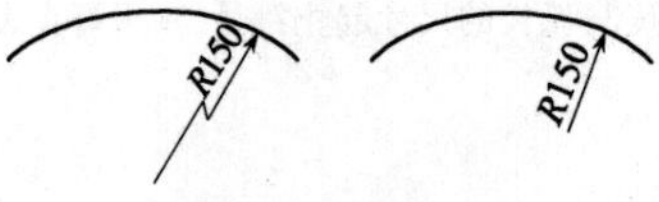 大圆弧半径的标注方法 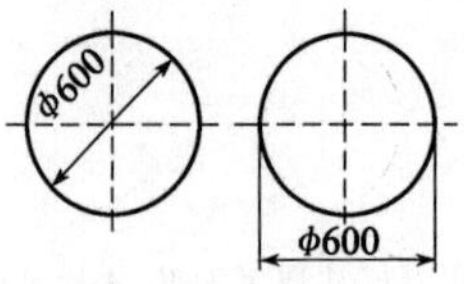 圆直径的标注方法 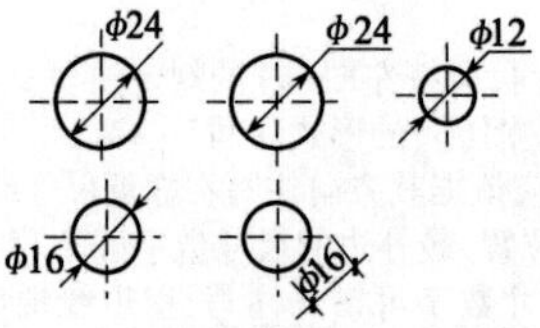 小圆直径的标注方法	半径、直径、球的尺寸标注，见左图 标注圆弧的半径尺寸时，半径数字前应加半径符号“*R*”；标注圆弧的直径尺寸时，直径数字前应加直径符号“*ϕ*”。在圆内标注的尺寸线应通过圆心，两端画箭头指至圆弧 注：标注球的半径尺寸时，应在尺寸前加注符号“SR”。标注球的直径尺寸时，应在尺寸数字前加注符号“Sϕ”。注写方法与圆弧半径和圆直径的尺寸标注方法相同
24	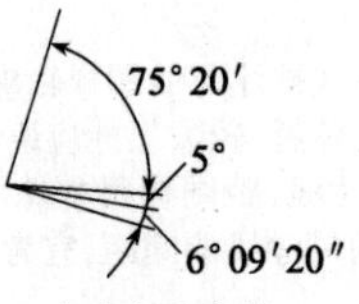 角度标注方法	角度的尺寸线应以圆弧表示。该圆弧的圆心应是该角的顶点，角的两条边为尺寸界线。起止符号应以箭头表示，如没有足够位置画箭头，可用圆点代替，角度数字应沿尺寸线方向注写

续表

序号	图　例	说　明
25	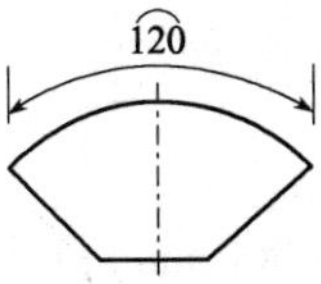 弧长标注方法	标注圆弧的弧长时，尺寸线应以与该圆弧同心的圆弧线表示，尺寸界线应指向圆心，起止符号用箭头表示，弧长数字上方应加注圆弧符号“⌒”
26	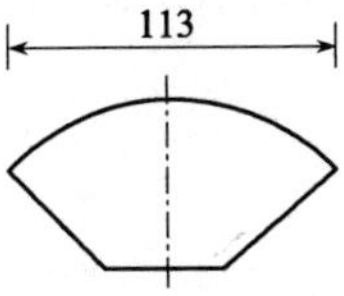 弦长标注方法	标注圆弧的弦长时，尺寸线应以平行于该弦的直线表示，尺寸界线应垂直于该弦，起止符号用中粗斜短线表示
27	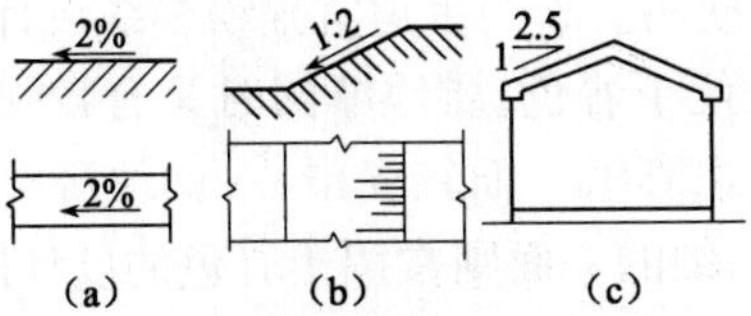 （a）（b）（c） 坡度标注方法	标注坡度时，应加注坡度符号“←”[左图（a）、（b）]，该符号为单面箭头，箭头应指向下坡方向 坡度也可用直角三角形形式标注[左图（c）]
28	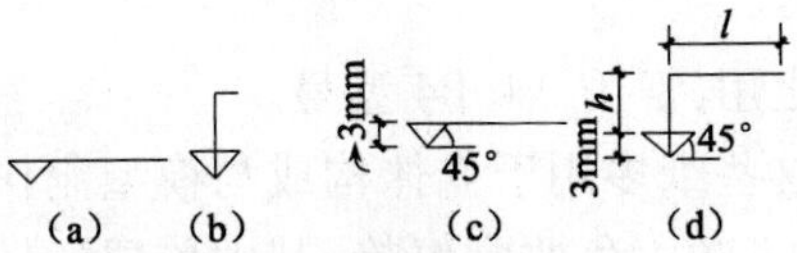 （a）（b）（c）（d） 标高符号 *l*——取适当长度注写标高数字； *h*——根据需要取适当高度	标高符号应以直角等腰三角形表示，按左图（a）所示形式用细实线绘制，如标注位置不够，也可按左图（b）所示形式绘制。标高符号的具体画法如左图（c）、左图（d）所示
29	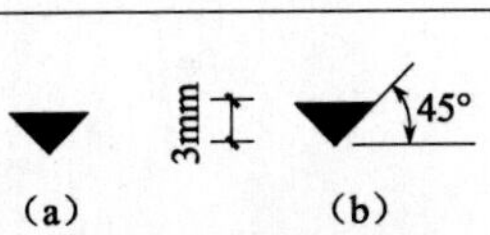 （a）（b） 总平面图室外地坪标高符号	总平面图室外地坪标高符号，宜用涂黑的三角形表示[左图（a）]，具体画法如左图（b）
30	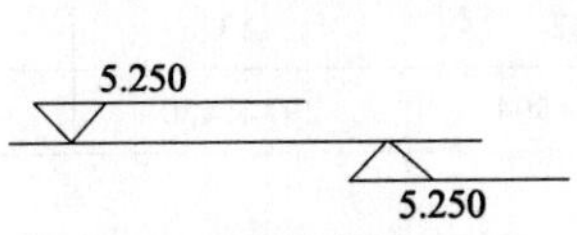 标高的指向	1. 标高符号的尖端应指至被注高度的位置。尖端宜向下，也可向上。标高数字应注写在标高符号的上侧或下侧 2. 标高数字应以米为单位，注写到小数点以后第三位。在总平面图中，可注写到小数字点以后第二位 3. 零点标高应注写成 ±0.000，正数标高不注“+”，负数标高应注“-”，例如 3.000、-0.600
31	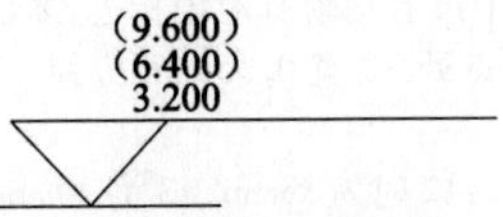 同一位置注写多个标高数字	在图样的同一位置需表示多个不同标高时，标高数字可按左图的形式注写

第二节　绘 图 工 具

一、图板、图纸

1. 图板

图板有大、中、小不同型号。常用的有 0 号图板（1200mm×900mm），1 号图板（900mm×600mm），2 号图板（600mm×450mm）3 种。图纸要附着在图板上描绘，有的用图钉、胶带固定图纸，有的必须经过裱纸的过程，将图纸的四边黏合在图板上，利用纸从湿到干的收缩过程，固定后图纸平整，描绘水色时纸面不易产生褶皱。

2. 图纸

（1）图纸种类

绘制不同的图，需要选用不同的纸张。图纸分以下几种。

1）绘图纸。绘图纸表面光滑、密实，着墨后线条光挺、流畅、美观。由于基本上不具备吸水能力，不易着水彩、水粉色等。一般纸的两面都可以使用。绘图纸适宜描绘墨线设计图。

2）水彩纸。水彩纸最大的特点是既便于画墨线又便于着色，质地厚同时又有较强的吸水性能，水彩画法、水粉画法以及墨线黑白都可以表现。水彩纸一面较光滑，一面纹理突出有粗涩感，粗的一面适合水彩画，可以得到很好的沉淀效果；细的一面则常用于着色的设计图，其墨线仍可达到较为流畅的效果。

3）草图纸。草图纸柔软、半透明、有一定的韧性，可覆盖在已绘图的表面进行勾画摹写，作草图时易于拼接改动。

4）复印纸。复印纸作为书写字体与练习钢笔画之用，常用 A4、B4 型号。

5）吹塑纸、卡片纸、草板纸、瓦楞纸、夹层纸板。这些纸多用于立体构成与模型制作，有时卡片纸可绘制图面或作为衬纸。吹塑纸是塑料制品，五颜六色非常鲜艳，其中单层的较厚，易于成形。卡片纸也有多种含灰色调的彩色纸型，使用较多的是白色与黑色。夹层纸板是用厚薄不同的苯板两面压合纸张，模型中使用最多，可用铅笔起草稿，非常便利。

（2）图纸幅面

幅面及图框尺寸如表 3-5 所示。

表 3-5　幅面及图框尺寸　（mm）

尺寸代号	幅面代号				
	A0	A1	A2	A3	A4
$b \times l$	841×1189	594×841	420×594	297×420	210×297
c	10			5	
a	25				

注：1. 表中 a、b、c、l 如图 3-1 所示。

2. 需要微缩复制的图纸，其一个边上应附有一段准确米制尺度，四个边上均附有对中标志，米制尺度的总长应为 100mm，分格应为 10mm。对中标志应画在图纸内框各连长的中点处，线宽 0.35mm，应伸入内框边，在框外为 5mm。对中标志的线段，于 l_1 和 b_1 范围取中。

3. 用于道路工程制图图幅中图框尺寸，其 c 值均为 10mm；值当 A0、A1、A2 时为 35mm，A3 为 30mm，A4 为 25mm。

图纸的短边尺寸不应加长，A0～A3 幅面长边尺寸可加长，但应符合表 3-6 的规定。

表 3-6　图纸长边加长尺寸　(mm)

幅面尺寸	长边尺寸	长边加长后尺寸
A0	1189	1486(A0 +1/4l)　1635(A0 +3/8l)　1783(A0 +1/2l)　1932(A0 +5/8l) 2080(A0 +3/4l)　2230(A0 +7/8l)　2378(A0 +1l)
A1	841	1051(A1 +1/4l)　1261(A1 +1/2l)　1471(A1 +3/4l)　1682(A1 +5/1l) 1892(A1 +5/4l)　2102(A1 +3/2l)
A2	594	743(A2 +1/4l)　891(A2 +1/2l)　1041(A2 +3/4l)　1189(A2 +1l) 1338(A2 +5/4l)　1486(A2 +3/2l)　1635(A2 +7/4l)　1783(A2 +2l) 1932(A2 +9/4l)　2080(A2 +5/2l)
A3	420	630(A3 +1/2l)　841(A3 +1l)　1051(A3 +3/2l)　1261(A3 +2l) 1471(A3 +5/2l)　1862(A3 +3l)　1892(A3 +7/2l)

注:有特殊需要的图纸,可采用 $b \times l$ 为 841mm×891mm 与 1189mm×1261mm 的幅面。

图纸以短边作为垂直边的称为横式幅面,以短边作为水平边的称为立式幅面。一般 A0 ~ A3 图纸宜横式使用(见图 3-1 ~ 图 3-4);必要时,也可立式使用。

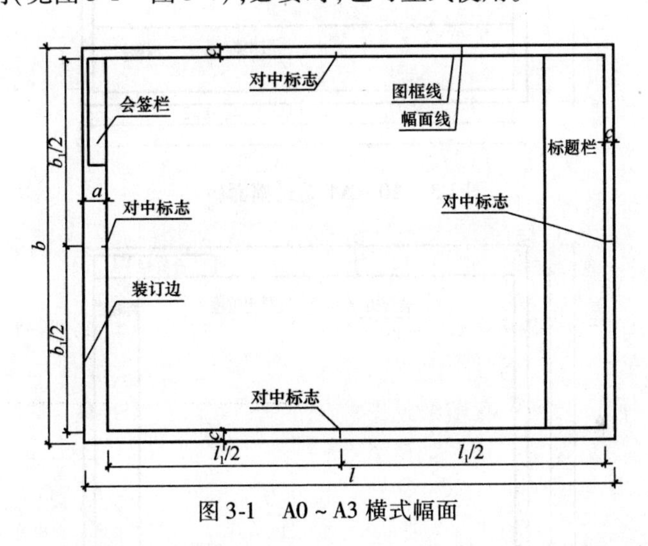

图 3-1　A0 ~ A3 横式幅面

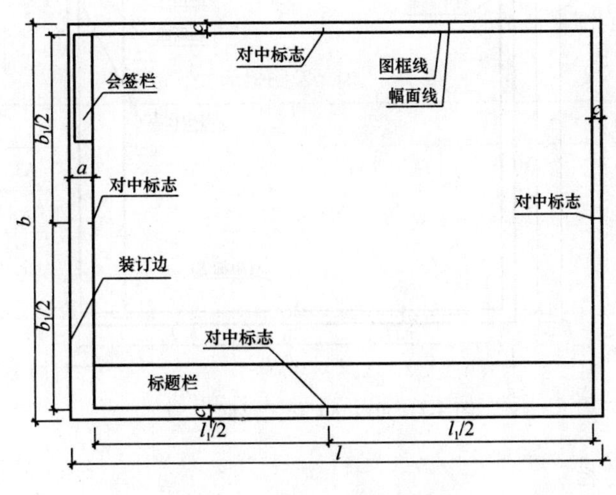

图 3-2　A0 ~ A3 立式幅面

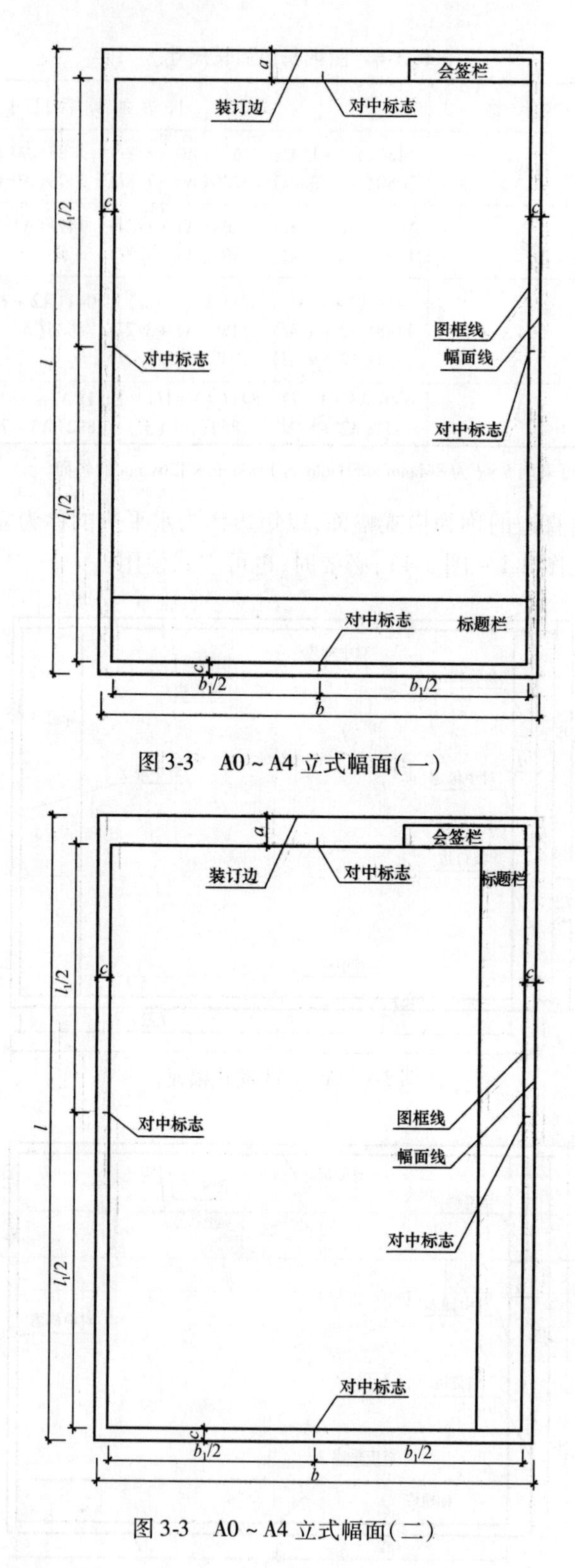

图 3-3　A0 ~ A4 立式幅面(一)

图 3-3　A0 ~ A4 立式幅面(二)

(3)标题栏和会签栏

标题栏如图 3-4 所示;会签栏如图 3-5 所示。

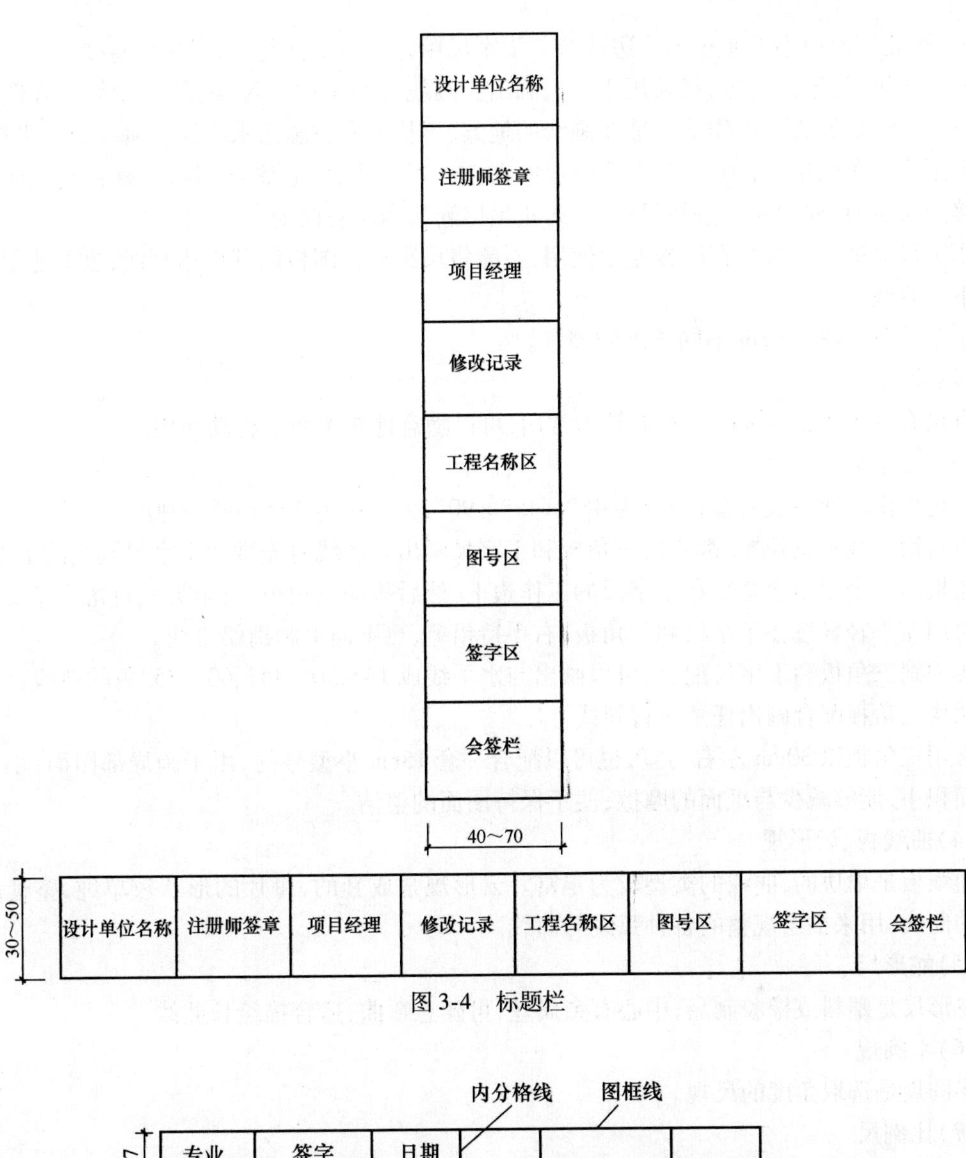

图 3-4　标题栏

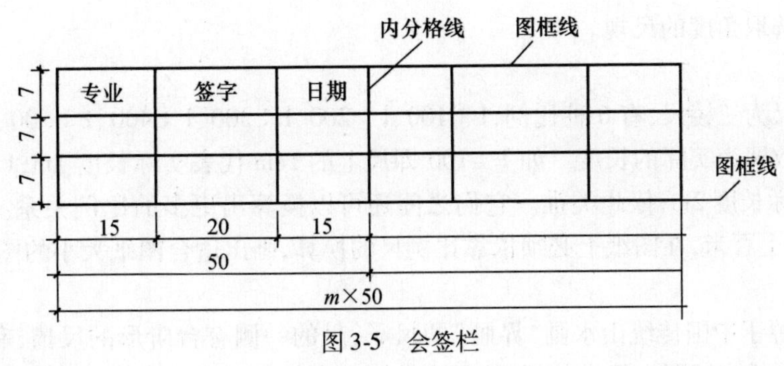

图 3-5　会签栏

二、尺类、圆规

表现整齐挺拔的线条必须靠各种尺类和圆规加以完成。

1. 尺类

(1)丁字尺

丁字尺由相互垂直的尺头和尺身构成，尺身的上边沿为工作边，带有刻度，要求平直光滑无刻痕，因此切勿用小刀靠在工作边裁纸。丁字尺用完之后要挂起来，以免尺身变形。

所有水平线，不论长短，都要用丁字尺画出。画线时左手把住尺头，使其始终贴在图板左边，然后上下推动，直至工作边对准要画线的地方，再从左向右画出水平线。画一组水平线时，要由上至下逐条画出，每画一线，左手都要向右按一下尺头，使它紧贴图板。画长线或所画的线段接近尺尾时，要用左手按住尺身，以防止尺尾翘起和尺身摆动。

丁字尺只能将尺头靠在图板左边使用，不能将尺头靠在图板的其他边画线，也不能用丁字尺的下边画线。

丁字尺有 60～120cm 不同长度的型号。

(2)直尺

直尺有多种规格，40cm 左右的较为常用，可以随意地在图面上转动使用。

(3)三角板

三角板由两块组成一套，一块为 45°×45°×90°，另一块为 30°×60°×90°。

所有铅直线不论长短，都要用三角板和丁字尺画出。画线时先推动丁字尺到线的下方，并使三角板的一个直角边紧贴在丁字尺的工作边上，然后移动三角板，直至另一直角边紧贴铅直线。再用左手轻轻按住丁字尺和三角板，右手持铅笔，自下而上画出铅直线。

用一副三角板和丁字尺配合，可以画出与水平线成 15°、30°、45°、60°、75°角的斜线。也可以用两块三角板配合画出任意平行斜线。

常用三角板以 30cm 左右为宜，也可以配合一套 15cm 小型号的，用于画局部图面，小型号尺的面积小，能够减少与纸面的摩擦，便于保持图面的整洁。

(4)曲线板、云形规

曲线板是单块的，曲线的类型较为丰富。云形规是成套的，每片的形状较单纯，整套组成丰富的曲线，用来描绘规整的各种弧线与曲线。

(5)蛇形尺

蛇形尺是塑料或橡胶制品，中心有金属丝，可随意弯曲，适合描绘长曲线。

(6)半圆规

半圆规是选取角度的尺规。

(7)比例尺

常用比例尺为三棱尺，有 6 种比例，1：100、1：200、1：300、1：400、1：500、1：600，比例尺上标出的米数即为实际的长度。如 1：100 即尺上的 1cm 代表实际长度 1m，1：200 即尺上的 1cm 代表实际长度 2m，依此类推。它们之间还可以换算出更多的比例关系。设计中的尺寸往往十几米、上百米，在图纸上必须依靠比例尺的换算，画出适合图纸大小的图形。

(8)界尺

“界尺”是源于中国传统山水画“界画”的尺子，尺的一侧有台阶形的尺槽，利用尺槽引导画出直线。在水粉表现图中经常使用，能画出各种宽度的长直线。

(9)模板

有正圆与椭圆的模板，有拉丁字母与数字的模板以及不同专业常用符号的模板。正圆与椭圆模板使用较多，可以快捷画出不同直径的圆形与椭圆形。

各种类尺的一边普遍有斜坡形或台阶状，画铅笔线时尺的平面一侧落纸；画墨线时，尺的坡面一侧朝下，可避免着墨时墨色沿尺边流溢。

各种绘画工具如图 3-6 所示。

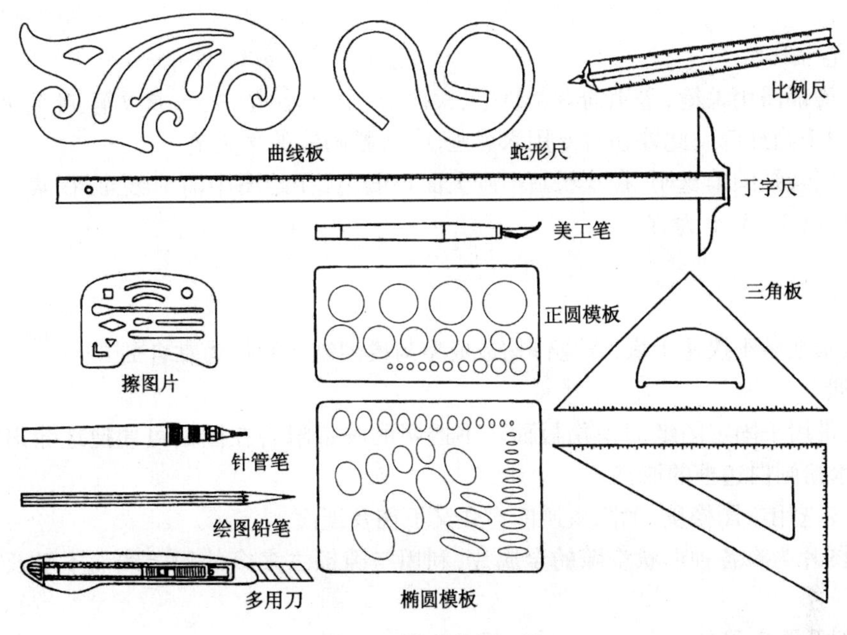

图 3-6　各种绘图工具

2. 圆规

圆规是画正圆弧的工具，有 3 件套、5 件套以及十几件套的。常用的有圆规、分规、点划规等。作为主件的圆规用来画圆，分规用来度量线段，点划规专画小圆。圆规的金属针尖固定圆心，用铅笔部分画图，铅芯可修成锥状或片状。将铅芯接头换成鸭舌状接头可含墨画墨线，最好选择可以打开的鸭舌，便于清洗。画大圆时可套上接杆，尽量保持金属针尖与纸面近于垂直。针尖要略长于铅芯，用力要偏重在铅芯一侧，避免圆心被破坏。

三、绘图用笔及相关用品

1. 绘图用笔

(1)铅笔

铅笔选用绘图铅笔，笔芯圆实、型号准确，墨色足，常用于绘图的有 3H、2H、H、HB、B 型号。画草图用 HB、B，正图用 3H、2H、H。

(2)针管笔

针管笔是金属状笔管，中间有金属芯引墨水从管中流出，以管的内壁直径为型号，有从 0.1 ~ 1.2mm 十几种粗细不等的管。0.1mm、0.2mm 的针管笔较长时间不用应及时清洗，由于这两种笔芯非常细，只宜于在水中整体笔头浸泡，不可将笔芯抽出。

(3)美工笔

美工笔是钢笔尖折成斜面状的笔，尖头部分画细线，斜面部分着纸可画粗的墨线，这种粗细变化带来了使用上的便利。

(4)彩色铅笔与马克笔

彩色铅笔与马克笔可以快捷地表现简单的色彩效果。马克笔有油性与水性之分，绘图中运用水性笔。马克笔有尖形笔与扁平笔两种，扁平面的笔尖可画宽线。由于笔画重叠的时候出现叠加，会产生装饰感、程式化的效果，加上马克笔普遍有色泽鲜艳的特点，更适合快捷简易的表现方法。

(5)毛笔、扁刷

各类渲染都需用毛笔，常用的有兰竹笔、大白云、中白云、小白云、衣纹笔、叶筋笔等。衣纹笔、叶筋笔用于画细部。此外还有专用水彩画法、水粉画法的平头笔。

扁刷选用绘画的羊毫刷，在水粉画中画大面积颜色，在绘图中清洁纸面，在裱纸时用来走水，笔头宽度以 3 ~ 5cm 为宜。

2. 其他

(1)乳胶

用乳胶裱纸易于快速干燥，在立体构成成型与模型制作时作为黏合剂。

(2)胶带

透明胶带用来固定图纸而不伤板面。不透明的胶带附着在图面可便捷地涂出整齐的色块，或作为水粉画白边框的遮挡。

(3)橡皮选用绘图橡皮，消除墨迹能力强又不伤及纸面。

(4)擦图片为有各种形状空隙的金属片，利用空隙擦去多余的铅笔线而不触及应保留的线条。

四、颜料及调色用品

1. 颜料

水彩颜料的使用量较小，用盒装的即可。水粉颜料的使用量较大，宜用单支的大袋色。

2. 调色用品

调色盒用来盛色，水粉表现宜用较大的白调色盘，水彩渲染时使用小杯状容器。笔洗为盛水器物，用来清洗毛笔。

第三节　字　　体

在制图中，图纸上所有的字体，包括数字、符号、字母及文字说明等，均应书写端正、笔画清晰、排列整齐，标点符号清楚正确。

1. 汉字

1)图纸中的汉字，宜采用长仿宋体，大标题可写成黑体、宋体及其他美术字，并应采用国家正式公布的简化汉字。

2)汉字的规格。汉字的规格指汉字的大小，即字高。汉字的字高用字号表示，如高为 5mm 的字就为 5 号字。常用的字号有 3. 5、5、7、10、14、20 等。规定汉字的字高应不小于 3. 5mm。

2. 长仿宋字的写法

长仿宋字应写成直体字，其字高和字宽的比例一般为 3：2 左右，字的间距一般为字高的 1/8 ~ 1/4，行距不少于字高的 1/3，以字高的 1/2 为宜。

1)书写长仿宋字时，应先打好字格，做到字体满格、干净利落、顿挫有力，不应歪曲、重叠和脱节。并特别注意起笔、落笔和转折等关键部位。

2)仿宋字的笔画及例字如图 3-7 所示。

3. 美术字的写法

(1)宋体美术字

宋体:特点是字形方正、横细直粗;横画及横竖连接的右上方都有顿笔,点、撇、捺、挑、钩与竖画粗细相等,其尖锋短而有力。如图 3-8 所示。

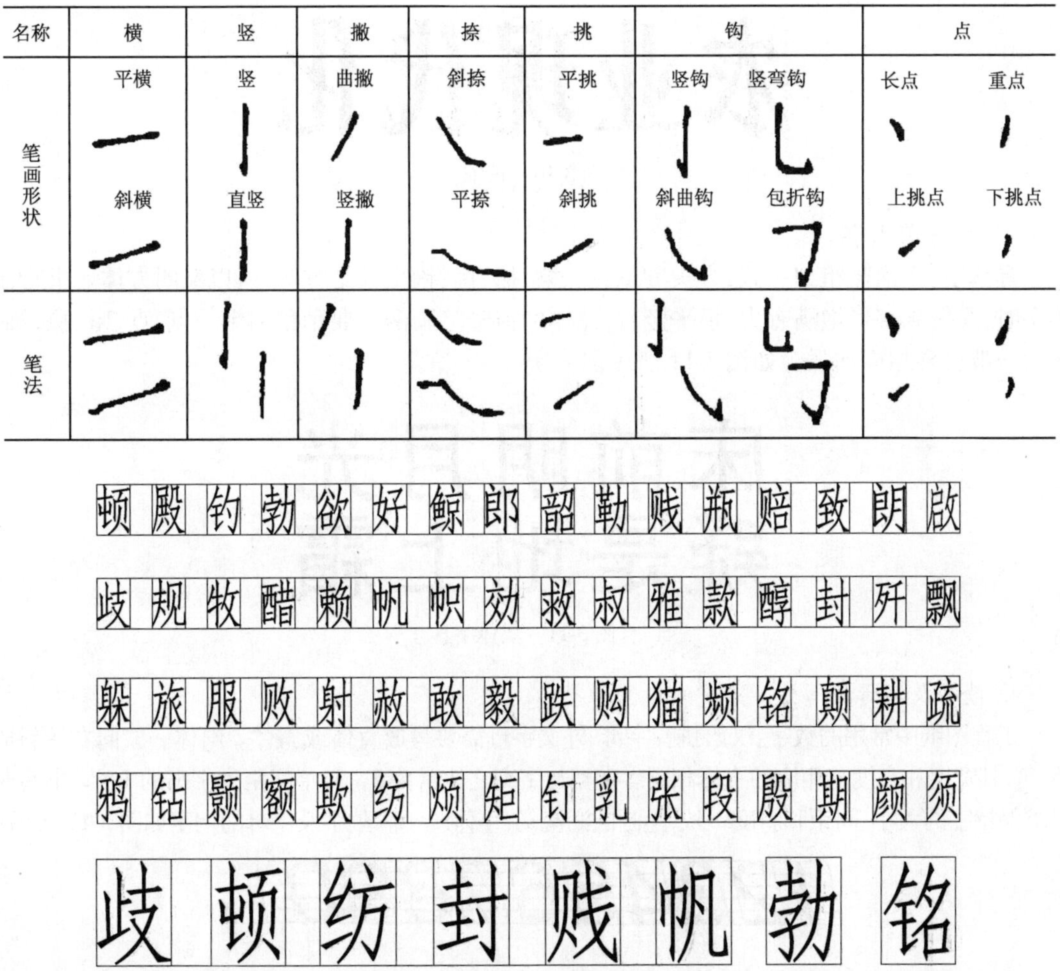

名称	横	竖	撇	捺	挑	钩		点	
笔画形状	平横 斜横	竖 直竖	曲撇 竖撇	斜捺 平捺	平挑 斜挑	竖钩 斜曲钩	竖弯钩 包折钩	长点 上挑点	重点 下挑点
笔法									

顿 殿 钓 勃 欲 好 鲸 郎 韶 勒 贱 瓶 赔 致 朗 敀

歧 规 牧 醋 赖 帆 帜 効 救 叔 雅 款 醇 封 歼 飘

躲 旅 服 败 射 赦 敢 毅 跌 购 猫 频 铭 颠 耕 疏

鸦 钻 颞 额 欺 纺 烦 矩 钉 乳 张 段 殷 期 颜 须

歧 顿 纺 封 贱 帆 勃 铭

图 3-7 仿宋字的笔画及例字

北京奥运会

图 3-8 宋体

仿宋:特点是字身略长,粗细均匀,起落笔都有笔顿,横画向右上方倾斜,点、撇、捺、挑、钩尖锋加长。如图 3-9 所示。

长宋:是综合了宋体和仿宋的特点写成的,它比宋体字形放长,横和竖的粗细较为接近,点、撇、捺、挑、钩也较挺拔。如图 3-10 所示。

神舟七号

图 3-9　仿宋

农业现代化

图 3-10　长宋

（2）黑体美术字

黑体字：它横竖粗细一致，方头方尾，点、撇、捺、挑、钩也都是方头，所以又叫方体。书写黑体字时，应做到字形饱满有力、横平竖直，黑体的横竖笔画两头要稍稍加粗一点，点、撇、捺、挑、钩的一端也要相应加强。如图 3-11 所示。

床前明月光
疑是地上霜

图 3-11　黑体字

4. 数字及字母的写法

工程图纸中常用的数字、汉语拼音字母、外文字母需要写成直体或斜体。斜体一般向右倾斜成 75°角，其宽度和高度与相应的直体相同。字宽与字高之比常为 2 : 3，字间距为字高的 1/4。书写时要求保持字的大小、间距和斜度一致，笔画圆润流畅，字体统一。数字及字母的例字如图 3-12 所示。

1234567890
1234567890
1234567890
ABCDEFGHIJKLMN

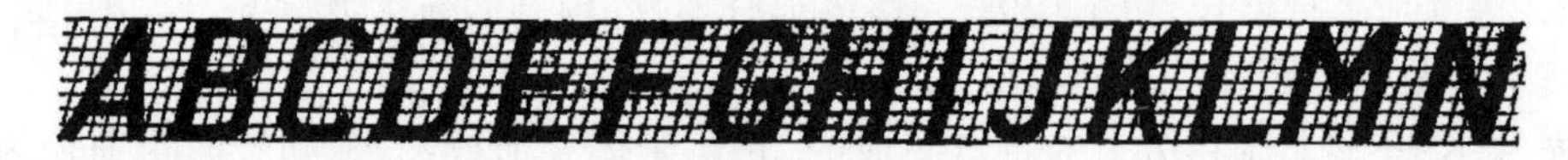

图 3-12　数字及字母的例字(一)

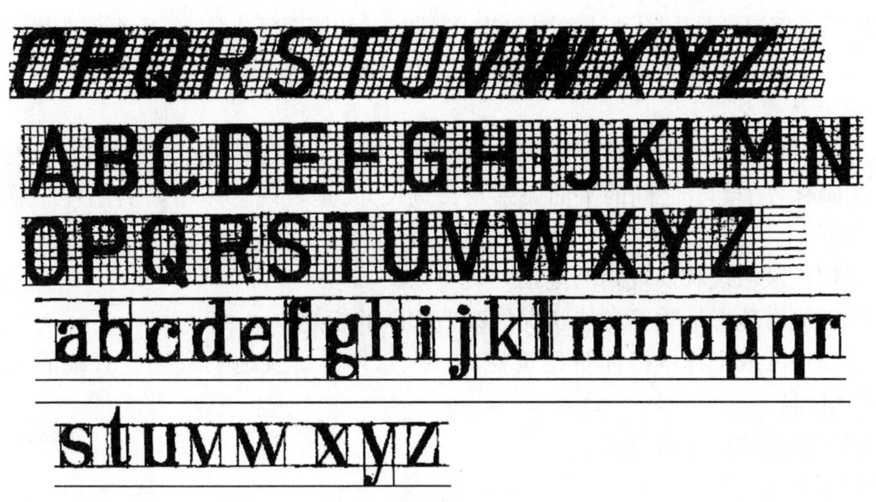

图3-12 数字及字母的例字(二)

第四节 绘制步骤

园林制图为了表现出良好的效果,要求在绘图过程中按照一定的步骤去完成,否则易出现失误,损坏绘图效果。具体的绘图方法和步骤如下。

1. 准备阶段

1)准备好绘图用工具和仪器,并检查其有无损坏。

2)确定图幅大小,裁好图纸。

3)图纸用胶带纸固定在绘图板上,纸要平整,不能有突起。

2. 画底稿线

1)选用稍硬的铅笔,如H或2H,用力要轻。

2)立意、构思,根据设计的内容在图纸上进行布局,应对整个图面合理安排,图面应美观大方,整体协调。

3)开始画图,应先确定构图中心,然后是其他内容。

3. 加深底稿线

1)在认真检查无遗漏或错误后,用软铅笔进行加深,笔尖不要太粗。

2)加深一般是从细线、中线到粗线来进行。

4. 上墨线

1)底稿线画好后,用针管笔、鸭嘴笔、圆规等工具来完成,上墨时应对准,保证准确。

2)按照不同线条的特点,采用先后不同的顺序来完成,同类线条一次完成,这样不易出错。

3)如果出现错误,要用单面刀片轻轻地刮去,再进行修改。

4)上完墨线后,对整个图纸进行全面检查,经确认无误后最终定稿。

第五节 园林设计图的类型

园林设计图是在掌握园林艺术理论、设计原理、有关工程技术及制图基本知识的基础上绘制的专业图纸,是园林设计人员的语言,它能够将设计者的思想和要求通过图纸直观地表达出来,人们可以形象地理解到其中的设计意图和艺术效果，并按照图纸去施工，从而创造优美的环境。

园林设计图的种类较多，根据其内容和作用的不同，可分为以下几种类型。

1. 园林总体规划设计图

园林总体规划设计图简称总平面图，它表明了一个区域范围内园林总体规划设计的内容，反映了组成园林各个部分之间的平面关系及长宽尺寸，是表现总体布局的图样。总平面图的具体内容如下。

1）表明用地区域现状及规划的范围。

2）表明对原有地形地貌等自然状况的改造和新的规划。

3）以详细尺寸或坐标网格标明建筑物、道路、水体系统及地下或架空管线的位置和外轮廓，并注明其标高。

4）标明园林植物的种植位置。

2. 竖向设计图

竖向设计图又称地形图，属于总体设计的内容，它能反映出地形设计、等高线、水池山石的位置、道路及建筑物的标高等，并为地形改造施工和土石方调配预算提供依据。

3. 种植设计图

种植设计图主要表示各种园林植物的种类、数量、规格、种植的位置、配置的形式等，是定点放线和种植施工的依据。

4. 立面图

立面图是为了进一步表达园林设计意图和设计效果的图样，它着重反映立面设计的形态和层次的变化。

5. 剖面图

剖面图用于园林土方工程、园林水景、园林建筑、园林小品、园路园桥等单体设计。它主要揭示内部空间布置、分层情况、结构内容、构造形式、断面轮廓、位置关系以及造型尺度，是具体施工的重要依据。

6. 透视图

透视图是反映某一透视角度设计效果的图样。它把局部园林景观用透视的方法表现出来，好像是一幅自然风景照片。这种图具有直观的立体景象，能清楚表明设计意图，但在透视图上，不能注出各部分的远、近、长、宽、高的尺度，所以透视图不是具体施工的依据。

鸟瞰图是反映园林全貌的图样，其性质与透视图一样。不同的是，鸟瞰图的视点较高，如同飞鸟从空中往下看。它主要帮助人们了解整个园林的设计效果。

在园林设计中。除了各种设计图纸外，还需要加设计说明，以此弥补设计图纸上无法表达的意图。

第六节　园林建筑初步设计图

一、建筑总平面图

1. 内容与用途

建筑总平面图是表示新建建筑物所在基地内总体布置的水平投影图。图中要标示出新建工程的位置、朝向以及室外场地、道路、地形、地貌、绿化等情况。它是用来确定建筑与环境关系的图纸,为以后的设计、施工提供依据。

2. 绘制要求

1)熟悉建筑总平面图中的图例,绘制时要遵守图例要求,如新建建筑物用粗实线绘出水平投影外轮廓,原有建筑用中实线绘出水平投影外轮廓,对建筑的附属部分,如散水、台阶、花池、景墙等,用细实线绘制,也可不画。

2)标注标高:建筑总平面图中应标注建筑物首层室内地面的标高,室外地坪及道路的标高,等高线的高程。图中所注的标高和高程均为绝对高程。

3)新建工程的定位:新建工程一般根据原有房屋、道路或其他永久性建筑定位;如在新建范围内无参照标志时,可根据测量坐标,绘出坐标方格网,确定建筑及其他构筑物的位置。

4)如有地下管线或构筑物,图中也应画出它的位置,以便作为平面布置的参考。

5)绘制比例、风玫瑰图,注写标题栏。总平面图的范围较大,通常采用较小比例,如1∶300、1∶500、1∶1000。图中尺寸数字单位为米(m)。总平面图宜用线段比例尺和风玫瑰图,分别表示比例、朝向及常年风向频率。

二、建筑平面图

1. 建筑平面图的内容与用途

建筑平面图是沿建筑物窗台以上部位(没有门窗的建筑要过支撑柱部位)经水平剖切后所作的剖面图。建筑平面图除应表明建筑物的平面形状、房间布置以及墙、柱、门、窗、楼梯、台阶、花池等位置外,还应标注必要的尺寸、标高及有关说明。如图3-13所示。

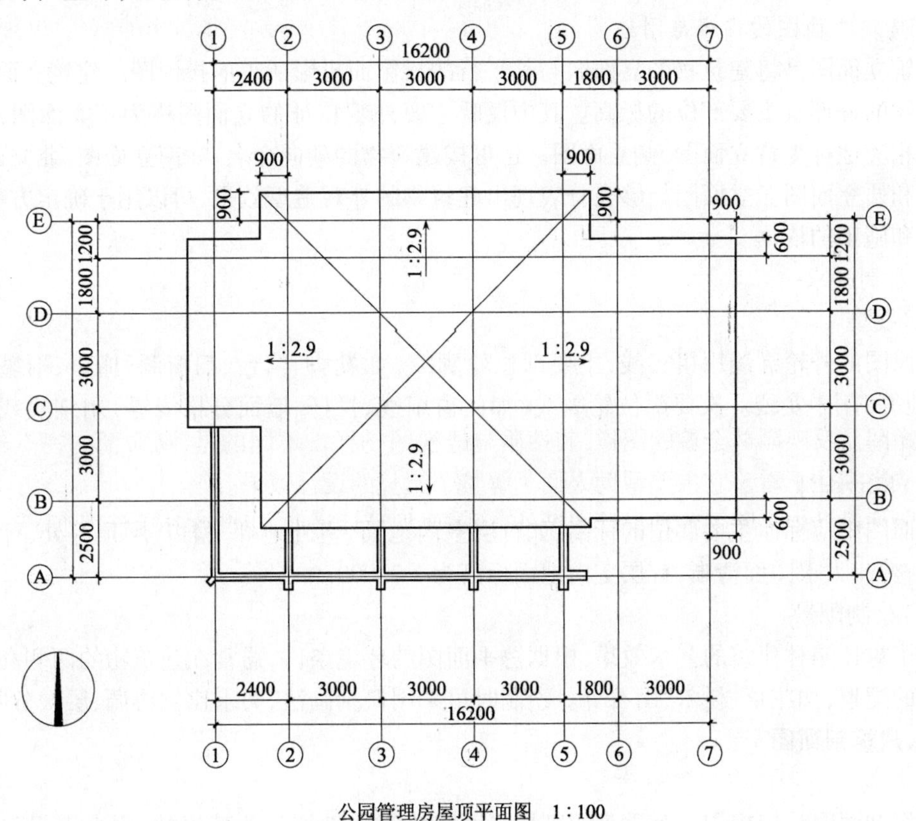

图3-13 建筑平面图

建筑平面图是建筑设计中最基本的图纸,用于表现建筑方案,并为以后设计提供依据。

2. 绘制要求

(1)选择比例、布置图面

建筑平面图一般采用1∶100、1∶200的比例绘制,根据确定的比例和图面大小,选用适当图幅,并留出标注尺寸、代号等所需位置,力求图面布置匀称。

(2)画定位轴线

轴线是设计和施工的定位线,凡承重的墙、柱、梁、屋架等处均应设置轴线,轴线用细点画线画出,端部用细实线画直径为8mm的圆,并进行编号。水平方向用阿拉伯数字从左向右、竖直方向用大写拉丁字母自下而上依次编号,次要承重部位应设置附加轴线,编号以分数表示,分母表示前一轴线编号,分子表示前一轴线后附加的第几根轴线,即表示第2号轴线后附加的第一根轴线。但I、O、Z3个字母不得作轴线编号,以免与数字1、0、2混淆。轴线编号宜注在平面图的下方与左侧。

(3)线型

剖切平面剖到的断面轮廓用粗实线,如墙和柱。没剖到的可见轮廓用中实线,如平台、台阶、花池等。轴线、尺寸线用细实线。门、窗用图例表示。

(4)尺寸标注

初步设计阶段的建筑平面图,一般只标注轴线尺寸和总体尺寸。

三、建筑立面图

1. 建筑立面图的内容与用途

建筑立面图是将建筑物的立面向与其平行的投影面投影所得的投影图。建筑立面图应反映建筑物的外形及主要部位的标高。其中反映主要外貌特征的立面图称为正立面图,其余的立面图相应地称为背立面图、侧立面图。也可按建筑物的朝向命名,如南立面图、北立面图、东立面图和西立面图。立面图能够充分表现出建筑物的外观造型效果,可以用于确定方案,并作为设计和施工的依据。

2. 绘制要求

(1)线型

立面图的外轮廓线用粗实线,主要部位轮廓线(如勒脚、窗台、门窗洞、檐口、雨篷、柱、台阶、花池等)用中实线。次要部位轮廓线(如门窗扇线、栏杆、墙面分格线等)用细实线。地坪线用特粗线。

(2)尺寸标注

立面图中应标注主要部位的标高,如首层室内地面、室外地坪、檐口、屋顶等处,标注时注意排列整齐,力求图面清晰,首层室内地面标高为±0.000。

(3)绘制配景

为了衬托园林建筑的艺术效果,根据总平面图的环境条件,通常在建筑物的两侧和后部绘出一定的配景,如花草、树木、山石等。绘制时可采用概括画法,力求比例协调、层次分明。

四、建筑剖面图

1. 建筑剖面图的内容和用途

建筑剖面图是假想用一个垂直的剖切平面将建筑物剖切后所获得的,用来表示建筑物沿高度方向的内部结构形式和主要部位的标高。剖面图与平面图和立面图配合,可以完整地表达建筑物的设计方案，并为进一步设计和施工提供依据。

2. 绘制要求

1)剖切位置的选择。剖面图的剖切位置，应根据所要表达的内容确定，一般应通过门、窗等有代表性的典型部位。剖面图的名称应与平面图中所标注的剖切位置线编号一致。

2)定位轴线。为了定位和阅读方便，剖面图中应给出与平面图编号相同的轴线，并注写编号。

3)线型。剖切平面剖到的断面轮廓用粗实线绘制，没剖到的主要可见轮廓用中实线，如窗台、门窗洞、屋檐、雨篷、墙、柱、台阶、花池等。其余用细实线，如门窗扇线、栏杆、墙面分格线等。地坪线用特粗线。

4)尺寸标注。建筑剖面图应标注建筑物主要部位的标高，如室外地坪、室内地面、窗台、门窗洞顶部、檐口、屋顶等部位的标高。所注尺寸应与平面图、立面图吻合。

五、建筑透视图

建筑透视图主要表现建筑物及配景的空间透视效果，它能够充分地表达设计者的意图，比建筑立面图更直观、更形象，有助于设计方案的确定。

建筑透视图所表达的内容应以建筑为主，配景为辅。配景应以总平面图的环境为依据，为避免遮挡建筑物，配景可有取舍，建筑透视图的视点一般应选择在游人集中处。

六、建筑初步设计图的阅读

阅读建筑设计图时应将总平面图、平面图、立面图、剖面图相互对照从整体到局部逐渐深入。

1. 看总平面图

了解建筑物的位置、朝向、地形、标高及周围环境。

2. 看建筑平面图

了解建筑物的平面形状及大小，房间的布置与用途，门窗、台阶及其他设施的位置。

3. 看建筑立面图

了解建筑物的立面构成、主要部位标高及配景效果。

4. 看建筑剖面图

了解建筑物内部空间及其主要部位标高。

第七节　园林植物种植设计图

一、内容与用途

园林植物种植设计图是表示植物位置、种类、数量、规格及种植类型的平面图，是组织种植施工和养护管理、编制预算的重要依据。

二、绘制要求

1. 设计平面图

在设计平面图的基础上，绘出建筑、水体、道路及地下管线等位置，其中水体边界线用粗实线，沿水体边界线内侧用一细实线表示出水面，建筑用中实线，道路用细实线，地下管道和构筑物用中虚线。

2. 种植设计图

(1)自然式种植设计图

宜将各种植物按平面图中的图例,绘制在所设计的种植位置上,并应以圆点表示出树干位置。树冠大小按成龄后冠幅绘制。为了便于区别树种,计算株数,应将不同树种统一编号,标注在树冠图例内(采用阿拉伯数字)。

(2)规则式种植设计图

对单株或丛植的植物宜以圆点表示植物的种植位置,对蔓生和成片种植的植物,用细实线绘出种植范围,草坪用小圆点表示,小圆点应绘得有疏有密,凡在道路、建筑物、山石、水体边缘处应密,然后逐渐稀疏。对同一树种在可能的情况下尽量以粗实线连接起来,并用索引符号逐树种编号,索引符号用细实线绘制,圆圈的上半部注写植物编号,下半部注写数量,尽量排列整齐使图面清晰。

3. 编制苗木统计表

在图中适当位置,列表说明所设计的植物编号、树种名称、拉丁文名称、单位、数量、规格、出圃年龄等。如表3-7所示。

表3-7 苗木统计表

编号	树种		单位	数量	规格		出圃年龄	备注
					干径(cm)	高度(m)		
1	油松	*Pinus tabulae forniis Carr.*	株	14	8		8	
2	白皮松	*Pinus bungeana Zucc.*	株	8	8		8	
3	红皮云杉	*Picea aspearata Mast*	株	4	8		4	
4	冷杉	*Abies delarayi Frauch*	株	4	10		10	
5	紫杉	*Taxus cupid Seib et Zuce.*	株	8	6		6	
6	爬地柏	*Sabina Chinensis*	株	100		1	2	每丛10株
7	卫矛	*Euonymus alatus*	株	5		1	4	
8	黄杨	*Buxus sinica*	株	11	3		3	
9	悬铃木	*Platanus acerifolia Willa*	株	4	4		4	
10	垂柳	*Salix matsudana Koidz*	株	4	5		3	
11	五角枫	*Acer palmatum*	株	9	4		4	
12	黄栌	*Continus coggygria Scop.*	株	9	4		4	
13	银杏	*Ginkgo bilobal.*	株	11	5		5	
14	水蜡	*Toxicodendron sylvestre*	株	7		1	3	
15	紫丁香	*Syringa oblata Lindl.*	株	100		1	3	每丛10株
16	暴马丁香	*Syringa reticulata*	株	60		1	3	每丛10株
17	黄刺玫	*Rosa xanthina Lindl.*	株	56		1	3	每丛8株
18	连翘	*Fersythia suspensa Wahl.*	株	35		1	3	每丛7株
19	珍珠梅	*Sorbaria sorbifalia*	株	84		1	3	每丛12株
20	五叶地锦	*Euphorbia humifusa*	株	1221	3	3		
21	花卉	—	株	60			1	
22	结缕草	*Zoysia japonica*	m^2	200				

4. 标注定位尺寸

自然式植物种植设计图,宜用与设计平面图、地形图同样大小的坐标网确定种植位置。规则式植物种植设计图,宜相对某一原有地上物,用标注株行距的方法确定种植位置。

5. 绘制种植详图

必要时按苗木统计表中编号(即图号)绘制种植详图,说明种植某一种植物时挖坑、覆土、施肥、支撑等种植施工要求。

三、植物种植设计图的阅读

阅读植物种植设计图可以了解工程的设计意图、绿化目的及其要达到的效果,明确种植要求,以便组织施工和作出工程预算。阅读步骤如下。

1. 看标题栏、比例、风向玫瑰图

明确工程名称、所处方位和当地主导风方向。

2. 看图中索引编号和苗木统计表

根据图示各植物编号,对照苗木统计表及技术说明,了解植物种置的种类、数量、苗木规格和配置方式。

3. 看植物种植定位尺寸

明确植物种植的位置及定点放线的基准。

4. 看种植详图

明确具体种植要求,组织种植施工。

第四章　园林设计表现技法初步

第一节　对园林设计表现的认识

一、园林设计表现的作用

园林设计表现方法很多,如语言文字、模型制作、设计图样等。在园林设计过程中,按照一定的规则绘制设计图样来表示或表达园林设计者的设计意图,这种表现技法比语言和文字明了、直观,比做成模型迅速、方便,是一种很有效的表示方法。在园林设计中,绘制设计图样的表示方法主要有以下作用。

1)图样是设计者与他人、设计者之间交流的“语言”。园林设计是一种群体活动,一般由多人参加,分工协作,所构思的新设计方案需要通过具体的技法表现出来,以供合作者讨论、交流;同时,良好的设计表现,有利于决策者评价、审定,便于实施部门组织施工。

2)有利于设计者对设计方案的推敲。园林设计方案的形成往往需要经过反复的推敲,通过适当的表现技法,将设计意图表现到纸面上,借此进行进一步的研究、推敲、修改、完善。设计表现的过程本身就是展开构思的过程,这时,一旦把脑海中的意象落实到纸面上,立刻又通过视觉把信息反馈到大脑,从具体形象中又引发产生出新的想法和建议。这种以视觉为媒介的信息反复,构成了推敲构思的一种重要手段,使设计不断完善、成熟。

3)有利于提高设计者的艺术素养。设计表现技法不单单以表现构思为唯一目的,同时还是训练和提高设计者对形态的认识能力和提升造型感觉、提高审美能力和艺术修养的有力手段。因为,人总是按照美的规律去创造新事物的,通过表现而对设计构思进行推敲、改进的过程,既是对形态认识的不断深化过程,又是美的创造过程,随之,必然潜移默化带来上述能力的提高。这些是极为重要、十分可贵又容易被人忽视的潜在能量。因此,可以毫不夸张地说,设计表现技法是设计师的一种看家本领。

总之,园林设计表现是园林设计的基础,园林设计表现技法是园林设计师的基本技能。当然,在园林设计中设计表现的内容和方法是很多的,作为一本论述园林设计基础的教材,本书重点介绍的内容是园林中的山石、水体、植物和建筑等的表现技法。

二、园林设计表现的一般要求

1)园林设计在表现设计素材时,一方面要依照园林设计的规范,另一方面需要掌握透视、光影、色彩等绘画基础知识。

2)园林设计表现必须是客观的,它具有十分明显的实用价值。园林设计表现技法突出写真,力图把所构思对象物的形态真实可信地表现出来,目的主要就在于表现对象物的本身,整个描绘受到对象物的色彩、材质、造型和加工工艺等诸多方面的严格限定,因此,夸张、强调等艺术处理手法必须在不失真、不变形的前提下有限制地采用。

3)园林设计表现技法对投射光线的方向、强弱、角度等都作了特殊的限定,以体现明确的体面关系，并使光线问题趋于简化、规范。

4）园林设计表现技法在表现色彩时，强调物体色，力图比较单纯、如实地反映对象物最常呈现的色彩感觉，即在标准光源下所显示的物体固有色，而对环境色、条件色等只作有限的、必需的表现。

5）园林设计表现技法在处理表现图的背景时，通常只是作为一种抽象衬托，一般不受真实环境和主体对象物的局限，其目的仅是为了使对象物更为突出或为了作图的方便。当然，也有少数比较细致的效果图描绘一些特定的环境作为背景以增强某种特殊效果。

三、园林设计表现的特征

（1）偶发性

在构思方案尚未成熟的情况下，通过设计表现技法记录设计意象，在表现的同时，充分展开思路，由于形象本身所具有的诱导作用，往往能诱发产生原设想之外的新想法。这是一个带有很大偶然性的过程，但这样的过程是包含着必然因素的，而且这种偶发的想法往往是最有新意的。

（2）快速性

纸面上的设计表现技法比立体模型更加简便、快速，这是其最重要的优点和特点，也是其最基本的要求之一。快速性可以提高工作效率，从而在有限的时间里提供更多的设想、方案，扩大选样余地，有利于最佳方案的产生。同时，还可缩短开发周期，迎合现代设计方案多、周期短、更新快的特点。

（3）独创性

因为是快速记录构想，使设计师必须首先紧紧抓住所构思园林的与众不同之处，以体现构思的新颖性。这样，必定有力地促进设计者设计出新颖、独特、不同凡响的园林。

（4）传真性

正是因为客观地、真实地传达构想对象物是设计表现技法的基本原则，所以它的传真性是显而易见的。观者可借助于表现图，对设计者构思的形态、结构、材质、色彩等诸多方面获得直观的认识，好的设计效果图甚至能够代替模型传达出如见实物的视觉效果。

（5）说明性

通过设计表现技法绘出的效果图和制图、透视图一样已成为设计的通用语言，而且都符合几何图学的原理和规则，又具有其他制图不可比拟的真实感。所以，在对设计构想作多方面视觉传真的同时，还能在一定程度上说明设计构想的功能、使用方法、比例尺寸等方面的具体内容，而且图内还可附以少量的文字和数据，进一步传递更多说明性的信息。

（6）广泛性

借设计表现技法，获得逼真的形象语言，比其他图形更能为众多的人所接受；它通俗易懂，不需要观者经过专门的训练，也不受年龄、职业、文化水平、时间、地点、空间等限制，可最大范围地征求意见，以便于完善园林设计方案。

（7）启智性

通过设计表现技法传达出的新设计，因其独创性和新颖性，向人们展示了以前不曾见过的园林形态，能启发观者的想象力，使其借助表现图进一步想象将来的真实物的状况，并由此及彼、由表及里地产生丰富的联想。

四、园林设计表现技法的主要内容

作为园林设计的基础，这里所研究的表现对象主要包括山石、水体、植物、建筑等造园素材，表现形式主要有平面图、立面图、剖面图及透视效果图，其基本技法包括透视图法、光影表现法、材质表现法和设色方法，这些方法再通过与一定的材料和工具相结合，就可以产生各种不同的特殊技法。所有这些技法，均是绘画经验的提炼和总结。所以，若专门研究设计的各种表现技法，就必须从绘画写生的实践中去探求，这无疑是需要相当长的时间，花费相当多的精力。

第二节 线条练习

线条练习是绘图的一项重要基本功。现场调查作图记录、搜集图面资料、构思方案的草图阶段、方案的快速表现以及正规图纸有关部分都需要以徒手线条的形式来描绘。各门类设计最终定稿的方案都要绘制正规、整齐、严谨的设计图纸。

本节的内容重点介绍尺规线的练习。

一、尺规线条练习的图形分析

图纸中常以粗、中、细3种最基本的线型出现，本图相应确定3种线型，按针管笔的型号，分别为0.3mm、0.6mm、0.9mm，画铅笔线时参考针管笔线定粗细（见图4-1）。

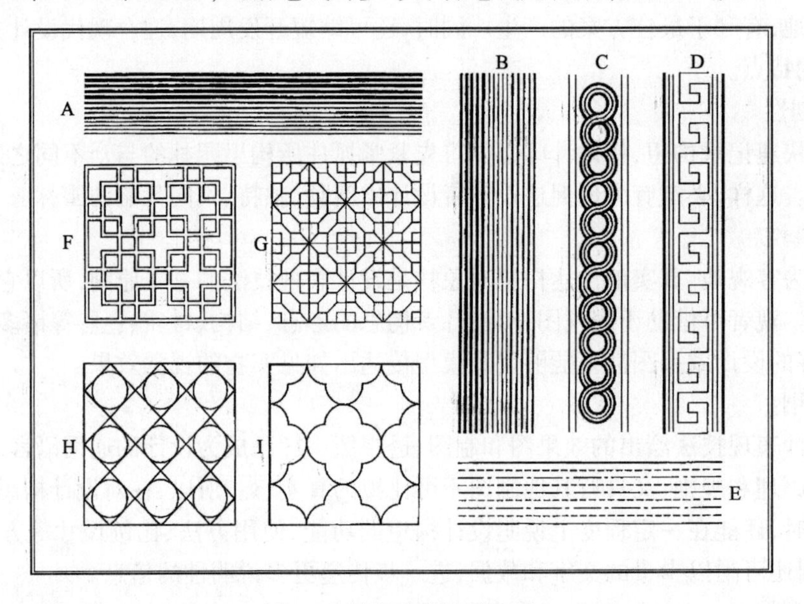

图4-1 尺规线条练习范图

1）A图、B图，是两组长线，线条要一气呵成，中途不停顿，线组两端取齐，线与线保持相同的间距。

2）C图、D图、E图，两边保持对称关系。

3）F图，所有的双勾线要等宽，中间形成的正方形要等形。

4）G图，分割均匀，线的交接点接牢。

5）H图、I图，直线与圆、圆与圆形成切点，避免相离或相交。

6）C图，3个圆为同心圆，反复描绘时注意圆心不要扩大。上下圆相接处无接痕。

7）E图，虚线线段相等、间隔相等。点划线短线居中。

8）H 图、I 图全部用 0.6mm 中粗线，F 图、G 图全部用 0.3mm 细线。其他图按范图确立粗、中、细的标准。

二、铅笔线图

任何图纸都要经过铅笔草稿阶段。铅笔草稿可以在出现问题时进行涂改，其铅笔线要注意两点，一是“轻”，二是“匀”。“轻”便于用橡皮擦改；“匀”使图面从开始就保持美观。在以铅笔线为最终效果的练习中，也要在轻而匀的铅笔草稿上覆以浓重的铅笔线。在练习的过程中，要不断保持笔芯的锋利。

1）选用质地清洁、没有折痕的绘图纸，摆放在图板的正中，纸边与板边平行，以利于用丁字尺、三角板画线。用胶带或绘图图钉固定绘图纸。

2）将丁字尺靠齐图板左边上下移动，三角板靠在丁字尺上左右移动，保持 90°的关系。用 2H 铅笔起稿，程序为依照图形的大小主次从整体到局部进行。其顺序是，先画外框，再画各小图轮廓，最后画小图内部线条。

3）在反复核实没有错误的前提下描画正式铅笔图，做到所有线条的铅色尽量浓重，此时应减少绘图工具对纸面的摩擦。

4）擦去图形外的辅助线以及纸面被弄脏的地方，线条密集部分要用擦图片。

三、墨线图

在铅笔草稿上用针管笔描绘墨线图。描绘时要注意以下几个方面。

1）铅笔稿阶段要减少涂擦，过多涂擦会损伤纸面，着墨时容易洇开。

2）用一块备用纸试笔，避免笔尖一落纸面出现墨珠状。

3）尺的坡面朝下，描画墨线时笔尖与尺边留有间隙。

4）描画过程顺一个方向推进，遗漏的部分待墨色干透再补画。不可忽上忽下，忽左忽右，这样做稍不小心就将未干的墨蹭脏。

5）在铅笔线上画墨线要取中，以 F 图双勾线为例，若一条线取中、一条线偏移，或者两条线偏外，两条线偏内，会形成差别很大的宽窄关系。

6）画墨色长线应一气呵成，中途不停顿，落笔前要清楚停止的部位。

7）画正圆不要出现断痕。

8）严禁使用白粉及涂改液修图。

四、徒手线条的练习

徒手线条的练习是不借助尺规工具用墨水笔手绘各种线条，“得心应手”地将所需要表达的形象随手勾出。运笔流畅，画直线要笔直；曲线蜿转自然；长线贯通；密集平行线密而不乱；描绘形象能准确地勾画在正确的位置上。

如图 4-2 所示，练习长直线、平行直线、折线、平行折线、曲线、平行曲线、圆线、波状线、螺旋线等各类图形。临摹时采用对临的方法，即一边看一边临。下笔之前仔细观察所临的线型，尽量记忆形象的位置、范围，线型的特征，做到胸有成竹。走笔时速度要慢，沉稳有力地运笔，切忌快而轻飘。初始阶段可用浅淡的铅笔线起出简单的辅助轮廓，或者在其他纸面上做一些分解动作的练习，待熟练后再描绘正式作业。线条中途出现误差应停笔再前进，宁可出现断痕也不要使用重合的笔道。随熟练程度可适当加快运笔速度，也可以进而运用默写的方法。

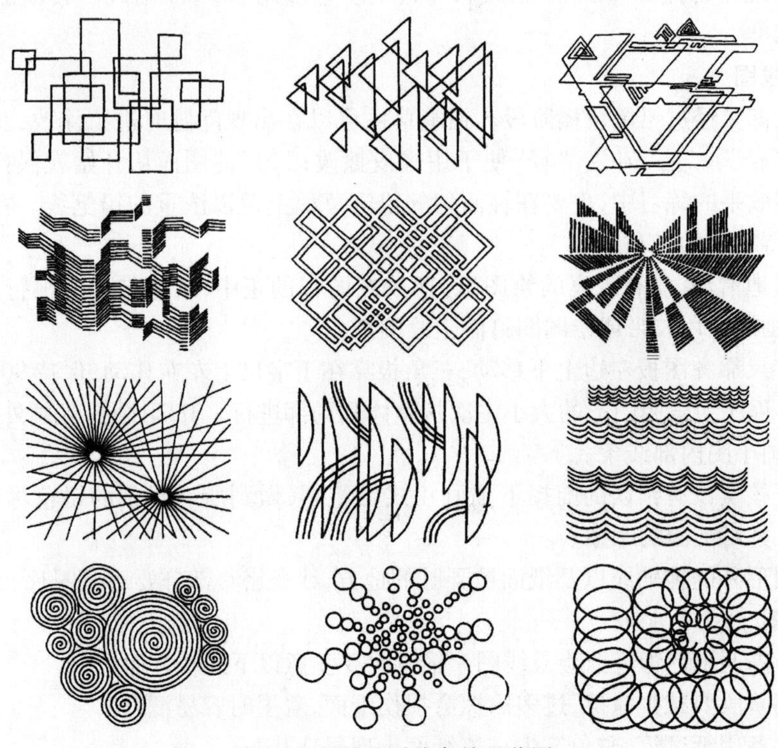

图4-2　钢笔徒手线条练习范图

第三节　钢 笔 画

一、钢笔画的种类

钢笔画有多种表现方法,包括以勾勒轮廓为基本造型手段的“白描”画法;以表现光影,塑造体量空间的明暗画法;以及两种画法相兼的综合画法。

1. 白描画法

中国的传统绘画以“白描”为主,花鸟画、人物画、山水画中虽有大写意、小写意、泼墨等不同表现,但以线成形仍为核心。钢笔画中白描画法秉承了中国绘画的传统,得到了较为广泛的运用。尤其是与设计方案相关的钢笔画,需要表现严谨的形象,正确的比例、尺度甚至是尺寸,需要交代清楚很多局部、细节,因而更适合白描画法。白描画法也可以表现空间感,如利用勾线的疏密变化,在形象的转折部位与明暗交接的部位使线条密集;在画面的次要部位适当地省略形成空白;主体形象勾画粗一些的线条、远处的形象勾画细一些的线条等。以这些虚实、强弱的处理产生一种空间感,使画面生动(见图4-3)。

2. 明暗画法

明暗画法细腻、层次丰富,光影的变化使形象立体、空间感强,因而具有真情实景的感觉,适合于描绘表现图。明暗画法要处理好明暗线条与轮廓线条之间的关系,要求具备较强的绘画基本功(见图4-4)。

3. 白描与明暗的结合画法

有时以白描为主的画法略加明暗处理,能得到兼顾的效果(见图4-5)。

此外,还有大量运用尺规表现建筑造型的钢笔画,这类钢笔画中同样有偏于白描与偏于明暗的区别(见图4-6)。

图4-3 钢笔画的白描画法

图4-4 钢笔画的明暗画法

图 4-5　钢笔画白描与明暗结合的画法

图 4-6　用尺规表现的钢笔画

二、钢笔线条的肌理与明暗变化

钢笔线条的肌理与明暗变化是明暗画法的基础练习。

直线、曲线、断线的不同排列可以表现多样的肌理效果(见图4-7)。

图4-7　钢笔画基础练习(线条的组合)

点线有规律地穿插组合可以表现各种均匀的明暗变化。当点、线浓密的时候避免画腻、画瞎,应仍有通透的感觉(见图4-8)。

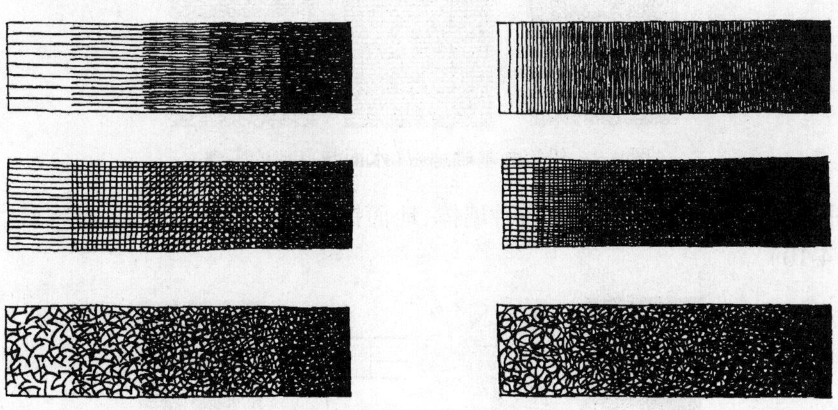

图4-8　钢笔画基础练习(明暗的表现)(一)

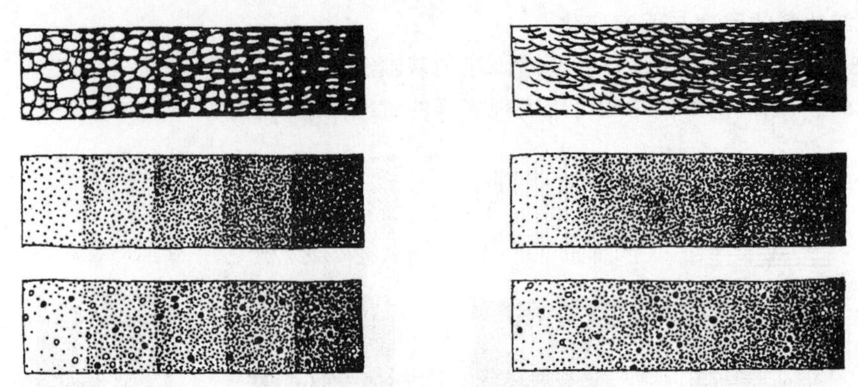

图 4-8　钢笔画基础练习(明暗的表现)(二)

三、园林设计平面图中水面、草地的画法

园林设计平面图的各种形态都表现得简练、概括,尤其是呈片状的水面和草地。

水面多以整齐的波纹线描绘,宜采用空白间断的手法,重点画靠近岸边的地带。

草地有点绘、密集的短线以及乱线等方法。由于草地常与树、石、道路等其他形态结合,变化较多,在表现时要注意疏密关系,重点部位多画,次要部位加以省略(见图 4-9)。

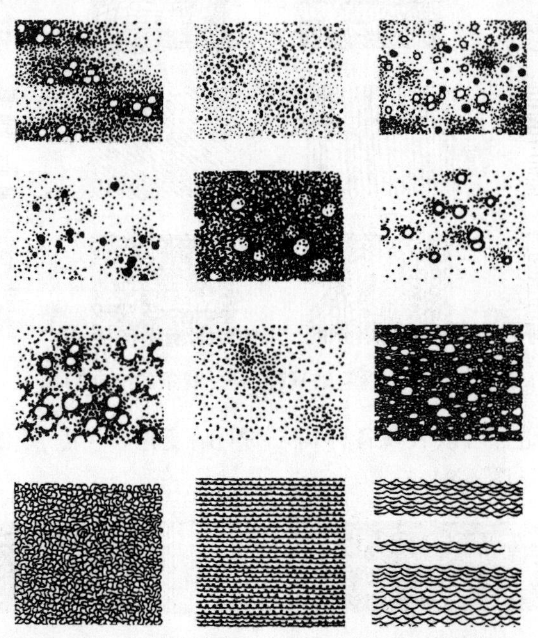

图 4-9　铅笔画基础练习(水面与草地的表现)

平面图与立面图在表现材质时,各种墙体、地面铺装的纹路最为明显,要将其纹理清晰地画出(见图 4-10)。

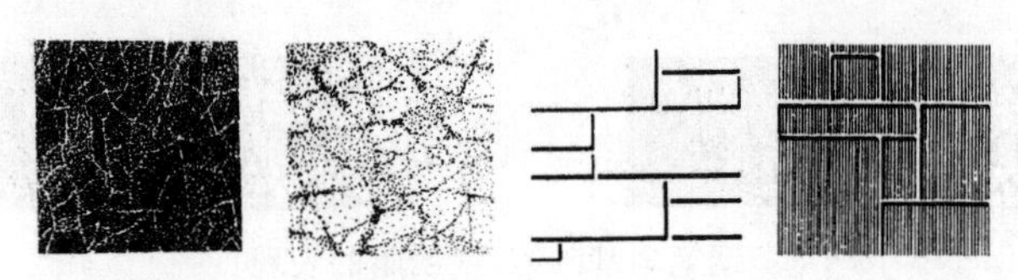

图 4-10　铅笔画基础练习(材质的表现)(一)

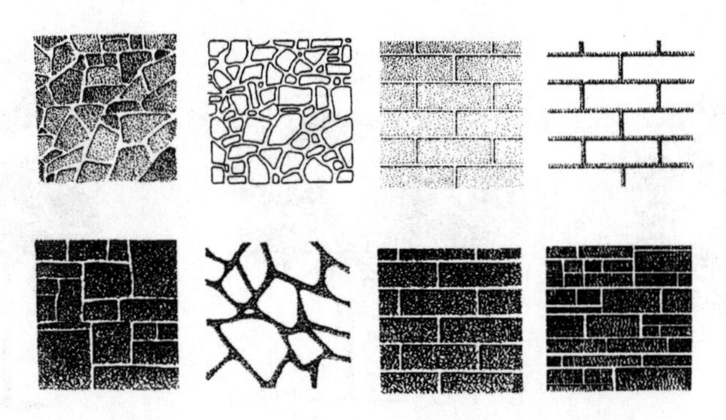

图 4-10　铅笔画基础练习(材质的表现)(二)

四、园林设计平立面图中树木和石块的画法

设计图中平立面树多用白描的方法,清晰的线条能够与设计主体相协调。

平面树形多种多样,可以选择不同的造型表示不同的树种(见图 4-11)。

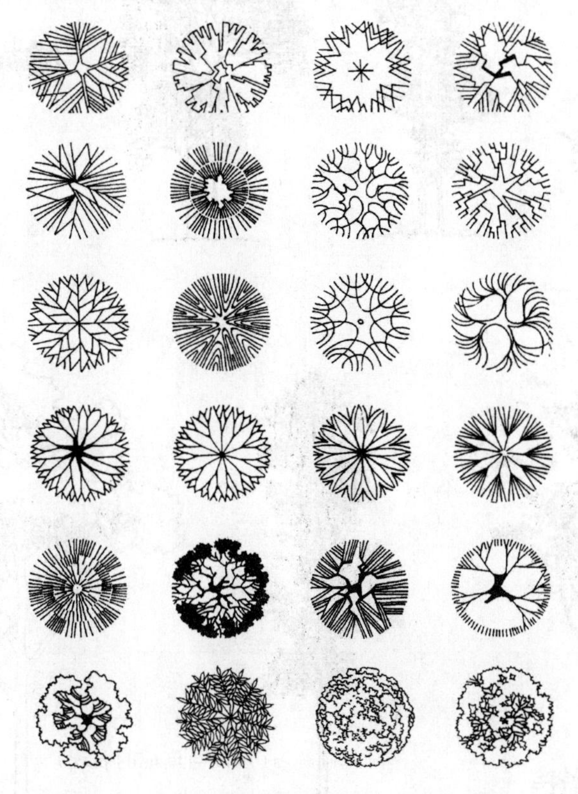

图 4-11　铅笔画基础练习(平面树形的表现)

平面树与草地、道路的组合,形成数量的多与少、线条的疏与密、色调的明与暗等种种变化,是使图面丰富、美观的重要手段。

立面树的形象可以概括为偏于写实和偏于装饰抽象两种。写实的画法应注意树枝与树叶的穿插,往往依靠密集的枝叶成为暗部,表现一定的立体感(见图 4-12)。装饰性的画法应注意树冠的整体造型,一般将其归纳为单纯、明确的几何形(见图 4-13)。

图 4-12　钢笔画基础练习(立面图中树的写实画法)

石块的质感表现相当复杂,因为石块既有整体的大块面,又有微妙的小块面和裂缝纹理,而且不同的石块特征又不相同,有的石块块面像斧劈似的整齐,有的石块圆浑而难分块面。在表现这些特征时,要注意线条的排列方式和方向应与石块的纹理、明暗相一致。石块除了用质感和明暗的方法表现外,还可用勾勒轮廓、勾绘石纹的方法加以表现(见图 4-14、图 4-15)。

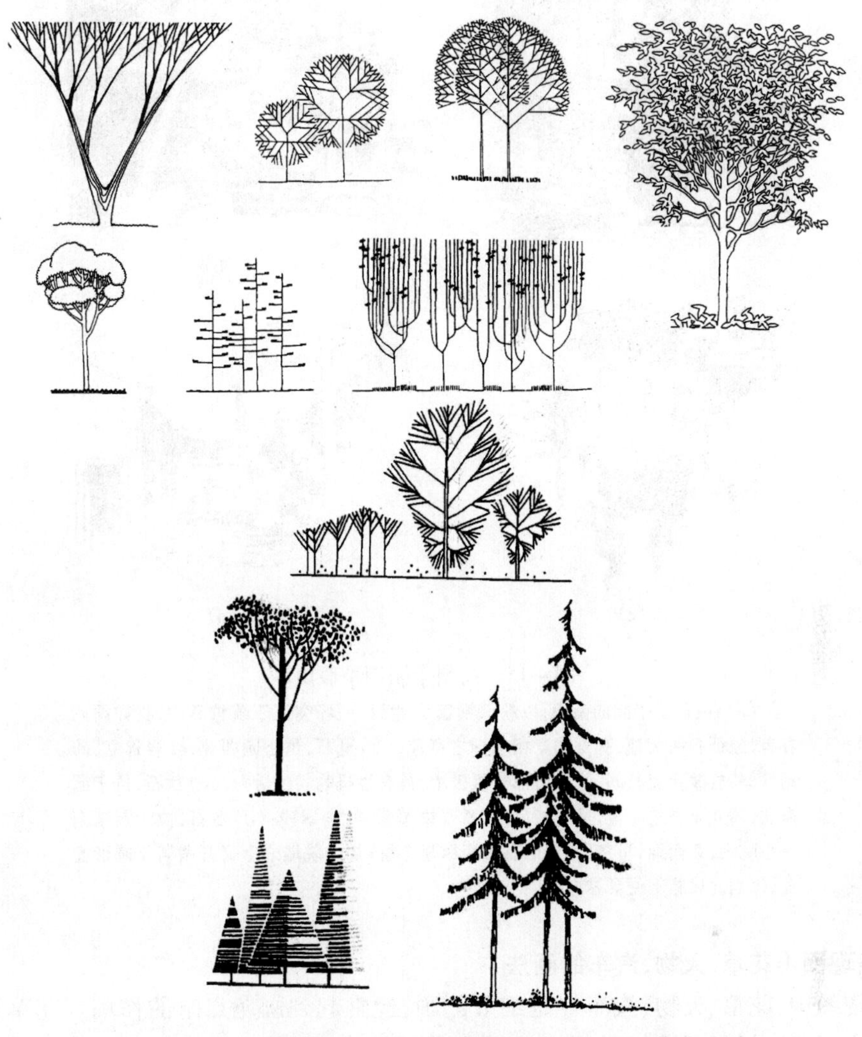

图 4-13　钢笔画基础练习(立面图中树的装饰性画法)

图 4-14　石块的画法

(a)庭院园林中的湖石,造型袅娜多姿,钢笔表现多为线描,无需作出阴影,以免失之零乱;
(b)叠石常常是大石和小石穿插,大石间小石或以小石间大石,表现层次、线条的转折要流畅有力

(a) (b) (c) (d)

图 4-15　扬州个园四季假山

(a)春石,位于园的南面,以粉墙漏窗为背景,一峰突兀于疏竹丛中,犹如雨后春笋,象征春回大地,有万物竞相争春之意趣;(b)夏石,位于园西北,峰岩耸立,磅礴浑厚,碧波穿流其间,苍翠蓊郁气氛极浓,具有生机勃勃的活力;(c)秋石,位于园东北,倚立于亭之一侧,呈暗赭色,寓意万物萧索,叶枯翠残;(d)冬石,位于园东南一小院内,柔而绵,呈灰白色,似有惨淡欲睡之意;加之院墙之上又开凿若干圆形窗孔,每当北风凛冽便瑟瑟有声

五、表现图中花草、人物、汽车的画法

在表现图中,花草、人物、汽车等是细节刻画,经常起到画龙点睛的作用。花草使画面生动,人物、汽车可以衬托环境氛围,表现这些细节需要精致的描绘(见图 4-16 ~ 图 4-18)。

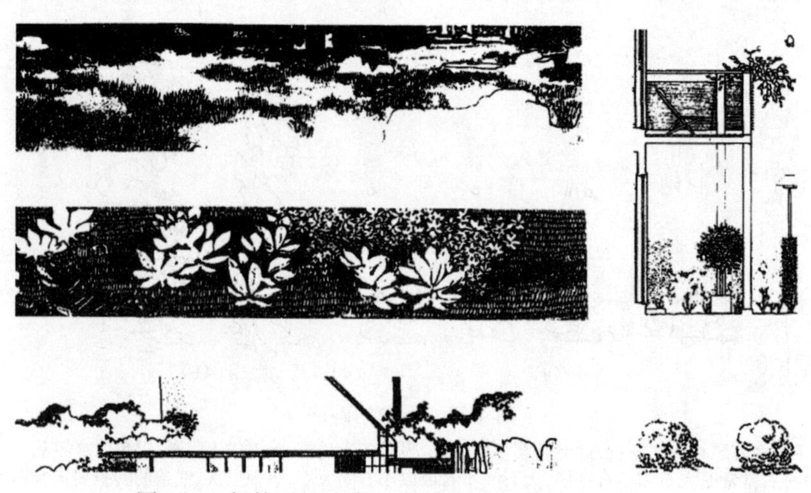

图 4-16　钢笔画基础练习(表现图中花草的表现)(一)

图 4-16　钢笔画基础练习(表现图中花草的表现)(二)

图 4-17　钢笔画基础练习(表现图中人物表现)(一)

图 4-17　钢笔画基础练习(表现图中人物表现)(二)

图 4-18　钢笔画基础练习(表现图中汽车的表现)(一)

图 4-18　钢笔画基础练习(表现图中汽车的表现)(二)

第四节　钢 笔 淡 彩

钢笔淡彩是钢笔画与水彩渲染、马克笔、彩色铅笔等色彩画结合的画法,广泛地应用于设计图以及设计表现图。由于水彩渲染透明性强又能进行细致深入的刻画,以水彩渲染和钢笔画结合的钢笔淡彩最为普遍。

钢笔画的表现力非常丰富,尤其是白描的画法,将各种形象的轮廓勾画得清清楚楚,因而使渲染在塑造形象方面变得比较简捷。运用水彩渲染时着重于表现色彩的关系及整个环境的气氛,既可以深入刻画,又可以一带而过。明暗画法的钢笔画更适合作为独立的画种,其大面积的明暗线条缺乏使用色彩的空间,如果着色只能浅淡地点缀。

园林、风景园林与城市规划专业的学生在绘画基础方面相对薄弱,而墨线造型方面却有一定的优势,用钢笔淡彩的方法完成表现图更为适宜。

一、钢笔淡彩表现图的特征

1)钢笔淡彩表现图不单纯是钢笔画加淡彩,钢笔画阶段即考虑着色的效果,给渲染留有余地。

2)突出画面的色调,着重整体气氛的表现。

3)为打破淡彩画的单调,应格外强调画面的层次感,使近景、中景、远景三大层次分明。一般的构图,主体形象作为中景的居多,中景色彩的对比变化丰富;近景概括而浓重,略有细节的处理;远景以虚为主,色彩浅淡。

4)钢笔淡彩无论怎样深入渲染色彩,都应保持钢笔线条清晰可见。

5)由于钢笔墨线大量出现在画面上,总体的色彩格调倾向于淡雅、简洁。

6)适量地运用"空白"的处理手法,如窗框、栏杆、远景树、树枝树干、人、汽车、飞鸟等。黑色的墨线、白色的间隙会对画面的色彩形成中性色的分割,能使画面协调,有装饰感。

二、学习钢笔淡彩表现图的 3 个阶段

(1)临摹

学习各种表现技法从临摹入手,通过临摹可以便捷地掌握这一画法。选择适合的范图,按照合理的步骤进行临摹,临摹时要尽量与原作相同,才能达到学习的目的。只有掌握这一画法,以后才有可能进一步创作与发挥。

(2)归纳创作

选择有绿地环境的小型建筑照片作为原形归纳成钢笔画,再进行设色创作,以此作为向设计创作的过渡。

(3)设计方案表现图

设计方案表现图安排在设计作业阶段,将自己创作设计的方案画成表现图。选取恰当的视角,画出正确的透视关系,完成独立创作。

三、临摹钢笔淡彩表现图的作画步骤

1)复印底稿。把临摹的范图按需要的尺寸复印成底稿。

2)过稿。底稿纸背涂铅笔,擦匀后复写到裱好的水彩纸上。在此之前一定要试验水彩纸的质量,即勾完墨线干燥后遇水不洇。图稿复写能看清即可。建筑的一些细节(如细栏杆、瓦缝、砖缝)最好直接用铅笔在水彩纸上起稿。因为复写过程很可能出现不均匀的误差,一经涂改,连同过稿的压痕会影响墨线的质量。

3)勾墨线。建筑形象运用尺规线。根据主次、远近选择不同粗细的线条。先勾主体的建筑部分,因为建筑形体复杂,有大量的尺规线,容易勾坏。如果环境全部勾完再勾建筑,一旦出现问题需要重画,损失太大。建筑从主要轮廓勾起,依次为其他轮廓和细部。

4)清洗图面。清洗图面必须在墨线干透的情况下进行。先用馒头渣抹去图面的浮铅粉,再将图面进行一遍水洗。水洗是指把图框的四周刷上清水,迅速弄湿整个图面后用自来水冲洗一遍,去掉线条的浮墨。

5)渲染天空。天空颜色较浅且面积较大,适合先画。如果上深下浅可将画板倒置。画天空时要注意取齐边框与其他各种白色的轮廓。

6)画大面积颜色。大面积颜色决定画面的总体关系,包括屋顶、墙面、地面、草地、水面等。

7)建筑局部。建筑是主体形象,深入阶段应从建筑开始。

8)配景。从近景画至远景。

9)第二次水洗。方法与第一次相同,在接近完成的阶段进行第二次水洗,去掉浮色的同时可以达到协调画面色彩的作用。

10)细节加工。

11)最后整体关系的调整。

四、归纳制作

作为归纳的素材不要用现成的各类建筑画的印刷品,包括电脑绘图,因为这类图面的构图、建筑形象处理、配景、布局等经过了作者创作加工。设计初步课程作业必须自己进行创作,对原状环境的照片进行加工处理。

(1)照片的选择

选择小型建筑,建筑造型最好是成角透视,外形有起伏变化、不宜平叙的正立面;建筑形象较为完整,尤其是入口部位不被遮挡;建筑的细部(如檐口、窗框、栅栏等)比较清楚;有一定的绿地环境空间。

(2)建筑钢笔画形象

入口部位应作为重点;檐口、墙面的转折部位应加以强调;竖线部分呈垂直的状态;确定一部分细节加以刻画;屋顶的叠瓦、墙面的砌砖可以适当地加以省略、间断。

建筑形象的墨线最好全部以尺规线完成。根据主要轮廓、次要轮廓、局部、细节的主次关系采用不同类型的线条。

(3)钢笔画配景

现状照片的配景往往不够理想,需要采用取舍、改变形状、位移、添加等方法,以便与主体建筑形成很好的陪衬与呼应关系。

建筑前面的树木不能挡住建筑的重要部位,可以改变形状或留出树叶间的空隙进行躲闪,或者移动位置。

建筑四周的树木不宜与建筑等高,应高于建筑或低于建筑才不显得呆板,树干不能与建筑的垂直轮廓线重合。

树木的造型可参考现成的钢笔画资料。注意树冠的造型、枝干与树叶的穿插、树叶疏密的勾勒方法等。

草地应分大的层次,在近处、路边、树下和分层次的部位画出草纹线,其他空白处靠色彩渲染补充。

水池在近岸处画少量波纹与倒影,倒影宜虚不宜实,断续地描绘。

近中景可适当地刻画少量的花草、路石、岸石等。

为使画面生动,还可以增加人、汽车、飞鸟等,把握好与建筑的尺度关系。

(4)构图

建筑入口面的朝向如同人像摄影脸部的朝向,前面应留出足够的空间,不能堵塞。安置主体建筑的位置不宜居图面正中,否则有呆头呆脑的感觉。确定朝向后必然形成重心向相反一侧偏移,有时表现天空多一些,建筑重心下移;有时表现草坪、水池多一些,重心上移。建筑重心偏移后,偏移的一侧也要有一定的空间,使整个图面舒展。

建筑的屋顶与背景的树木形成一个影像,影像的形状要有疏密、高低起伏。通往建筑入口应有道路,路的形状应间断遮挡,不宜笔直生硬。

归纳创作的钢笔画可以参考其他资料,但前提是以原状的照片为基础,不可改变得与原照片相差甚远。

(5)设色

色彩部分除了建筑的固有色外,其余可以任意发挥。应注意以下几方面

1)主调。其主要有冷调与暖调、对比色调与调和色调、偏蓝的冷调与偏绿的冷调等。主调可以表现春、夏、秋、冬不同的季节,具有很强的感染力。

2)层次。其主要有柔和过渡与跳动过渡、层段过渡与穿插过渡等。无论怎样过渡都必须表现出近、中、远的空间层次。

3)对比。对比是画面中不可缺少的环节,即使是调和的色调也必须有部分的对比手法的出现。运用对比手法表现主体形象与环境的对比,主体形象的主要部位与次要部位的对比,注意环境中要有点睛细节。

第五节　水墨渲染图

水墨渲染图是用水来调和墨,在图纸上逐层染色,通过墨的浓、淡、深、浅表现对象的形体、光影和质感。

一、工具和辅助工作

1. 纸和裱纸

渲染图应采用质地较韧、纸面纹理较细而又有一定吸水能力的图纸。热压制成的光滑细面的纸张不易着色,又容易破损纸面,因而不宜用作渲染。由于渲染需要在纸面上大面积地涂水,纸张遇湿膨胀,纸面会凹凸不平,所以渲染图纸必须裱糊在图板上方能绘制。

裱纸的方法和步骤如图4-19所示。

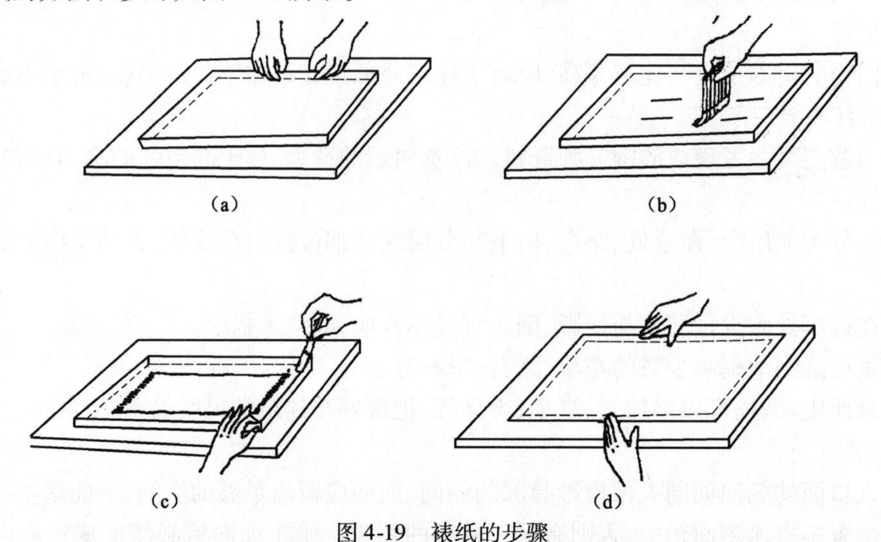

图4-19　裱纸的步骤

(a)沿纸面四周折边2cm,折向是图纸正面向上,注意勿使折线过重造成纸面破裂;
(b)使用干净的排笔或大号毛笔蘸清水在图面折纸内均匀涂抹,注意勿使纸面起毛受损;
(c)用湿毛巾平敷图面保持湿润,同时在折边四周薄而均匀地抹上一层浆糊;
(d)按图示序列双手同时固定和拉撑图纸,用力不可过猛,注意图纸与图板的相对位置

在图纸裱糊齐整后,用排笔继续轻抹折边内图面,使其保持一定时间的润湿,并吸掉可能产生的水洼中的存水,将图板平放阴干图纸。如果发生局部粘贴折边脱开,可用小刀蘸抹浆糊伸入裂口,重新粘牢;同时可用钢笔管沿贴边四周滚压。假如脱边部分太大,则必须揭下图纸重新裱糊。

2. 墨和滤器

水墨渲染宜用国产墨锭,最好是徽墨,一般的墨汁、墨膏因颗粒大或油分多均不适用。墨锭在砚内用净水磨浓,然后将砚垫高,将一段棉线或棉花用净水浸湿,一端伸向砚内,一端悬于小碟上方,利用毛细作用使墨汁过滤后滴入碟内。滤好的墨可储入小瓶内备用,但必须密闭置于阴凉处,而且存放时间不能过长,以免沉淀或干涸(见图4-20)。

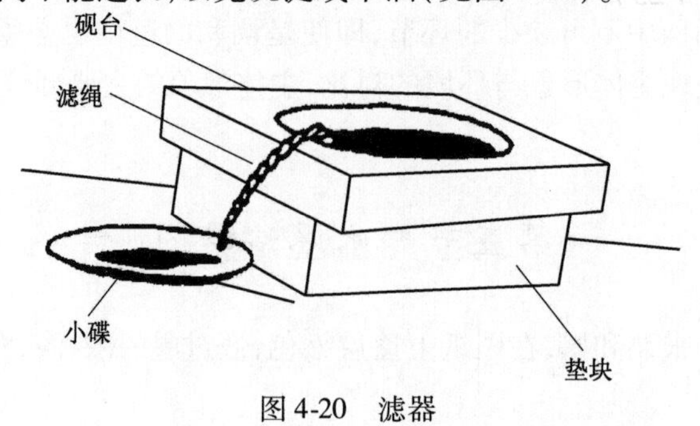

图4-20　滤器

3. 毛笔和海绵

渲染需配备毛笔数支。使用前应将笔化开、洗净，使用时要注意放置，不要弄伤笔毛，用后要洗净余墨，甩掉水分套入笔筒内保管（见图4-21）。切勿用开水烫笔，以防笔毛散落脱胶。此外，还要准备一块海绵，渲染时作必要的擦洗、修改之用。

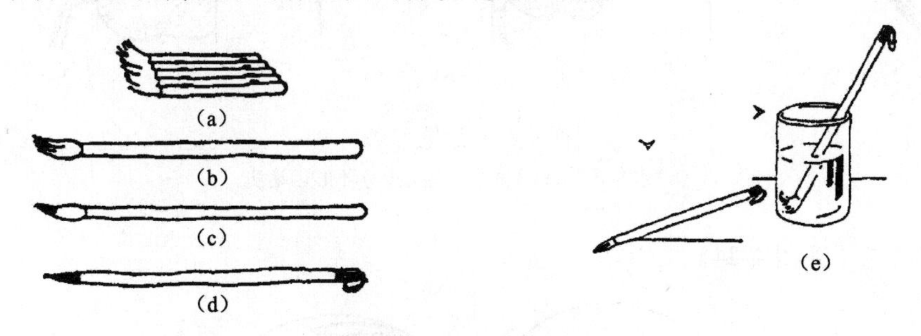

图4-21　毛笔

(a)排笔——平涂或作大面积渲染；(b)大号毛笔——大面渲染；
(c)中号毛笔——局部渲染；(d)狼毫——描绘细部；(e)笔毛使用时的放置

4. 图面保护和下板

渲染图往往不能一次连续完成。告一段落时，必须等图面晾干后用干净纸张蒙盖图面，避免沾落灰尘。

图面完成以后要等图纸完全干燥后才能下板，要用锋利的小刀沿着裱纸折纸以内的图边切割，为避免纸张骤然收缩扯坏图纸，应按切口顺序依次切割，最后取下图纸（见图4-22）。

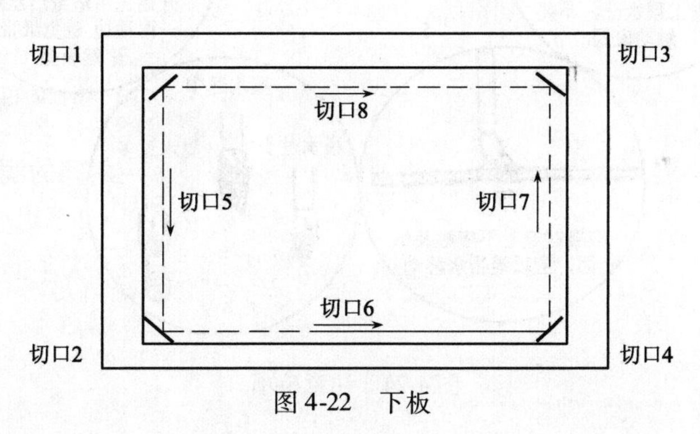

图4-22　下板

二、运笔和渲染方法

1. 运笔方法（见图4-23）

（1）水平运笔法

用大号笔作水平移动，适宜作大片渲染，如天空、地面、大块墙面等。

（2）垂直运笔法

垂直运笔法宜作小面积渲染，特别是垂直长条；上下运笔一次的距离不能过长，以避免上墨不均匀，同一排中运笔的长短要大体相等，防止过长的笔道使墨水下淌。

（3）环形运笔法

环形运笔法常用于退晕渲染，环形运笔时笔触能起搅拌作用，使后加的墨水与已涂上的墨水能不断地均匀调和，从而使图面有柔和的渐变效果。

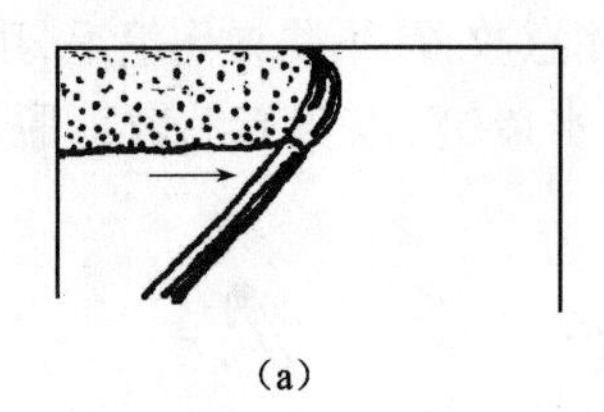
(a)

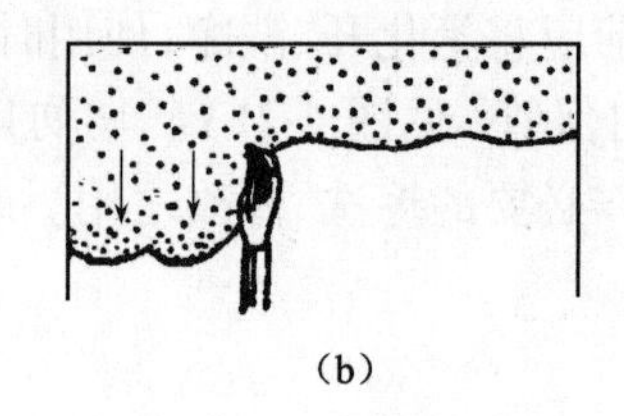
(b)

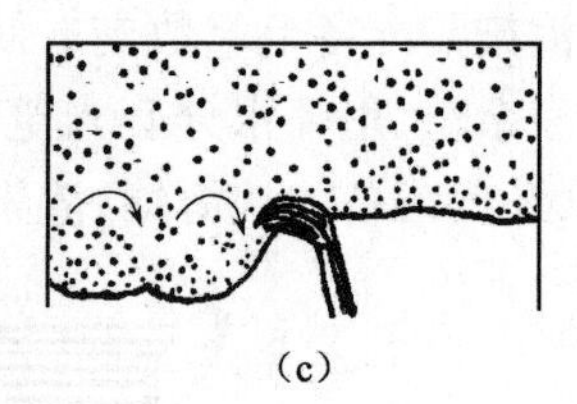
(c)

图 4-23　运笔方法

(a)水平运笔;(b)垂直运笔);(c)环形运笔法

2. 注意事项(见图 4-24)

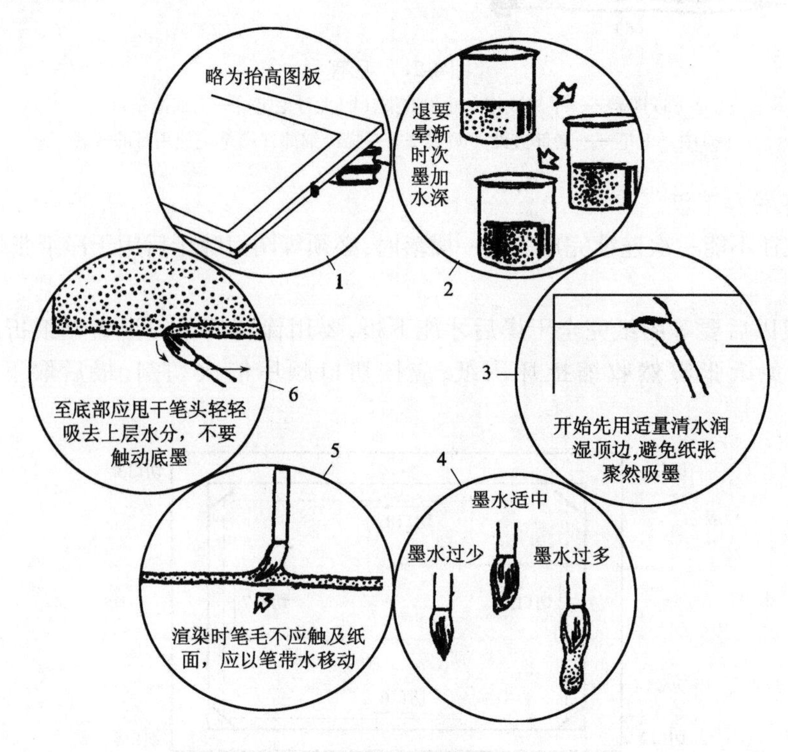

图 4-24　注意事项

3. 大面积渲染方法(见图 4-25)

(1)平涂法

平涂主要用于表现受光均匀的平面。

(2)退晕法

退晕法主要用于表现受光强度不均匀的面或曲面,如天空、地面、水面的远近变化以及屋顶、墙面的光影变化;其操作方法可由深到浅或由浅到深。

(3)叠加法

叠加法主要用于表现需细致、工整刻画的曲面(如圆柱)。事先应将画面按明暗光影分条,用同一浓淡的墨水平涂,分格逐层叠加。

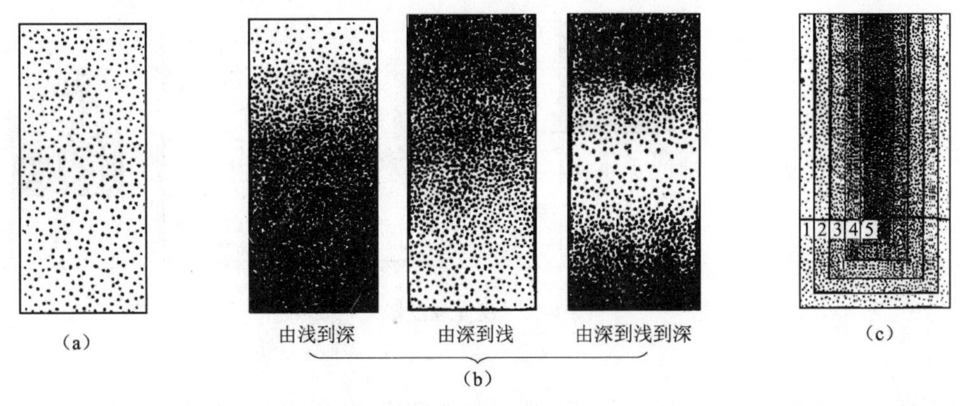

图 4-25　渲染方法

(a)平涂法;(b)退晕法;(c)叠加法

三、光影分析和光影变化的渲染

1. 面的相对明度

建筑物上各个方向的面,由于其承受左上方 45°光线的方向不同,而产生不同的明暗,它们之间的差别叫相对明度。深入渲染时,要把它们的差别表现出来(见图 4-26)。

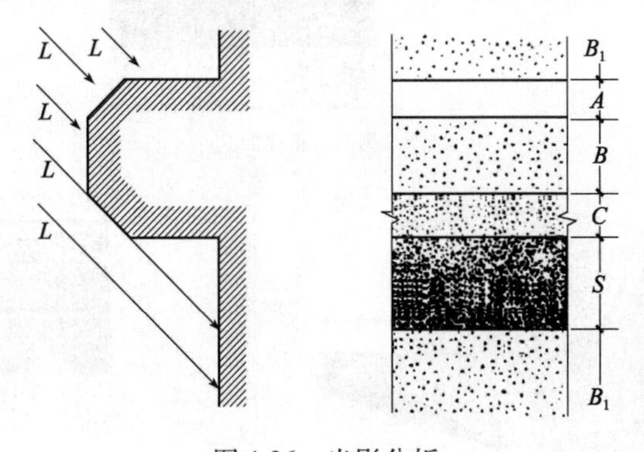

图 4-26　光影分析

面 A 受到最大的光线强度,它根据整个图面的要求或不渲染上色,或者略施淡墨。

面 B 和 B_1 是垂直墙面,是次亮部分,渲染时应留下 A 面部分,作墙体本色的明度;因为 B_1 面位置略远于 B 面,所以在相对明度上还有些差别,它可以渲染得比 B 略深些。

面 C 没有受到光线,可以把它看作是阴面而加深。

面 S 部分处在影内,是最暗的部分,渲染时应做得较深。因为反光的影响和 S 与 B 明暗刺激视觉的印象,所以 S 面越往下越深,可用由浅到深退晕法渲染。

2. 反光和反影

物体除受日光等直射光线外,还承受这种光线经由地面或物体邻近部位的反射光线,如图 4-27 中 L_1、L_2。反光使得光影变化更为丰富,台立面中受光面 B,其下部反光较强,因而有由上到下的退晕;影面 S 上部受 L_2 照射,也有由较深到深的退晕变化。

反光产生反影,如影面 S 中凸出部分 P,它受遮挡还承受 L 光,但地面反射来的 L 光使它在 S 面的影内又增加了反影。反影的形成方向与影相反,它的渲染往往在最后阶段,以取得画面画龙点睛的效果(见图 4-27)。

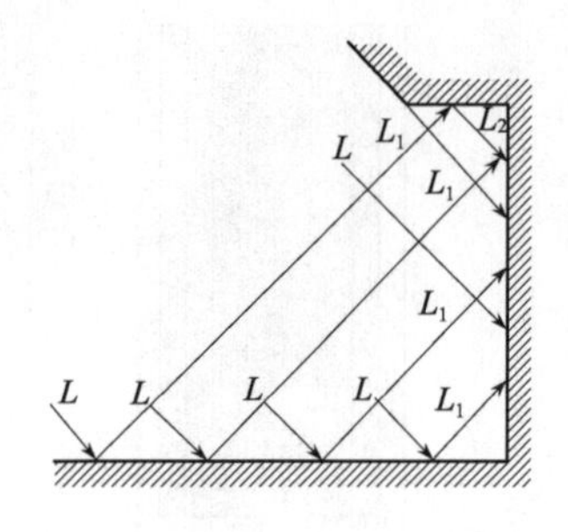

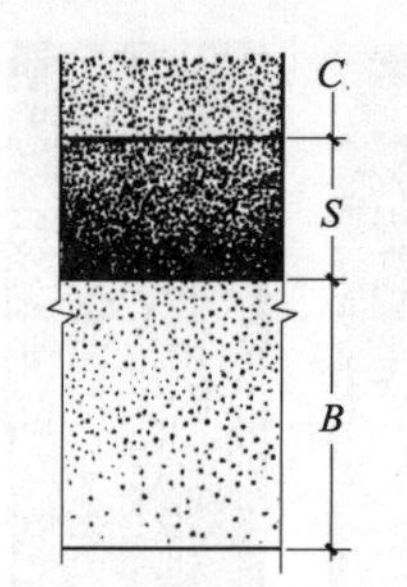

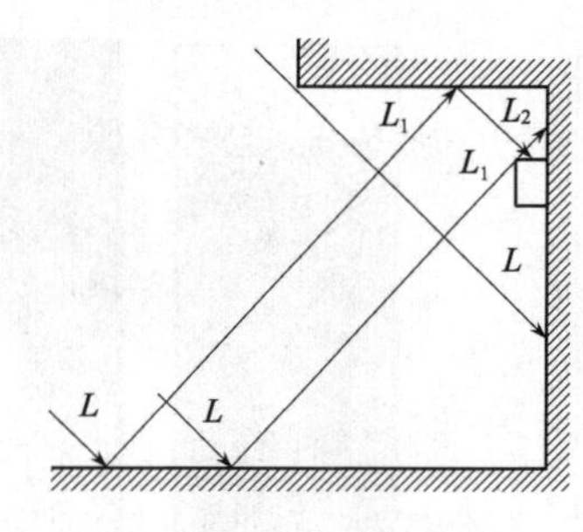

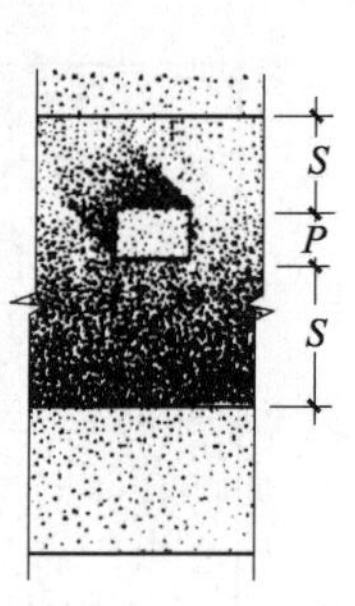

图 4-27　反光和反影

3. 高光和反高光

高光是指建筑物上各几何形体承受光线最强的部位,它在球体中表现为一块小的曲面,在圆柱体中是一窄条,在方体中是迎光的水平和垂直两个面的棱边(见图 4-28)。

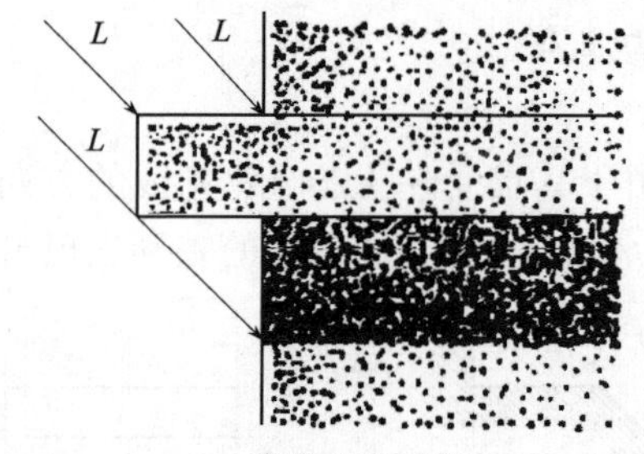

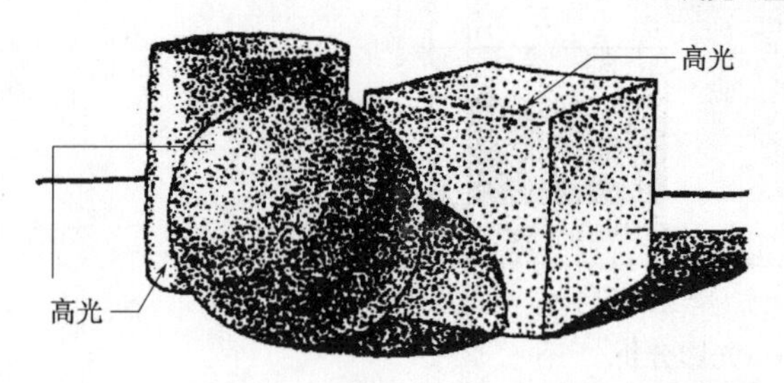

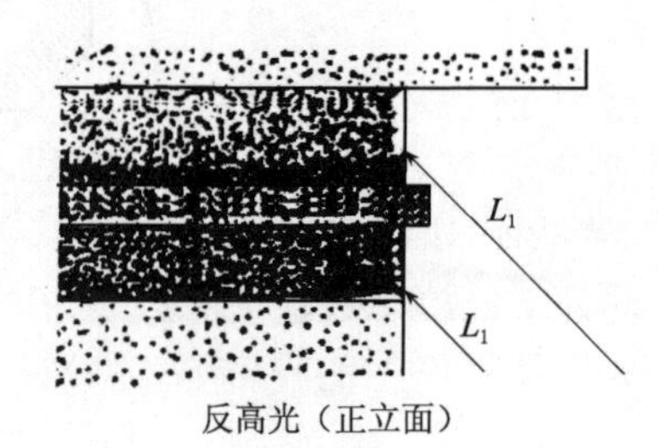

图 4-28　高光和反高光

正立面中的高光表示在凸起部分的左棱和上棱边,但处于影内的棱边无高光。反高光则在右棱和下棱边,但处于反影内也无反高光。

高光和反高光如同阴影一样,在绘制铅笔底稿时就要留出它的部位。渲染时。高光一般都不着色;反高光较高光要暗些,故在渲染阴影部分逐层进行一两遍后,也要留出其部位再继续渲染。

4. 圆柱体的光影分析和渲染要领

在平面图上等分半圆,由 45°直射光线可以分析各小段的相对明度,具体如下。

1)高光部分,渲染时留空。

2)最亮部位,渲染时着色 1 遍。

3)次亮部位,渲染时着色 2 ~3 遍。

4)中间色部位,渲染时着色 4 ~5 遍。

5)明暗交界线部位,渲染时着色 6 遍。

6)阴影和反光部位,阴影 5 遍,反光 1 ~3 遍。

如果分得越细，各部位的相对明度差别也就更加细微，柱子的光影转折也就更为柔和。采用叠加当，按图标明的序列在柱立面上分格逐层渲染。分格渲染时，它的边缘可用干净毛笔醮清水轻洗，使分格处有较为光滑的过渡（见图 4-29）。

5. 檐部半圆线脚的渲染

檐部半圆线脚相当于水平放置的 1/4 半圆柱体，可仿照柱体的光影分析和渲染方法进行。但应考虑到地面和其他线脚的反光，一般较圆柱体要稍微亮些（见图 4-30）。

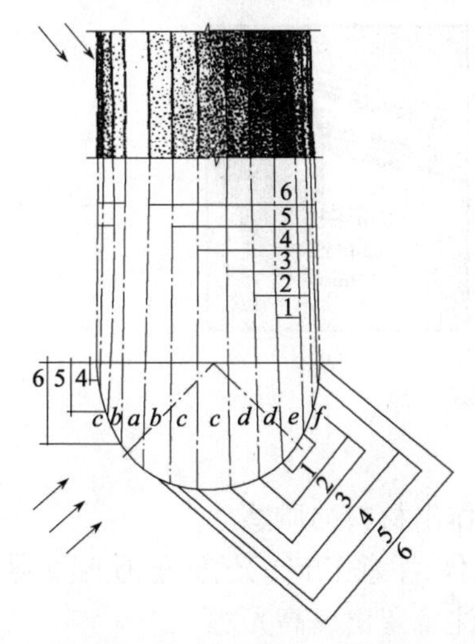

图 4-29　圆柱体光影分析

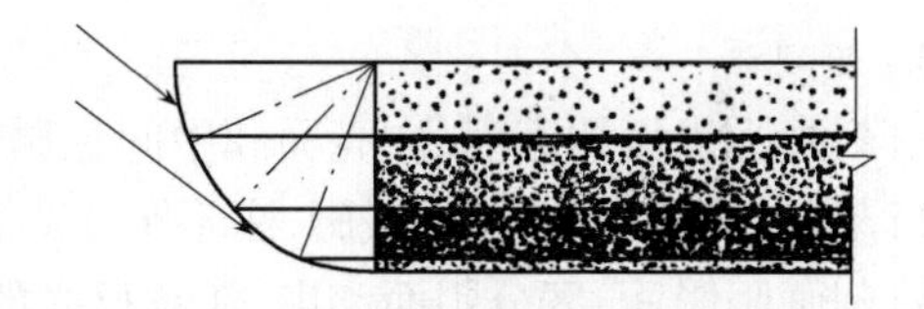

图 4-30　檐部半圆线脚的渲染

四、渲染步骤

在裱好的图纸上完成底稿后，先用清水将图面轻洗一遍，干后即可着手渲染。一般有分大面、做形体、细刻画、求统一等几个步骤。

为了使渲染过程中能对整个画面素描关系心中有底，也可以事先作一张小样，它主要是表现总体效果——色调、背景、主体、阴影，几大部分的光影明暗关系，而细部推敲则可从略。小样的大小视正式图而定，可以作成水墨的，也可以用铅笔或碳笔作成渲染效果。

下面分别概述各渲染步骤的要求，参见一个建筑局部的渲染过程及效果示意图（见图 4-31）。

1. 分大面

1）区分建筑实体和背景。

2）区分实体中前后距离较大的几个平面，注意留出高光。

3）区分受光面和阴影面。

这一步骤主要是区分空间层次，重在整体关系。由于还有以下几个步骤，所以不宜做到足够的深度。例如背景，即使要作深的天空，至多也只能渲染到六七分程度，待实体渲染得比较充分以后，再行加深，这是为了留有相互比较和调整的余地。

2. 做形体

在建筑实体上做各主要形体的光影变化，比较受光面和阴影面。无论是受光面还是阴影面，都不要做到足够深度，只求形体能粗略表现出来就可以了，特别是不能把亮面和次亮面做深。

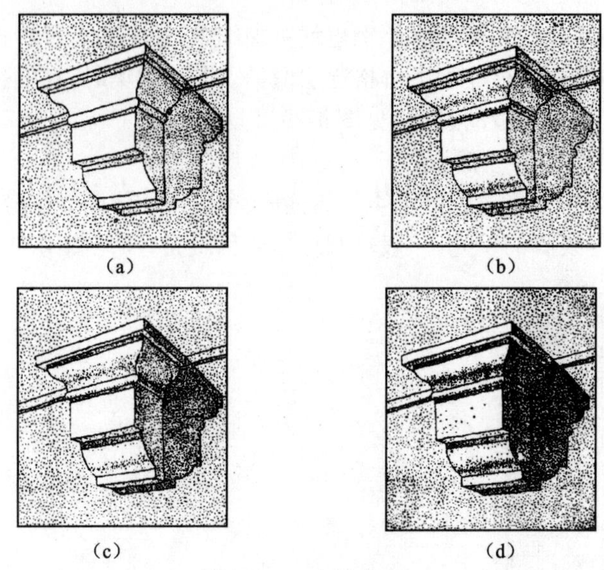

图 4-31　渲染步骤

3. 细刻画

1)刻画受光面的亮面、次亮面和中间色调并要求作出材料的质感。

2)刻画像圆柱、檐下弧形线脚、柱部分的圆盘等曲面体,注意作出高光、反光、明暗交界线。

3)刻画阴影面,区分阴面和影,注意反光的影响,注意留出反高光。

4. 求统一

由于各部分经过深入刻画,渲染的最后步骤要从画面整体上给明暗深浅以统一和协调。

1)统一建筑实体和背景,可能要加深背景。

2)统一各个阴影面。例如,处于受光面强烈处而又位置靠前的明暗对比要加强,反之则要减弱;靠近地面的由于地面反光阴影要适当减弱,反之则要加强等。

3)统一受光面,位于画面重点处要相对亮些,反之要暗一些。

4)突出画面重点,用略夸张的明暗对比,可能有用反影、模糊画面其他部分等方法来达到这一目的;它属于渲染的最后阶段,又称画龙点睛。

5)如果有树木山石、邻近建筑等衬景,也宜在最后阶段完成,以衬托建筑主体。

第六节　水彩渲染图

以均匀的运笔表现均匀的着色是水彩渲染的基本特征。无论是“平涂”还是“退晕”,所画出的色彩都均匀而无笔触,加上水彩颜料是透明色,使这种方法特别适合运用在设计图中。没有笔触、均匀而透明的色彩附着在墨线图上,各种精细准确的墨线依然清晰可见,墨线与色彩互相衬托,有相得益彰的效果。

水彩渲染可以反复叠加。叠加后的色彩显得沉着,有厚重感,能够表现复杂的色彩层次。在表现图中有时水彩渲染与水彩画结合,对所描绘的形象进行深入细致的刻画。作为“建筑画”的一种表现技法,水彩渲染有着独特的艺术魅力。

一、色彩的基本知识

色彩来源于光的照射。不同的物质对于日光光谱中的颜色反射和吸收不同,形成了各个物质所固有的颜色。

1. 颜色的色相

绘画用的颜料有各种颜色的差别，称为色相。红、黄、蓝称为原色。由两个原色调配而成的色称为间色，如红＋黄＝橙；黄＋蓝＝绿；红＋蓝＝紫。橙、绿、紫即为间色。间色彼此调配，如橙＋绿＝黄灰；绿＋紫＝蓝灰；紫＋橙＝红灰。黄灰、蓝灰、红灰称为复色，又称再间色。

组成间色的两种颜料比例可以不同，如红＋橙＝红橙，实际上相当于3/4的红颜料和1/4的黄颜料调配，所以红橙也叫间色。复色都含有不同比例的3种原色，如黄灰可以看成是1/2黄色、1/4蓝色和1/4红色的调配。因此，复色中所含原色成分更换不同的比例，可以得到很多种有细微差别的灰色。

按照光谱分析，黑色和白色本身不是色彩。白色是物质对光谱中色光的全部反射。黑色是全部吸收，所以它们又称极色。普通绘画颜料三原色混合起来，或者两种原色构成的间色与另一种原色混和起来，都可以调成黑色。但颜料调不出白色。这种在颜料中可以混和成黑色的某一间色和另一原色，就互称补色。例如，红色和绿色就互为补色关系。补色又称对比色。而间色与混合成它自己的两种原色，因为在色谱上相邻近，它们之间就互称调和色。

2. 颜色的色度

色度是指不同颜料涂抹后反映在视觉上的明暗程度。色彩的明暗度有两种，一是色彩本身的明亮程度，由明到暗差别很大，如黄、淡黄、深黄可有很多层次；二是色彩之间的比较所产生的明暗关系，如拿6种标准色来比较，由明到暗的次序为黄、橙、红、绿、蓝、紫。

3. 色彩的冷暖

不同色彩会引起人们不同的感觉。例如，红、橙、黄色往往使人联想到热血、火焰和阳光，因而有温暖的感觉；而蓝、紫往往使人联想到夜空、海水、阴影，因而有寒冷、凉爽的感觉。前者被称为暖色，后者被称为冷色。黑、白、灰、金、银、铬介于冷暖之间，就叫中间色。颜色的冷暖是相对的，如紫与橙并列，紫便倾向冷色；而紫与青并列，紫便倾向于暖色。

暖色还有向前突出的感觉，又被称为进色；而冷色有向后隐退的感觉，故又被称为退色。应用这个道理，在作画中表现空间距离时，近景用色较暖，而远景用色较冷。

二、水彩渲染的辅助工作

水彩渲染也必须裱纸，方法同水墨渲染。水彩渲染的用纸要经过选择，表面光滑不吸水或吸水性很强的纸都不宜采用。还应备有大中小号水彩画笔或普通毛笔以及调色碟、笔洗和储放清水的杯子。

1. 小样和底稿

水彩渲染一般都应作小样，以确定整个画面总的色调，各个部分的色相、冷暖、深浅、园林主体和衬景的总的关系。初学者往往心中无底，以致在正式图上改来改去，因此小样是必须先作的，有时还可作几个小样进行比较。

由于水彩颜料有一定的透明度，所以水彩渲染正式图的底稿必须清晰。作底稿的铅笔常用H、HB，过软的铅笔因石墨较多易污画面。过硬的铅笔又容易划裂纸面易造成开裂。渲染完成以后，可用较硬的铅笔沿主要轮廓线或某些分割（水泥块、地面分块等）再细心加一道线。这样，画面更显得清晰醒目。

2. 颜料

一般宜用水彩画颜料，它透明度高，照相色也可。渲染过程中要调配足够的颜料。用过的干结颜料因有颗粒而不能再用。此外,颜料的下述特性应当引起注意。

(1)沉淀

赭石、群青、土红、土黄等在渲染中易沉淀。作大面积渲染时要掌握好它们和水的多少、渲染的速度、运笔的轻重、颜料配水量的均匀,并不时轻轻搅动配好的颜料,以免造成着色后的沉淀不均匀和颗粒大小不一致。掌握颜料沉淀的特性,还能获得某些特殊效果,如利用它来表现材料的粗糙表面等。

(2)透明

柠檬黄、普蓝、西洋红等颜料透明度高,而易沉淀的颜料透明度低。在逐层叠加渲染时,宜先着透明色,后着不透明色;先着无沉淀色,后着有沉淀色;先浅色,后深色;先暖色,后冷色,以避免画面晦暗呆滞,或者后加的色彩冲掉原来的底色。

(3)调配

颜料的不同调配方式可以达到不同的效果。例如,红、蓝二色先后叠加上色和二者混合后上色的效果就不同。一般来说,调和色叠加上色,色彩易鲜艳;对比色叠加上色,色彩易灰暗。

(4)擦洗

颜料能被清水擦洗,也能利用擦洗达到特殊的效果,如洗出云彩,洗出倒影。一般用毛笔醮清水擦洗即可,但要避免擦伤纸面。

三、水彩渲染的方法步骤

水彩渲染的运笔方法基本上同水墨渲染,其主要步骤如下。

1. 定基调、铺底色

这一步骤主要是确定画面的总体色调和各个主要部分的底色。一般来说,为了取得主体物、天空、地面的整体统一,可先用某一颜料(如土黄色)将整个画面淡淡地平涂上一层,再区分主体物和天空不同色调和色度,拉开二者的距离。

2. 分层次、作体积

这一步骤主要是渲染光影,光影做得好,层次拉得开,体积才出得来。运用色彩的冷暖、强弱、清浊等对比来加强物体的主体关系和前后层次。亮部的色暖,暗部的色冷;前面的色彩鲜明纯净,远去的逐渐减弱稍灰暗些,从而拉开了远近景之间的距离。

阴影是表现画面层次和衬托体积、突出画面效果的重要因素。阴影的渲染一般采用上浅下深、上暖下冷的变化,这样做是为了反映地面的反光,同时也使阴影部分与受光部分的交界处明暗对比更为强烈,增加画面的光线感。如果被阴影所覆盖的是不同颜色或质地的材料,要特别注意它们之间的衔接以及彼此间的整体统一,因为它们都是在同一光线照射下的结果。一般可以先上一两遍偏暖或偏冷的浅灰色,然后再按各自的颜色进行渲染。

3. 细刻画、求统一

在上一步骤的基础上,本步骤对画面表现的空间层次、主体物体积、材料质感和光影变化作深入细致的描画。此时应注意掌握分寸,深浅适度,切不可因过分强调细部而失之于凌乱琐碎。同时对前面所完成的步骤,也应进行全面的调整,包括色彩的冷暖、光线的明暗、阴影的深浅等,以求得画面的统一。

4. 画衬景、托主体

衬景一般在最后画。主体物与周围环境应形成一个和谐的整体,而衬景的作用则是衬托主体。因此,衬景的渲染色彩要简洁,形象要简练,用笔不宜过碎,尽可能一遍完成。

以上主要是立面图水彩渲染的步骤，如果是透视效果图或鸟瞰图，大体也如此。不同的是在透视效果图或鸟瞰图的水彩渲染上要注意运用色度、冷暖、刻画的精细和粗略等手段把面的转折表现出来。

四、水彩渲染的基本技法

水彩渲染的基本技法分为平涂和退晕两种(见图4-32)。由于涂色过程是利用匀速沉淀法，浓重的颜色会出现不均匀的沉淀，所以表现重色必须反复叠加，一遍色完全干透再画另一遍。通过多次叠加达到预定的深度。

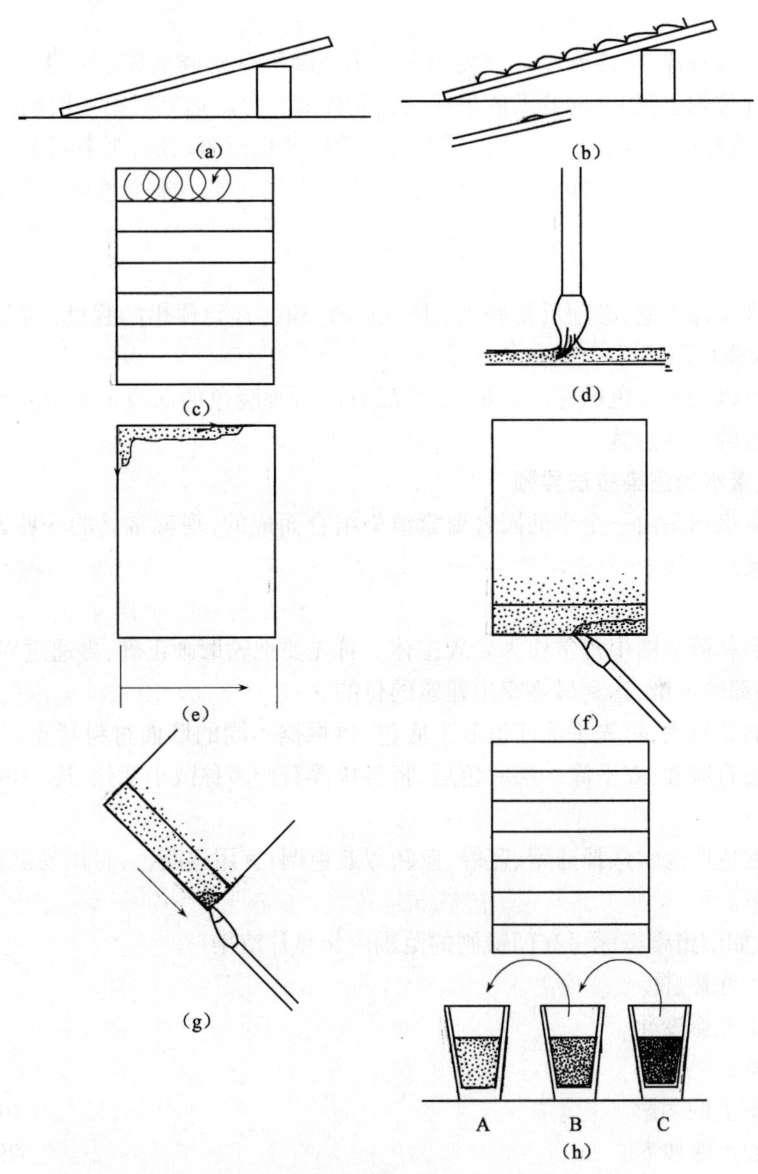

图4-32 水彩渲染平涂与退晕的方法

(a)将画板略微倾斜，着色时有自然垂落的感觉；(b)按等宽分层依次由上而下均匀渲染，每层的含量要饱满，使颜料形成沉淀的过程；(c)运笔时宜成螺旋状，使水与颜料得以搅拌均匀；(d)笔尖有悬浮感，减少与纸面的摩擦；(e)着色时先齐左上角与相关的边缘；(f)染到最底一层时，用笔尖吸收多余的水分；(g)最后将画板倒向一角，将多余的水分完全吸干，避免出现返水；(h)退晕时调出浅、中、深三档次的颜色，加入等量的深一档的颜色，依层递进完成从浅到深的过渡

1. 平涂

根据所画面积大小调出足量的颜色，盛在小玻璃杯容器中，玻璃杯透明，可观察颜色的状态。

依照运笔方法，整个图面一气呵成。画完最后一层时，最上层应仍处于潮湿状态。运笔过程中，只能前进不可后退，发现前面有毛病，则要等该遍全部画完干燥后，再进行洗图处理重新再画。

洗图的办法是先将色块四周用扁刷刷湿，再刷湿色块部分，避免先刷色块形成掉色沾在白纸上。然后再用海绵或毛笔擦洗，用力不可重，不要伤及纸面。洗图只是弥补小的毛病，出现较大的问题则只能重画。

2. 退晕

退晕可以从深到浅、从冷到暖。一般用 3 个小玻璃杯分别调出深、中、浅 3 种颜色。深浅退晕时将浅色部位朝上，如表现蓝天效果从浅蓝到深蓝。分层运笔时第一层画浅蓝，然后蘸一笔中蓝色，在浅蓝杯中搅合后画第二层，再蘸入一笔中蓝色画第三层，至中间部位的层次时，浅蓝色杯内已成中蓝色，重复这样的方法将深蓝色蘸入直到底层。整个色块干燥后会形成均匀的色彩过渡。

3. 叠加

如果要表现很深的蓝，必须反复叠加，干一遍画一遍，直到预想的程度。有时要画上 5 ~ 10 遍，每一遍画完可用吹风机吹干。

冷暖退晕可以先画冷色的深浅退晕，干后反方向再画暖色的深浅退晕，冷暖色叠加，叠加后形成从冷到暖的自然过渡。

五、园林要素水彩渲染技法要领

园林水彩渲染图是由一个个的园林要素渲染组合而成的，现就常见的一些园林要素分别介绍其渲染的技法要领。

1. 建筑物

建筑物在园林效果图中常常作为表现主体。首先要把轮廓画正确，再通过对建筑的墙面、门窗、屋顶等局部的渲染，达到最终突出建筑的目的。

墙面一般面积较大，可先平涂或退晕上底色，再根据不同的墙面材料特点，加以细部刻画处理。例如虎皮石墙面，在平涂一层底色后，将各块碎石作多种微小变化，逐一填色，再作出石块的棱影。

玻璃门窗的色调通常选择蓝紫、蓝绿、蓝灰等蓝色调，宜用透明色，忌用易沉淀的颜料。其渲染的步骤如下。

1）作底色，如门窗框较深可在门窗洞的范围内作整片渲染。

2）作玻璃上光影。

3）作玻璃上光影变化。

4）作门窗框。

5）作门窗框上的阴影。

渲染屋顶的步骤如下。

1）上底色，并根据总体色调和光影要求作出退晕，表现出坡度。

2）作瓦缝的水平阴影，如果有邻近建筑或树的影子落在瓦面上，则宜斜向运笔借以表现屋顶的坡度。

3）挑出少量瓦块作些变化。

2. 天空和云

画天空时可先画底色,可用刷子和大笔湿画,用笔要干净利落,不要反复涂改。用笔时最好以一种方向为主,中间穿插一些变化方向的用笔,使画面效果生动自然。近处的天空颜色较纯,明度较低,而远处的天空颜色较灰,明度偏高。

天空中的云在表现时注意透视关系,云越近就越大,云越远就越小、越低和越密。最后连成一片。云的色彩不必过分强调,重要的是明度关系。

3. 树

近树一般先画树干,要注意树枝的疏密关系。树枝画得要细,靠近树干的颜色要深,以表现出树冠的影子效果。树干越靠近地面越暖,以表现地面的反光关系。最后再用细笔画上树的纹理。画树冠时要根据树枝的结构和疏密关系来画,要有明暗和色彩的对比,各色的明度对比不宜过强。

远树主要是表现出轮廓外形,同时要考虑和背景的衔接,色彩基本上是灰蓝紫色。如背景是天空,可在天空未干时,趁湿画出远树形状,以使其和天空自然交接在一起。

4. 地面

地面一般采用成片涂法表现,远近用色略有变化,但相差不能太大。近景部分待干后对某些起伏不平处略加几笔,但不要画琐碎了。

草地可在近处第一次色未干时用小笔触画上一些小草。近处和阴影处颜色较深,远处颜色逐渐变浅。

5. 石块

独立的石块,用笔要与地面有区别,用色与地面既要有区别又要有联系,色彩要调和。画成堆的石块,要有整体感,又要有色彩变化,石块之间的空隙可以干后加工,有的也可趁湿加工。石块的用色要沉着厚重,防止过于漂亮,产生轻浮的感觉。

6. 水

水是反光体,一般是反映天和地面物体的颜色。水面渲染时注意表现出水面的透明感和光感,水面上要留出一些亮线。先按天空的颜色画出基本色调,在颜色未干时按建筑和树木等环境关系画出倒影来,水分要大些使之相互渗化,水面与地面相接处局部较重。

六、水彩渲染应注意的问题

1)纸面应洁净,没有油迹、折迹、擦迹。

2)裱纸时应有一定拉力,裱出的纸面平整,再着水不会皱起。尤其四边粘合要牢固,中途不会开裂。

3)毛笔要不易掉毛,不含杂墨、杂色,笔锋清楚,有弹性。

4)颜色含胶量适当,不用变质、僵硬的颜料。

5)调色要足量,避免中途因无色而停顿。

6)图板控制好倾斜角度,过平会导致走水不畅出现横纹,过于倾斜颜色很容易流落。

7)运笔要匀层、匀量、匀速。

8)所有边缘都应细心,不能画出界外。

9)收笔部分及时吸水,防止返水现象。

10)每画一遍从头到尾一气呵成,中途绝对不可返回修补。

11)一遍干透再画第二遍。

12）深色必须经反复渲染叠加来完成。

第七节　模型制作

园林景观模型以其独特的形式向人们展示了一个立体的视觉形象。在研讨和展示设计思想和整体效果方面，园林景观模型已成为目前园林规划设计中不可缺少的重要手段之一。

一、园林模型的定义及作用

园林模型是将园林中的山石、水体、植物、道路等用各种材料，按一定比例和一定设计制作技法表现出来的三维园林空间实体。

模型制作绝不是简单的仿型制作，它是材料、工艺、色彩、理念的组合。首先，它将设计人员图纸上的二维图像，通过创意、材料组合形成了具有三维的立体形态。其次，通过对材料手工与机械工艺加工，生成了具有转折、凹凸变化的表面形态。再次，通过对表层的物理与化学手段的处理，产生惟妙惟肖的艺术效果。所以，人们把模型制作称为造型艺术。

作为园林规划设计人员，在承担了一项园林设计的项目之后，通过收集资料、了解情况、进行构思并把构思设计的意图用园林规划设计的图纸（平面图）表现出来，有时也可以根据需要附以立面图、透视图、鸟瞰图等。由于设计人员在对环境、地形以及各景物的大小、比例、色彩、空间等问题，过去常常是只能凭基础图纸资料（如地形、水文、土壤、植被图）和实地观察，主观地去想象推测，因而规划设计的方案不免带有某些主观性和不合理性，单凭图纸并不能完全表达设计师的设计意图。

因此，如果能用模型的形式将设计的图纸变成一个可以看得见、摸得着的模型实体，那将会使设计更为充实、完善。同时，制作模型还有助于开阔思维，构思设计。当然，做模型不仅是一种表现技巧，而且也是识图、画图、构思能力的再现。在规划设计工作中，有意识地引进模型设计的方法，借助园林模型，酝酿、推敲和完善规划设计方案，并对某些园林建筑及小品进行单体多方案设计，从中筛选出较理想的设计方案。这种方法便于设计者了解环境及多种园林空间的相互关系，有助于开阔思路，深化设计。而且模型制作简单，直观性强，有较强的说服力和感染力，一旦出现问题，易于修改。因此，学习和运用模型制作，可以有效弥补和完善设计的缺陷，更好地设计出理想的方案。

二、园林模型的类别及特征

1. 园林模型的类别

（1）以设计内容区分

1）造型设计模型，是指单体或组合体的造型，像雕塑、环境景观中的各类小品，如水池、花坛、圆凳、路牌、路灯等。其种类繁多，使用材料也最为广泛。

2）建筑设计模型，园林建筑多是小型建筑，如公园大门与票房、展室、商店、码头、别墅等。

3）室内设计模型，是指各种建筑的室内空间分割、室内外空间的联系、室内外装修和陈设等。

4）城市、小区规划设计模型，规划设计模型的建筑为群体，着重于整体布局，与环境绿地结合为综合性的开阔景观。

5）公园、庭园景区设计模型，表现造园掇山理水的诸多手法。此类设计模型最生动、最美观。

6）古建筑实测模型，再现古建筑的精华，如亭、桥、舫、榭、牌楼、角楼等。

（2）以使用方式区分

1）基础训练模型，以线材、面材、块材塑造立体形象，组合空间关系。培养抽象思维的能力，建立形式美感的视觉观念。

2）方案构思模型，这类模型属于工作模型。形象概括简洁，侧重于方案的分析、比较，是理念的构思过程。该模型只表现主要的局部关系，更多的细节雕琢被省略。

3）方案实况模型，是设计图纸全部落实后的再现，造型准确、逼真。该模型刻画所有必要的细节，是设计平立剖图、表现图、模型三位一体介绍方案的重要组成部分。

4）展览、竞赛模型，这类模型更侧重于艺术表现。有的极其精致，有的极其概括，有的色彩通体单色，有的以照明渲染出神话般的境界，有的不拘于写实以象征、抽象、装饰的手法表现鲜明强烈的艺术风格。

（3）以加工材料区分

1）木材类模型，目前已有各种形状、各种型号的线材、板材、块材的模型木制品，可以粘合、咬合、榫卯，加工方法多样且成形美观。

2）塑料类模型，包括有机玻璃、各种苯板、泡沫塑料、吹塑制品、塑料薄膜、塑料胶带以及其他类别的复合制品。塑料类的材料色彩鲜艳而且丰富。

3）纸品类模型，有卡片纸、瓦楞纸、草板纸、玻璃纸、植绒纸、砂纸、电光纸、纸胶带、压缩纸板以及其他类别的复合纸。纸品类加工最为便利，成形的手段也最多。

4）金属类模型，金属类常用铝材、马口铁、铜线、铅丝等。金属材的加工略复杂，除一般工具外，需要部分机械加工设备。

5）综合类模型，上面所介绍的材质类别通常是一种材料为主，容易达到整体的统一和谐，实际运用中有时会适当地与其他材料结合。

2. 园林模型的特征

（1）造型设计模型

造型设计模型一般在通透、宽敞的空间展开，呈显露的空间关系。一是造型本身的塑造，二是造型与相处环境的高低落差变化。因为空间关系单纯，所占面积又不大，制作时比较简单。以设计平面图为蓝本，完成竖向造型。

（2）方案构思模型

方案构思模型在建筑设计构思的过程中广泛运用。建筑造型做“体块模型”；分析结构做“框架模型”；推敲空间做“面材穿插模型”；群体布局做“体块组合模型”。基于辅助构思的功能，统称为“工作模型”。工作模型是设计方案的立体草图，不要求过于精致，省略细节的刻画，因而可以快速地解决相关阶段的问题。

（3）建筑设计模型

建筑设计模型属于正式设计方案的再现，要求微缩的比例、尺寸非常正确，各种建筑局部与主要细节交代清楚，色彩、质感得到表现，模型的加工制作精巧，模型具有长期保留的价值。

建筑模型的环境处理较为灵活，写实的手法与建筑形象相协调，抽象、装饰的手法又可以形成对比。

（4）室内设计模型

室内设计模型通常采用屋顶或一个立面呈敞开状或可以打开的形式，以便清楚看到室内的内部状态。由于室内设计需要画很具体的室内立面图、天花板平面图，画不同视角的色彩表现图以及一定数量的大尺寸详图，因而模型侧重空间分隔、色彩、材质、固定设施等方面。在室内家具、室内陈设、装饰细节方面比较概括或省略。

室内空间环境是人们生活、工作的场所，应注意人体活动的尺寸范围。

(5)城市、小区规划设计模型

规划模型的场面大，有开阔的地域，通常采用运用沙盘模型表现。该模型往往采用照明的手法，变换照明来介绍规划的状况。

(6)公园、庭园景区模型

公园、庭园的设计要充分利用造园的手法，地形地貌复杂，景观丰富多样，从而模型的制作较为多样与复杂。这类模型重在抒情，表现优美的环境，往往以写意的手法，尺寸不特别严格，建筑类景点采用夸张、放大尺寸来表现，园路比较明显，有引导、游览的作用。公园的面积大，也用沙盘来表现。

三、园林模型的制作工具

1. 工具(见图 4-33)

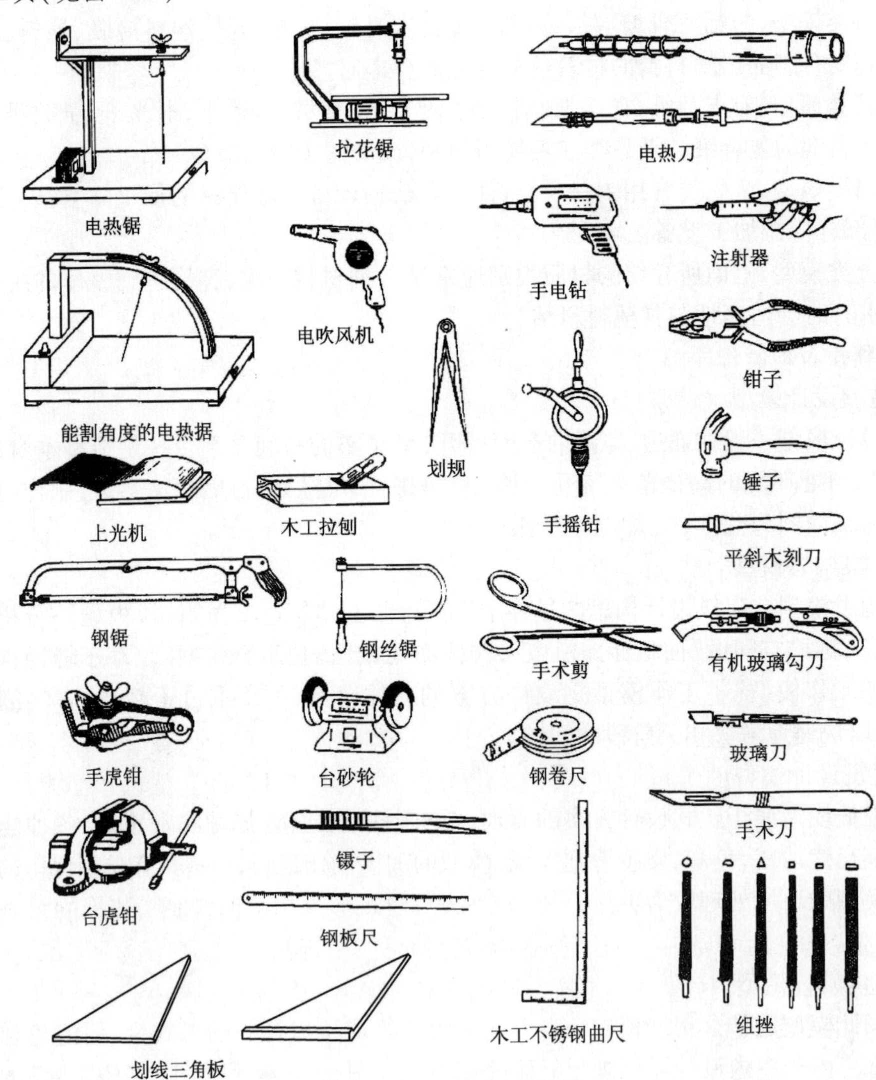

图 4-33 制作模型的工具

1）刀剪类包括多用刀、手术刀、玻璃刀、足刀、普通剪、手术剪。

2）锯类包括手柄锯、钢丝锯、拉花锯。

3）钳类包括老虎钳、台钳。

4）锉类包括木锉、钢锉。

5）钻类包括手摇钻、手电钻。

6）电器类包括电阻丝切割器、电热刀、电吹风、电烙铁、电熨斗、上光机。电阻丝切割器用来切割苯板等塑料制品；电热刀用来切割有机玻璃与切削苯板成形。

7）尺类包括卡尺、角尺、钢板尺。

8）其他包括手刨、锤、砂轮、钉书器、打孔器、一次性注射器等。

2. 粘合剂

粘合剂主要有氯仿、丙酮、乳胶、502 胶、4115 建筑胶、801 大力胶、两面贴、胶水等。氯仿、丙酮用来粘接有机玻璃与赛璐珞片。

3. 其他材料与代用品

其他可以使用的材料，如玻璃、赛璐珞片、陶瓷片、胶泥、碎石、砂土、卵石、盆景石、石膏、牙签、大头针、树枝、苇草等。

材料与代用品应不拘一格，只要适用，经过加工、整形、喷涂颜料，都可以作为很好的模型材料。

四、园林模型制作用的材料

材料是园林模型构成的一个重要因素，决定了园林模型的表面形态和立体形态。

1. 园林模型材料特点及分类

模型制作者在制作园林模型时，要根据园林设计方案和园林模型制作方案合理地选用模型材料。园林模型材料有多种分类法。有按材料产生的年代进行划分的，也有按材料的物理特性和化学特性进行划分的。由于各种材料在园林模型制作过程中所充任的角色不同，从园林模型制作角度上进行划分，把园林模型材料划分为主材和辅材两大类。

2. 园林模型主材类

主材是用于制作园林模型主体部分的材料，通常采用纸板、木材和塑料三大类。

（1）纸板类

纸板是园林模型制作最基本、最简便，也是被广泛采用的一种材料，无论是从品种，还是从工艺加工方面来看，都是一种较理想的园林模型制作材料。该材料可以通过剪裁、折叠改变原有的形态；通过褶皱产生各种不同的肌理；通过渲染改变其固有色，具有较强的可塑性。

目前，市场上流行的纸板种类很多。其厚度一般为 0.5 ~ 3mm。就色彩而言，多达数十种，同时由于纸的加工工艺不同，生产出的纸板肌理和质感也各不相同。模型制作者可以根据特定的条件要求来选择纸板。只需剪裁、粘贴后便可呈现其希望的效果。但选用这类材料时，应特别注意图案比例，否则将弄巧成拙。

纸板的优点是，适用范围广；品种、规格、色彩多样；易折叠、切割，加工方便；表现力强。

纸板的缺点是，材料物理特性较差，强度低，吸湿性强，受潮易变形；在园林模型制作过程中，粘接速度慢，成型后不易修整。

（2）泡沫聚苯乙烯板

泡沫聚苯乙烯板是一种用途相当广泛的材料，属于塑料材料的一种，由化工材料加热发泡制成,是制作园林模型常用的材料之一。该材料由于质地比较粗糙,因此一般只用于制作方案构成模型、研究性模型。

该材料的优点是造价低、材质轻、易加工。

该材料的缺点是质地粗糙,不易着色(该材料是化工原料制成,着色时不能选用带有稀料类涂料)。

(3)有机玻璃板、塑料板和 ABS 板

有机玻璃板、塑料板和 ABS 板一般称为硬质材料。它们都是由化工原料加工制成的,在园林模型制作中均属于高档次材料,主要用于展示类规划模型及单体模型制作。

1)有机玻璃板,用于园林模型的制作。常用厚度为 1 ~ 3mm,分为透明板和不透明板两类。透明板一般用于制作建筑物玻璃和采光部分,不透明板主要用于制作建筑物的主体部分。这种材料是一种比较理想的园林模型制作材料。其优点是质地细腻、挺括,可塑性强,通过热加工可以制作各种曲面、造型。其缺点是易老化 ,不易保存,制作工艺复杂。

2)塑料板,其适用范围、特性和有机玻璃板相同,造价比有机玻璃板低,板材强度不如有机玻璃板高,加工起来板材发涩,有时给制作带来不必要的麻烦。因此,模型制作者应慎重选用此种材料。

3)ABS 板,该材料为磁白色板材,厚度 0.5 ~ 5mm。是手工及电脑雕刻加工制作园林模型的主要材料。其优点是适用范围广,材质挺括、细腻,易加工,着色力、可塑性强。其缺点是材料塑性较大。

(4)木板材

木板材是园林模型制作的基本材料之一。目前,通常采用的是由泡桐木经过化学处理而制成的板材,又称航模板。这种板材质地细腻且经过化学处理,所以在制作过程中,无论是沿木材纹理切割,还是垂直于木材纹理切割,切口都不会劈裂。此外,可用于园林模型制作的木材还有椴木、云杉、杨木、朴木等,这些木材纹理平直,树节较少,而且质地较软,易于加工和造型。

另外,市场上还有一种较为流行的微薄木(俗称“木皮”),是由圆木旋切而成。其厚度仅 0.5mm 左右,具有多种木材纹理,可以用于园林模型外层处理。

木材的优点是材质细腻、挺括,纹理清晰,极富自然表现力,加工方便。

木材的缺点是吸湿性强,易变形。

3. 园林模型辅材类

辅材是用于制作园林模型主体以外部分的材料,主要用于制作园林模型主体的细部和环境。辅材的种类很多,尤其是近几年来涌现出的新材料,无论是从仿真程度,还是从实用价值来看,都是远远超越了传统材料。这种超越一方面使园林模型更具表现力,另一方面使园林模型制作更加系统化和专业化。下面介绍一些常用的辅材,以供制作时参考。

(1)金属材料

金属材料是园林模型制作中经常使用的一种辅材,包括钢、铜、铅等的板材、管材、线材三大类。该材料一般用于建筑物某一局部的加工制作,如建筑物墙面的线角、柱子、网架、楼梯扶手等。

(2)单面金属板

单面金属板是一种以多种色彩塑料板为基底,表层附有各种金属涂层的复合材料。该板材厚度为1.2～1.5mm,主要用于建筑物立面金属材料部分和大面积玻璃幕墙的制作。该板材表面的金属涂层有多种效果,仿真程度高,使用起来比纯金属材料简便。但是,由于该材料是板材,从而限制了它在园林模型制作中的使用范围。

(3)确玲珑

确玲珑是一种新型园林模型制作材料。它是以塑料类材料为基底,表层附有各种金属涂层的复合材料。该材料色彩种类繁多,厚度为0.5～0.7mm。该材料表面金属涂层有的已按不同的比例做好分格,基底部附有不干胶,可即用即贴,使用十分方便。另外,由于材料厚度较薄,制作弧面时,无须特殊处理,靠自身的弯曲度即可完成,是一种制作玻璃幕墙的理想材料。

(4)纸黏土

纸黏土是一种制作园林模型和配景环境的材料。该材料是由纸浆、纤维束、胶、水混合而成的白色泥状体。它可以用雕塑的手法,瞬间把建筑物塑造出来。此外,由于该材料具有可塑性强、便于修改、干燥后较轻等特点,模型制作者常用此材料来制作山地等地形。该材料缺点是收缩率大,因此,在使用该材料时应考虑此因素,避免在制作过程中产生尺度的误差。

(5)油泥

油泥俗称橡皮泥。该材料的特性和纸黏土相同,其不同之处在于油泥是油性泥状体,使用过程中不易干燥。此材料一般用于制作灌制石膏的模具。

(6)石膏

石膏是一种适用范围较广泛的材料。该材料是白色粉状,加水干燥后成为固体,质地较轻而硬。模型制作者常用此材料塑造各种物体的造型。同时还可以用模具灌制法进行同一物件的多次制作。在园林模型制作中,石膏还可以与其他材料混合使用,通过喷涂着色,具有与其他材质的同一效果。该材料的缺点是干燥时间较长,加工制作过程中物件易破损;同时,因受材质自身的限制,物体表面略显粗糙。

(7)即时贴

即时贴是应用非常广泛的一种装饰材料。该材料品种、规格、色彩十分丰富。主要用于制作道路、水面、绿化及建筑主体的细部。此材料价格低廉,剪裁方便,单面覆胶,是一种表现力较强的园林模型制作材料。

(8)植绒即时贴

植绒即时贴是一种表层为绒面的装饰材料。该材料色彩较少,在园林模型制作中主要选用绿色,一般用来制作大面积绿地。此材料单面覆胶,操作简便,价格适中。但是,从视觉效果而言,此材料在使用中有其局限性。

(9)仿真草皮

仿真草皮是用于制作园林模型绿地的一种专用材料。该材料质感好、颜色逼真、使用简便、仿真程度高。

(10)绿地粉

绿地粉主要用于山地绿化和树木的制作。该材料为粉末颗粒状,色彩种类较多,通过调合可以制作多种绿化效果,是目前制作绿化环境经常使用的一种基本材料。

(11)泡沫塑料

泡沫塑料主要用于绿化环境的制作。该材料是以塑料为原料,经过发泡工艺制成,具有不同的孔隙与膨松度。此种材料可塑性强，经过特殊的处理和加工，可以制成各种仿真程度极高的绿化环境用的树木。泡沫塑料是一种使用范围广、价格低廉的制作绿化环境的基本材料。

（12）型材

园林模型型材是将原材料初加工为具有各种造型、各种尺度的材料。现在市场上出售的园林模型型材种类较多，按其用途可分为基本型材和成品型材。

基本型材主要包括角棒、半圆棒、圆棒、屋瓦、墙纸，主要用于园林模型主体的制作。成品型材主要包括围栏、标志、汽车、路灯、人物等，主要用于园林模型配景的制作。

4. 模型粘接剂

粘接剂在园林模型制作中占有很重要的地位，必须对粘接剂的性状、适用范围、强度等特性有深刻的了解和认识，才能在园林模型制作中合理地使用各类粘接剂。

（1）纸类粘接剂

1）白乳胶，为白色黏稠液体。该胶粘接操作简便，干燥后无明显胶痕，粘接强度较大，干燥速度较慢，是粘接木材和各种纸板的粘接剂。

2）胶水，为水质透明液体。其适用于各类纸张粘接，其特点与白乳胶相同，粘接强度略低于白乳胶。

3）喷胶，为罐装无色透明胶体。该粘接剂适用范围广，粘接强度大，使用简便。在粘接时，只需轻轻按动喷嘴，罐内胶液即可均匀地喷到被粘接物表面。待数秒钟后，即可进行粘贴。该粘接剂特别适用较大面积的纸类粘接。

4）双面胶带，为带状粘接材料，胶体附着在带基上。胶带适用范围广，使用简便，粘接强度较高。其主要用于纸类平面的粘接。

（2）塑料类粘接剂

1）三氯甲烷（氯仿），为无色透明液状溶剂，易挥发，是粘接有机玻璃板、赛璐珞片、ABS板的最佳粘接剂。但此溶剂有毒，在使用时应注意室内通风，同时应注意避光保存。

2）502粘接剂，为无色透明液体，是一种瞬间强力粘接剂。它适用于多种塑料类材料的粘接。该粘接剂使用简便，干燥速度快，强度高，是一种理想的粘接剂。该粘接剂保存时应封好瓶口并放置于冰箱内保存，避免高温和氧化而影响胶液的粘接力。

3）4115建筑胶，为灰白色膏状体。它适用于多种材料粗糙粘接面的粘接，粘接强度高，干燥时间较长。

4）热熔胶，为乳白色棒状。该粘接剂是通过热熔枪加热，将胶棒溶解在粘接缝上，粘接速度快，无毒、无味，粘接强度较高，但本胶体的使用必须通过专用工具来完成。

五、建筑及构筑物模型制作技法

1. 聚苯乙烯模型制作基本技法

用聚苯乙烯材料制作建筑模型是一种简便易行的制作方法，主要用于构成模型、工作模型和方案模型的制作。其基本制作步骤分为画线、切割、粘接和组合。

（1）准备工作

1）材料准备，要根据被制作物的体量及加工制作中的损耗，准备一定量的材料毛坯。

2）制作工具准备，主要是选择一些画线和切割工具。此类材料一般采用刻写钢板的铁笔作为画线工具。切割工具则采用自制的电热切割器及推拉刀。

(2)体块切割工作

1)在进行体块切割工作时,为了保证切割面平整,除了要调整电压控制电热丝温度外,被切割物在切割时要保持匀速推进,中途不要停顿,否则将影响表面的平整。

2)在切割方形体块时,一般是先将材料毛坯切割出90°直角的两个标准平面,然后利用这两个标准平面,通过横纵位移进行各种方形体块的切割。在进行体块切割时,为了保证体块尺寸的准确度,画线与切割时,一定要把电热丝的热容量计算在内。

3)在切割异形体块时,要特别注意两手间的相互配合。一般来说,一只手用于定位,另一只手推进切割物体运行。这样才能保证被切割物切面光洁、线条流畅。

4)在切割较小体块时,可以利用推拉刀或刻刀来完成。用刀类切割小体块时,一定要注意刀片要与切割工作台面保持垂直,刀刃与被切割物平面成45°角,这样切割才能保证被切割面的平整光洁。

(3)粘接组合工作

在所有体块切割完毕后,便可以进行粘接、组装。在粘接时,常用乳胶做粘接剂。由于乳胶干燥较慢,在粘接过程中必须用大头针进行扦插,辅以定型。待通风干燥后进行适当修整,便可完成制作工作。

2. 纸板模拟制作基本技法

利用纸板制作建筑模型是最简便且较为理想的方法之一。纸板模型分为薄纸板和厚纸板两大类。

(1)薄纸板模型制作基本技法

用薄纸板制作建筑模型是一种较为简便快捷的制作方法。要根据模型类别和建筑主体的体量合理地进行选材,一般纸板厚度在0.5mm以下,主要用于工作模型和模型的制作。其基本技法可分为画线、剪裁、折叠和粘接等步骤。

1)画线。薄纸板模型画线是较为复杂的。画线时,一方面,要对建筑物体的平立面图进行严密的剖析,合理地按物体构成原理分解成若干个面;另一方面,为了简化粘接过程,还要将分解后的若干个面按折叠关系进行组合,并描绘在制作板材上。

2)剪裁。在制作薄纸板单体工作模型时,可将建筑设计的平立面直接裱于制作板材上。待充分干燥后,便可进行剪裁。剪裁时,可以直接按事先画好的切割线进行剪裁。在剪裁接口处时,要留有一定的粘接量。在剪裁裱有设计图纸的工作模型墙面时,建筑物立面一般不作开窗处理。

3)折叠和粘接。剪裁后可以按照建筑的构成关系,通过折叠进行粘接组合。折叠时,面与面的折角处要用手术刀将折线划裂,以便在折叠时保持折线的挺直。在粘接时,要根据具体情况选择和使用粘接剂。在做接缝、接口粘接时,应选用乳胶或胶水做粘接剂,使用时要注意粘接剂的用量,若胶液使用过多,将会影响接口和接缝的整洁。在进行大面积平面粘接时,应选用喷胶做粘接剂,它不会在粘接过程中引起粘接面的变形。

(2)厚纸板模型制作基本技法

用厚纸板制作园林模型是目前比较流行的一种制作方法。其主要用于展示类模型的制作。市场上出售的厚纸板有单面带色板,色彩种类较多,可以根据模型制作要求选择不同色彩及肌理的基本材料。其基本技法可分为画线、切割、粘接等步骤。

1)画线。材料选定后,便可依据图纸进行分解。把建筑物的平立面根据色彩的不同和制作形体的不同分解成若干个面,并把这些面分别画于不同的纸板上。画线时,一定要注意尺寸的准确性,尽量减少制作过程中的累计误差。画线时一般使用铁笔或硬铅笔(H、2H)轻画来绘制图形,保证割后刀口与面层的整洁。在具体绘制图形时,首先要在板材上找出一个直角边,然后利用这个直角边,通过位移来绘制需制作的各个面。这样绘制图形既准确快捷,又能保证组合时面与面、边与边的水平与垂直。

2)切割。画线工作完成后便可进行切割。切割时,一般在被切割物下边垫上切割垫,切割台面要保持平整,防止在切割时跑刀。切割顺序一般是由上至下,由左到右。沿这个顺序切割,不容易损坏已切割完的物件和已绘制完未被切割的图形。进行厚纸板切割是一项难度比较大的工序。由于被切割纸板厚度在1mm以上,很难一刀将纸板切透,所以一般要进行重复切割。重复切割时,一方面要注意入刀角度要一致,防止切口出现梯面或斜面。另一方面要注意切割力度,要由轻到重,逐步加力。如果力度掌握不好,切割过程中很容易跑刀。在切割立面开窗时,不要一个窗口一个窗口切,要按窗口横纵顺序依次完成切割。这样才能使立面的开窗效果整齐划一。

3)粘接。待整体切割完成后,即可进行粘接处理。在粘接厚纸板时,一般采用白乳胶作为粘接剂。在具体粘接过程中,一般先在接缝内口进行点粘,并利用吹风机烘烤,提高干燥速度。待胶液干燥后,检查一下接缝是否合乎要求,如达到制作要求即可在接缝处进行灌胶;如感觉接缝强度不够,要在不影响视觉效果的情况下进行内加固。在粘接组合过程中,由于建筑物是由若干个面组成的,即使切割再准确也存在着累计误差。所以操作中要随时调整建筑体量的制作尺寸,随时观察面与面、边与边、边与面的相互关系,确保模型造型与尺度。在粘接程序上应注意先制作建筑物的主体部分,其他部分如踏步、阳台、围栏、雨篷、廊柱等暂先不考虑,因为这些构件极易在制作过程中被碰损。

在全部制作程序完成后,还要对模型作最后的修整,即清除表层污物及胶痕,对破损的纸面添补色彩,根据图纸进行各方面的核定。

3. 木质模型制作基本技法

用木质材料(一般是指航模板)制作园林模型是一种独特的制作方法。一般是用材料自身所具有的纹理、质感来表现模型,主要用于古建筑和仿古园林模型制作。其基本制作技法可分为选材、材料拼接、画线、切割、打磨、粘接、组合等步骤。

(1)木质模型选材

1)木材纹理的规整性,选择纹理清晰、疏密一致、色彩相同、厚度规范的板材作为制作的基本材料。

2)木材强度,一般采用厚度是0.8~2.5mm的航模板。为防止产生劈裂,要选择木质密度大、强度高的板材作为制作的基本材料。

(2)材料拼接

在选材时,如果板材宽度不能满足制作尺寸,就要通过木板拼接来满足制作需要。木板材拼接一般是选择一些纹理相近、色彩一致的板材进行拼接,方法有以下几种。

1)对接法,是板材拼接常用的方法。它首先要将拼接木板的接口进行打磨处理,使其缝隙严密。然后,刷上乳胶进行对接。对接时略加力,将拼接板进行搓挤,使其接口内的夹胶溢出接缝。最后将其放置于通风处干燥。

2)搭接法,主要用于厚木板材的拼接。在拼接时,首先要把拼接板接口切成子母口。然后，在接口处刷上乳胶并进行挤压，将多余的胶液挤出，经认定接缝严密后，放置通风处干燥。

3）斜面拼接法，主要用于薄木板的拼接。拼接时，先用细木工刨将板材拼接口刨成斜面，斜面大小视其板材厚度而定。板材越薄，斜面则应越大。反之，板材越厚，斜面越小。接口刨好后，便可以刷胶、拼接。拼接后检查是否有错缝现象，若粘接无误，将其放置于通风处干燥。

（3）画线

画线采用的工具和方法可以参见厚纸板模型的画线工具和方法。同时，木材还可以利用设计图纸装裱来替代手工绘制图形。无论采用何种方法绘制图形都要考虑木板材纹理的搭配，确保模型制作的整体效果。

（4）板材的切割

较厚的板材一般选用锯进行切割；薄板材一般选用刀进行切割。刀具一般选用刀刃较薄且锋利的刀具，因为刀刃越薄、越锋利，切割时刀口处板材受挤压的力越小，从而减少板材的劈裂现象。

在木板材切割过程中，要掌握正确的切割方法。用刀具切割时，第一刀用力要适当，先把表层组织破坏，然后用逐渐加力，分多刀切断。这样切割，即使切口处有些不整齐，也只是下部有缺损，而决不会影响表层的效果。

（5）打磨

打磨是组合成型前的最重要的环节，一般用细砂纸来进行。具体操作时应注意以下 3 点：①顺其纹理进行打磨；②依次打磨，不要反复推拉；③打磨平整，表层有细微的毛绒感。

在打磨大面时，应将砂纸裹在一个方木块上进行打磨。这样打磨，接触面受力均匀，打磨效果一致。在打磨小面时，可将若干个小面背后贴好定位胶带，分别贴于工作台面，组成一个大面打磨。这样可避免因打磨方法不正确而引起的平面变形。

（6）组装粘接

在打磨完毕后，即可进行组装。在粘接组装过程中，采用的粘接形式可参照厚纸板模型的粘接形式，即面对面、面对边和边对边 3 种形式。在具体粘接组装时，还可以根据制作需要，在不影响其外观的情况下，使用木钉、螺钉共同进行组装。

4. 有机玻璃板及 ABS 板模型制作基本技法

有机玻璃板和 ABS 板同属于有机高分子合成塑料，是具有强度高、韧性好、可塑性强等特点的园林模型制作材料。这两种材料有较大的共同点，主要用于展示类园林模型的制作。该材料制作基本技法可分为选材、画线、切割、打磨、粘接和组合上色等步骤。

（1）选材

用来制作园林模型板材厚度的有机玻璃板一般为 1～5mm，ABS 板一般为 0.5～5mm。在挑选板材时，一定要观看规格和质量标准。另外，在选材时应特别注意板材表面的情况。板材在储运过程中，其表面很可能受到不同程度的损伤。模型制作人员往往认为板材加工后还要打磨、上色，有点损伤并无大问题。其实不然，若损伤较严重，即使打磨、喷色后损伤处仍明显留存于表面，对制作效果仍有影响。

在选材时，除了要考虑上述材料自身因素外，还要考虑后期制作工序。若无特殊技法表现时，一般选用白色板材进行制作。因为白色板材便于画线，也便于后期上色处理。

（2）画线放样

画线放样是指根据设计图纸和加工制作要求将建筑的平立面分解并移置在制作板材上。

在有机玻璃板和 ABS 板上画线放样有两种方法，一是利用图纸粘贴替代手工绘制图形的方法，具体操作可参见木质模型的画线方法；二是测量画线放样法，即按照设计图纸在板材上重新绘制制作图形。

画线工具一般选用圆珠笔和游标卡尺。用圆珠笔画线时，要先用酒精将板材上面的油污擦干净，用旧细砂纸轻微打磨一下，将表面的光洁度降低，增强画线时的流畅性。用游标卡尺画线时，同样先用酒精将板材上面的油污擦干净，但不用砂纸打磨即可画线。用游标卡尺画线可即量即画，方便、快捷、准确。画线时，游标卡尺用力要适度，只要在表层留下轻微划痕即可。待线段画完后，可用手沾些灰尘、铅粉或颜色，在划痕上轻轻揉搓，此时图形便清晰地显现出来。

(3)加工制作

在放样完毕后，便可分别对各个建筑立面进行加工制作。其加工制作的步骤一般是先用勾刀进行墙线部分的制作，其次进行开窗部分的制作，最后进行平立面的切割。

开窗部分的加工制作视材料而定。制作材料是 ABS 板且厚度在 0.5 ~ 1mm 时，一般用推拉刀或手术刀直接切割即可成型。制作材料是有机玻璃板或板材厚度在 1mm 以上的 ABS 板时，一般用曲线锯进行加工制作。如果使用 1mm 板材加工时，为保险起见，可以用透明胶纸或及时贴贴在加工板材背面，从而加大板材的韧性，防止切割破损。

待所有开窗等部位切割完毕后，还要用锉刀进行统一修整。修整后，便可以进行各面的最后切割，即把多余部分切掉，使之成为图纸所表现的墙面形状。此道工序除了用曲线锯来进行切割外，还可以用勾刀来进行切割。用勾刀进行切割时，一般按图样留线进行勾勒。因为勾刀勾勒后的切口是 V 形，勾下后的部件还需打磨方能使用，所以在切割时应留线勾勒，以确保打磨后部件尺寸的准确无误。

待切割程序全部完成后，要用酒精将各部件上的残留线清洗干净，若表面清洗后还有痕迹，可用砂纸打磨。

(4)粘接和组合

有机玻璃板和 ABS 板的粘接和组合是一道较复杂的工序，一般是按由下而上、由内向外的程序进行。对于粘接形式无需过多考虑，因为此类模型在成型后还要进行色彩处理。

在具体操作时，首先选择一块比建筑物基底大、表面平整而光滑的材料作为粘接的工作台面。一般选用 5mm 厚的玻璃板为宜。其次在被粘接物背后用深色纸或布进行遮挡，这样便可以增强与被粘接物的色彩对比，有利于观察。

在上述准备工作完毕，便可以开始进行粘接组合。在粘接有机玻璃板和 ABS 板时，一般选用 502 胶和三氯甲烷作粘接剂。在初次粘接时，不要一次将粘接剂灌入接缝中。应先采用点粘、进行定位。定位后要进行观察，看接缝是否严密、完好，被粘接面与其他构件间的关系是否准确。在认定接缝无误后，再用胶液灌入接缝，完成粘接。

当模型粘接成型后，还要对整体进行一次打磨。打磨重点是接缝处及建筑物檐口等部位，这里应该注意的是，此次打磨应在胶液充分干燥后进行。一般使用 502 胶进行粘接时，需干燥 1h 以上；用三氯甲烷进行粘接时，需干燥 2h 以上才能进行打磨。打磨一般分两遍进行，第一遍采用锉刀打磨；第二遍打磨用细砂纸进行，主要是将第一遍打磨后的锉痕打磨平整。

(5)检验

在检验时，一般是用手摸眼观。手摸是利用感觉检查打磨面是否平整光滑，眼观是利用视觉来检查打磨面。在眼观时，打磨面与视线应形成一定角度，避免反光对视觉的影响，从而准确地检查打磨面的光洁度。

在检验后，有些缝口若有负偏差时，则需须进一步加工。进一步加工的方法如下。

1）选择与材料相同的粉末，堆积于需要修补处，然后用三氯甲烷将粉末溶解，并用刻刀轻微挤压，挤压后放置于通风处干燥。干燥时间越长越好，待胶液完全挥发后再进行打磨。

2）用石膏粉或浓稠的白广告色加白色自喷漆进行搅拌，使之成为糊状。然后用刻刀在需要修补处进行填补。填补时应注意该填充物干燥后有较大的收缩，所以要分多次填补才能达到理想效果。

（6）上色

有机玻璃板、ABS板的上色都是用涂料来完成。目前，市场上出售的涂料品种有调和漆、磁漆、喷漆和自喷漆等。使用磁漆来进行表层上色时，其操作方法和自喷漆基本相同，但喷漆设备较为复杂，不适合小规模的模型制作，所以这里不做详述。

1）上色时，首选自喷漆类涂料。这种上色剂具有覆盖力强，操作简便，干燥速度快，色彩感觉好等优点。具体操作步骤是，先将被喷物体用酒精擦拭干净，并选择好颜色合适的自喷漆。然后将自喷漆罐上下摇动约20s，待罐内漆混合均匀后即可使用。喷漆时要注意被喷物与喷漆罐的角度在30°～50°，喷色距离在300mm左右为宜。应采取少量多次喷漆的原则，每次喷漆间隔时间一般在2～4min，雨季或气温较低时应适当地延长间隔时间。大面积喷漆时，每次喷漆的顺序应交叉进行，即第一遍由上至下，第二遍由左至右，第三遍再由上至下，依次转换，直至达到理想效果。在喷漆时，被喷面一定要水平放置，以防漆层过厚而出现流挂现象。如果需要亚光效果时，在喷漆过程中要加大喷漆距离和加快喷漆速度，使喷漆在空中形成雾状并均匀地散落在被喷面表层，这样重复数遍后漆面便形成颗粒状且无光泽的表层效果。

2）调和漆具有宜调和、覆盖力强等特点，是一种用途广泛的上色剂。在使用调和漆进行园林模型上色时，一般选用一些细孔泡沫沾上少量经过稀释的油漆，在被处理面上进行缀色。缀色时要注意是由被处理面中心向外呈放射状依次进行上色，不要急于求成，要反复数次。每次缀色时必须等上一遍漆完全干燥后，才可进行。这种缀色法若操作得当，其效果基本上与自喷漆的效果一致。上色过程中特别要注意以下几点：①必须在无尘且通风良好的环境中进行操作和干燥；②细孔泡沫应该经常更新，以确保着色的均匀度不受影响；③在进行调和漆的调色时，要注意醇酸类和硝基类的调和漆不能混合使用，作为稀释用的稀料同样也不能混合使用；④使用两种以上色彩进行调配的油漆，待下次使用前一定要将表层的干燥漆皮去除并搅拌均匀后才能继续使用。

六、园林模型制作特殊技法

在园林模型制作中，有很多构件属异型构件，如球面、弧面等。这些构件的制作，靠平面的组合是不能完成的，只能靠一些简易的、特殊的制作方法来完成。概括起来有以下3种。

1. 替代制作法

替代制作法是指利用已成型的物件经过改造完成另一种构件的制作，是园林模型制作中完成异形构件制作最简捷的方法。“已成型的物件”主要是指身边存在的，具有各种形态的物品，乃至被认为的废弃物。这些物品只要形和体量与所要加工制作的构件相近，即可拿来进行加工整理，完成所需要构件的加工制作。

2. 模具制作法

模具的制作有多种方法,这里介绍一种简易方法:先用纸黏土或油泥堆塑一个构件原型。堆塑时要注意表层的光洁度与形体的准确性。待原型堆塑完成并干燥后,在其外层刷上隔离剂后即可用石膏来浇注阴模,在阴模浇注成型后,要小心地将模具内的构件原型清除掉。最后用板刷和水清除模具内的残留物并放置通风处进行干燥。

在模具制作完成后,便可进行构件的浇注。一般常用的浇注材料有石膏、石蜡、玻璃钢等。其中,容易掌握且最常用的是石膏。制作方法是先将石膏粉放入容器中加水进行搅拌。一般水应略多于石膏粉,搅拌成均匀的乳状膏体时,便可以进行浇注。

浇注前,应先在模具内刷上隔离剂。浇注后,不要急于脱模,要等膏体固化再进行脱模。脱模后便可得到所需制作的构件。

3. 热加工制作法

热加工制作法是利用材料的物理特性,通过加热、定型产生物体形态的加工制作方法,适用于有机玻璃板和塑料类材料并具有特定要求构件的加工制作。

热加工制作法进行构件制作时,首先也要进行模具的制作。但是热加工制作法的模具制作没有定式,应根据不同构件的造型特点和工艺要求进行加工制作。

在进行热加工制作时,首先要将模具进行清理。要把各种细小的异物清理干净,防止压制成型后影响构件表面的光洁度。同时,还要对被加工的材料进行擦拭。擦拭后便可以进行板材的加热。在加热过程中,要特别注意板材受热要均匀,加热温度要适中。当板材加热到最佳状态时,要迅速地将板材放入模具内,并进行挤压及冷却定型。待充分冷却定型后,便可进行脱模。脱模后稍加修整,便可完成构件的加工制作。

七、园林模型底盘、地形、道路的制作

1. 园林模型的底盘制作

底盘是园林模型的一部分。底盘的大小、材质、风格直接影响园林模型的最终效果。园林模型的底盘尺寸一般根据园林模型制作范围、模型标题的摆放和内容、模型类型和建筑主体量等因素确定。

制作底盘的材质应根据制作模型的大小和最终用途而定。通常选用制作底盘的材质是轻型板、三合板、多层板等。作为学生作业或工作模型可以选用物美价廉且易加工的轻型板和三合板。作为报审展示的园林模型的底盘就要选用一些材质好、有一定强度的多层板或有机玻璃板。

多层板是由多层薄板加胶压制而成,具有较好的强度。所以,一般较小的底盘就可以直接按其尺寸切割,而后镶上边框即可使用。如果盘面尺寸较大,就要在板后用白松木方进行加固。目前,边框的制作方法有很多种。比较流行的是用珠光灰有机玻璃板制作边框和用木边外包 ABS 板制作边框两种方法。

2. 园林模型的地形制作

园林模型的地形是继模型底盘完成后的又一道重要的制作工序。园林模型的地形处理,要求模型制作者要有高度的概括力和表现力。

园林模型的地形从形式上一般分为平地和山地两种。平地地形没有高差变化,一般制作起来较为容易;而山地地形则由于受山势、高低等众多无规律变化的影响而给具体制作带来很多的麻烦。因此,一定要根据图纸及具体情况先策划出一个具体的制作方案。在策划制作具

体方案时,一般要考虑以下几个方面。

(1)表现形式

山地地形的表现形式有两种,即具象表现形式和抽象表现形式。

在制作山地地形时,表现形式一般是根据建筑主体的形式和表现对象等因素来确定。一般用于展示的模型其主体较多地采用具象表现形式,并且它所涉及的展示对象是社会各阶层人士,所以制作这类模型的山地地形较多采用具象形式来表现,这样可使地形与建筑主体的表现形式融为一体。

用抽象的手法来表示山地地形,不仅要求制作者要有较高的概括力和艺术造型能力,而且还要求观赏者具有一定的鉴赏力和园林专业知识。只有这样才能准确地传递建筑语言,领略其模型的形式美。所以在制作山地地形时,一般对于制作经验不多的制作者来说不应轻易采用抽象手法来表现山地地形。

(2)材料选择

选材是制作山地地形时一个不可忽视的因素,要根据地形和高差的大小而定。山地地形是通过材料堆积而形成的,比例、高差越大,材料消耗越大;反之,比例、高差越小,材料消耗越小。若材料选择不当,一方面会造成不必要的浪费,另一方面会给后期制作带来诸多不便因素。所以在制作山地地形时,一定要根据地形的比例和高差合理地选择制作材料。

(3)制作精度

制作山地地形时,其精度应根据建筑物主体的制作精度和模型的用途而定。

工作模型是用来研究方案,并非作为展示而用,所以只要山地起伏及高度表示准确就可以,无须作过多的修饰。

展示模型除了要把山地的起伏及高程准确地表现出来外,还要在展示时给人们一种形式美。在制作展示模型的山地地形时,一定要掌握它的制作精度。应该指出,制作山地地形并非越细腻越好,而是应该结合建筑主体风格、体量及制作精度考虑。山地地形在整个模型中属于次要方面,在掌握制作精度时切不可喧宾夺主。

另外,制作山地地形还应结合绿化来考虑。有时刻意雕琢的山地地形,通过绿化后,裸露的地形已寥寥无几了,所以把绿化因素考虑进去会免去很多无谓的劳动。

(4)制作方法

根据模型制作比例和图纸标注的等高线高差,选择厚度适中的聚苯乙烯板、纤维板等轻型材料。然后,将需要制作的山地等高线描绘于板材上并进行切割。切割后,便可按图纸进行拼粘。若采用抽象的手法来表现山地,待胶液干燥后,稍加修整即可成型。如采用具象的手法来表现山地,待胶液干燥后,再用纸粘土进行堆积。堆积时要特别注意山地的原有形态,切不可堆积成“馒头”状。表现手法要有变化,堆积后原有的等高线要依稀可见。

3. 园林模型的道路制作

(1)1∶1 000~1∶2 000 园林模型道路制作方法

1∶1 000~1∶2 000 的园林模型一般来说是指规划类园林模型,主要由建筑物路网和绿化构成。在制作此类模型时,路网的表现要求既简单又明了。颜色一般选用灰色。对于主路、辅路和人行道的区分,要统一放在灰色调中考虑,用其色彩的明度变化来划分路的分类。

在选用珠光灰或灰色有机玻璃板作底盘时,可以利用底盘本身的色彩做主路,用浅于主路的灰色表示人行道。辅路色彩一般随主路色彩变化而变化。主路、辅路和人行道的高度差,在规划模型中可忽略不计。

简单易行的制作方法是用灰色及时贴来表示路网。先用复写纸把图纸描绘在模型底盘上,然后将表现人行道的灰色及时贴裁成若干条,宽度宽于要表现的人行道宽度。待准备工作完毕后,就可按照图纸的实际要求进行粘贴。

粘贴时,一般先不考虑路的转弯半径,而是以直路铺设为主,转弯处暂时处理成直角。待全部粘贴完毕后,再按其图纸的具体要求进行弯道的处理。

(2)1∶300 以上的园林模型道路的制作方法

1∶300 以上的园林模型主要是指展示类单体或群体建筑的模型。在此模型中,由于表现深度和比例尺的变化,在道路的制作方法上与前者不同。在制作此类模型时,除了要明确示意道路外,制作时还要把道路的高差反映出来。

此类道路可用 0.3 ~0.5mm 的 PVC 板或 ABS 板作为制作道路的基本材料。其具体方法是,首先按照图纸将道路形状描绘在制作板上,然后用剪刀或刻刀将道路准确地剪裁下来,并用酒精清除道路上的画痕。同时用选定好的自喷漆进行喷色。喷色后即可进行粘贴。粘胶时可选用喷胶、三氯甲烷或 502 胶作为粘接剂。在具体操作时应特别注意粘接面胶液要涂抹均匀,粘贴时道路要平整,边缘无翘起现象。如道路是拼接的,特别要注意接口处的粘接。粘接完毕后,还可视其模型的比例及制作的深度,考虑是否进行路牙的镶嵌等细部处理。

八、园林模型绿化制作

在园林模型中,除建筑主体、道路、铺装外,大部分面积属于绿化范畴。绿化形式多种多样,包括树木、绿篱、草坪、花坛等。表现形式也不尽相同。就其绿化的总体而言,既要形成一种统一的风格,又不要破坏与建筑主体间的关系。

用于园林模型绿化的材料品种很多,常用的有植绒纸、及时贴、大孔泡沫、绿地粉等。此外,市场上还有各种成型的绿化材料。同时,生活中的很多物品,甚至是废弃物通过加工也可以成为模型的材料。

1. 平地绿化模型制作

(1)颜色选择

绿地在整个盘面所占的比重是相当大的。在选择绿地颜色时,要注意选择深绿、土绿或橄榄绿较为适宜。选择深色调的色彩显得较为稳重,而且还可以加强与建筑主体、绿化细部间的对比。选择浅色调时,应充分考虑与建筑主体的关系。同时,还要通过其他绿化配景来调整色彩的稳定性,否则将会造成整体色彩的漂浮感。

在选择绿地色彩时,还可视建筑主体的色彩,采用邻近色的手法来处理。如建筑主体是黄色调时,可选用黄褐色来处理大面积绿地,同时配以橘黄或朱红色的其他绿化配景。采用这种方法处理,一方面可使主体和环境更加和谐,另一方面还可塑造一种特定的时空效果。

(2)制作方法

绿地虽然占盘面的比重较大,但在色彩及材料选定后,制作方法也较为简便。

首先,按图纸的形状将若干块绿地剪裁好。如果选用植绒纸做绿地时,一定要注意材料的方向性。因为植绒纸方向不同,在阳光的照射下,会呈现出深浅不同的效果。

待全部绿地剪裁好后,便可按其具体部位进行粘贴。在选用及时贴类材料进行粘贴时,一般先将一角的覆背纸揭下进行定位,并由上而下地进行粘贴。贴时一定要把气泡挤压出去。

如不能将气泡完全挤压出去,也不要将整块绿地揭下来重贴,因为用力不当会造成绿地变形。遇气泡挤压不尽时,可用大头针在气泡处刺上小孔进行排气,这样便可以使粘贴面保持平整。

在选用仿真草皮或纸类作绿地进行粘贴时,要注意粘合剂的选择。如果往木质或纸类的底盘粘贴时,可选用白乳胶或喷胶。如果是往有机玻璃板底盘粘贴,则选用喷胶或双面胶带。在用白乳胶进行粘贴时,一定要注意胶液稀释后再用。在选用喷胶粘贴时,一定要选用77号以上的高黏度喷胶,切不可选用77号以下低黏度喷胶。

此外,较流行的是用喷漆的方法来处理大面积绿地,此种方法操作较为复杂。首先,要选择合适的喷漆。一般选择的是自喷漆,因为其操作简便。其次,要按绿地的具体形状,用遮挡膜对不作喷漆的部分进行遮挡。在选择遮挡膜时,要注意选择弱胶类,以防喷漆后揭膜时破坏其他部分的漆面。

另一种是先用厚度为0.5mm以下的PVC板或ABS板,按其绿地的形状进行剪裁,然后再进行喷漆,待全部喷完干燥后进行粘贴。此种方法适宜大比例模型绿地的制作,因为这种制作方法可以造成绿地与路面的高度差,从而更形象、逼真地反映环境效果。

2. 山地绿化模型制作

山地绿化与平地绿化的制作方法不同。平地绿化是运用绿化材料一次剪贴完成的,而山地绿化则是通过多层制作而形成的。

山地绿化的基本材料常用自喷漆、绿地粉、胶液等。其具体制作方法是,先将堆砌的山地造型进行修整,修整后用废纸将底盘上不需要做绿化的部分进行遮挡并清除粉末。然后,用绿色自喷漆做底层喷色处理。喷色时要注意均匀度。待第一遍漆喷完后,及时对造型部分的明显裂痕和不足进行再次修整。修整后再进行喷漆。待喷漆完全覆盖基础材料后,将底盘放置于通风处进行干燥。底漆完全干燥后,便可进行表层制作。

表层制作的方法是,先将胶液用板刷均匀涂抹在喷漆层上,然后将调制好的绿地粉均匀地撒在上面。在铺撒绿地粉时,可以根据山的高低及朝向做些色彩的变化。在绿地粉铺撒完后,可进行轻轻地挤压。然后将其放置一边干燥。干燥后将多余的粉末清除,对缺陷再稍加修整,即可完成山地绿化。

3. 树木模型制作

树木是绿化的一个重要组成部分。制作园林模型的树木有一个基本的原则,即似是非是。就其制作树的材料而言,一般选用的是泡沫、毛线、纸张等。

(1)用泡沫塑料制作树的方法

制作树木用的泡沫塑料一般分为两种,一种是常见的细孔泡沫塑料,俗称海绵,其密度较大、孔隙较小,制作树木局限性较大;另一种是大孔泡沫塑料,其密度较小、孔隙较大,是制作树木的一种较好材料。

制作树木的表现方法一般可分为抽象和具象两种。

1)树木抽象的表现方法,一般是指通过高度概括和比例尺的变化而形成的一种表现形式。在制作小比例尺的树木时,常把树木的形状概括为球状与锥状,从而区分阔叶与针叶的树种。在制作阔叶球状树时,常选大孔泡沫塑料。大孔泡沫塑料孔隙大,膨松感强,表现效果强于细孔泡沫塑料。在具体制作中,首先将泡沫塑料按其树冠的直径剪成若干个小方块,然后修其棱角,使其成为球状体,再通过着色就可以形成一棵棵树木。有时为了强调树的高度感,还可以在树球下加上树干。在制作针叶锥状树时,常选用细孔泡沫塑料。细孔泡沫塑料孔隙小,其质感接近于针叶树的感觉。另外,这种树木通常与树球混用,所以采用不同质感的材料,还可以丰富树木的层次感。在制作时,一般先把泡沫塑料进行着色处理,颜色要重于树球颜色,然后用剪刀剪成锥状体即可使用。

2)树木的具象表现方法。具象实际上是指树木随模型比例的变化和建筑主体深度的变化而变化的一种表现形式。在制作1∶300以上大比例的模型树木时,绝不能以简单的球体或锥体来表现树木,而是应该随着比例尺以及模型深度的改变而改变。在制作具象的阔叶树时,一般要将树干、枝、叶等部分表现出来。在制作时,先将树干部分制作出来。制作方法是,将多股电线的外皮剥掉,将其裸铜线拧紧,并按照树木的高度截成若干节,再把上部枝叉部位劈开,树干就制完了。然后将所有的树干部分统一进行着色。树冠部分的制作,一般选用细孔泡沫塑料。在制作时先进行着色处理,染料一般采用广告色或水粉色。着色时可将泡沫塑料染成深浅不一的色块。干燥后进行粉碎,粉碎颗粒可大可小。然后将粉末放置在容器中,将事先做好的树干上部涂上胶液,再将涂有胶液的树干部分在泡沫塑料粉末中搅拌,待涂胶部分粘满粉末后,将其放置于一旁干燥。胶液完全干燥后,可将上面沾有的浮粉末吹掉,并用剪子修整树形,整形后便可完成此种树木的制作。在制作此类树木时,应该注意在制作枝干部分时,切忌千篇一律;同时在涂胶液时,枝干部分的胶液要涂得饱满些,在沾粉末后,使树冠显得比较丰满。在制作针叶树木时,可选用毛线与铁丝作为基本材料。先将毛线剪成若干段,长度略大于树冠的直径。然后再用数根细铁丝拧合在一起作为树干。在制作树冠部分时,可将预先剪好的毛线夹在中间继续拧合。当树冠部分达到高度要求时,用剪刀将铁丝剪断,然后再将缠在铁丝上的毛线劈开,用剪刀修成树形即成。

此外,用泡沫塑料也可以制作此类树木。具体制作方法和步骤与制作阔叶树木一样,不同的是树冠直径较大,可先用泡沫塑料做成一个锥状体的内芯,然后再用胶液贴上一定厚度粉末,这样制作比较容易掌握树的形状。

(2)用干花制作树的方法

干花是天然植物经脱水和化学处理后形成的一种植物花,其形状各异,虽然在品种、色彩上有其局限性,但只要表现手法得当,便能收到事半功倍的效果。在用具象的形式表现树木时,使用干花作为基本材料制作树木是一种非常简便且效果较佳的方法。

在选用干花制作时,首先要根据园林模型的风格、形式,选取干花作为基本材料。然后用细铁丝进行捆扎,捆扎时应特别注意树的造型,尤其是枝叶的疏密要适中。捆扎后,再人为地进行修剪。如果树的色彩过于单调,可用自喷漆喷色。喷色时应注意喷漆的距离,保持喷漆呈点状散落在树的枝叶上。这样处理能丰富树的色彩,视觉效果非常好。

(3)树篱的模型制作

树篱是由多棵树木排列组成,通过剪修而成型的一种绿化形式。

在表现这种绿化形式时,如果模型的比例尺较小,可直接用渲染过的泡沫按其形状进行剪贴即可;如果模型比例尺较大,在制作中就要考虑它的制作深度与造型和色彩等。

在具体制作时,需要先制作一个骨架,其长度与宽度略小于树篱的实际尺寸。然后将渲染过的细孔泡沫塑料粉碎。粉碎时,颗粒的大小应随模型尺度而变化。待粉碎加工完毕后,将事先制好的骨架上涂满胶液,用粉末进行堆积。堆积时要特别注意它的体量感。

4. 树池花坛模型制作

树池和花坛也是环境绿化中的组成部分。虽然其面积不大,但处理得当能起到画龙点睛的作用。

制作树池和花坛的基本材料一般选用绿地粉或大孔泡沫塑料。

在选用绿地粉制作时,先将树池或花坛底部用白乳液或胶水涂抹,然后撒上绿地粉。撒完后,用手轻轻按压。按压后,再将多余部分处理掉。这样便完成了树池和花坛的制作。应该强调指出的是,选用绿地粉色彩时,应以绿色为主,加少量的红黄粉末,从而使色彩感觉上更贴近实际效果。

在选用大孔泡沫塑料制作时,先将染好的泡沫塑料块撕碎,然后粘胶进行堆积,即可形成树池或花坛。在色彩表现时,一般有以下两种表现形式:①由多种色彩无规律地堆积而形成;②自然退晕,即用黄逐渐变换成绿或由黄到红等逐渐过渡而形成的一种退晕表现方法。另外,在处理外边界线方法时,与用绿地粉处理截然不同。用大孔泡沫塑料进行堆积时,外边界线要自然地处理成参差不齐的感觉,这样处理的效果更自然、别致。

九、其他配景模型制作

1. 水面

水面是各类园林模型环境中经常出现的配景之一,其表现方式和方法应随其园林模型的比例及风格变化而变化。

(1)制作园林模型比例尺较小的水面

在制作园林模型比例尺较小的水面时,可将水面与路面的高差忽略不计,直接用蓝色及时贴按其形状进行剪裁。剪裁后,按其所在部位粘贴即可。

另外,还可以利用遮挡着色法进行处理。其做法是,先将遮挡膜贴于水面位置,然后进行漏刻。刻好后,用蓝色自喷漆进行喷色。待漆干燥后,将遮挡膜揭掉即可。

(2)制作园林模型比例尺较大的水面

在制作园林模型比例尺较大的水面时,首先要考虑如何将水面与路面的高差表现出来。一般通常采用的方法是,先将底盘上水面部分进行镂空处理,然后将透明有机玻璃板或带有纹理的透明塑料板按设计高差贴于镂空处,并用蓝色自喷漆在透明板下面喷上色彩即可。用这种方法表现水面,一方面,可以将水面与路面的高差表示出来;另一方面,透明板在阳光照射和底层蓝色漆面的反衬下,其仿真效果非常好。

2. 汽车

汽车是园林模型环境中不可缺少的点缀物。汽车在整个园林模型中有两种表示功能,一是示意性功能,即在停车处摆放若干汽车,则可明确告诉对象,此处是停车场;二是表示比例关系,人们往往通过此类参照物来了解建筑的体量和周边关系。另外,在主干道及建筑物周围摆放些汽车,可以增强其环境效果。但汽车色彩的选配及摆放的位置、数量一定要合理,否则将适得其反。

目前,汽车的制作方法及材料有很多种,较为简单的有以下两种。

(1)翻模制作法

首先,模型制作者可以将所需制作的汽车,按其比例和车型各制作出一个标准样品。然后可用硅胶或铅将样品翻制出模具,再用石膏或石蜡进行大批量灌制。待灌制、脱模后,统一喷漆,即可使用。

(2)手工制作法

利用手工制作汽车,首先是材料的选择。如果制作小比例的模型车辆时,可用彩色橡皮,按其形状直接进行切割。如果在制作大比例汽车时,最好选用有机玻璃板进行制作。具体制作时,先要将车体按其体面进行概括。以轿车为例,可以将其概括为车身、车篷两大部分。汽车在缩微后,车身基本是长方形,车篷则是梯形。然后根据制作的比例用有机玻璃板或ABS板按其形状加工成条状,并用三氯甲烷将车的两大部分进行贴接。干燥后,按车身的宽度用锯条切开并用锉刀修其棱角,最后进行喷漆即成。若模型制作仿真程度要求较高时,可以在此基础上进行精加工或采用市场上出售的成品汽车。

3. 路灯

在大比例尺模型中,有时在道路边或广场中制作一些路灯作为配景。在制作此类配景物时,应特别注意尺度。此外,在设计人员没有选形的前提下,还应注意路灯的形式与建筑物风格及周围环境的关系。

在制作小比例尺路灯时,最简单的制作方法是,将大头针带圆头的上半部用钳子折弯,然后在针尖部套上一小段塑料导线的外皮,以表示灯杆的基座部分。这样,一个简单的路灯便制作完成了。

在制作较大比例尺的路灯时,可以用人造项链珠和各种不同的小饰品配以其他材料,通过不同的组合方式,制作出各种形式的路灯。

4. 公共设施及标志

公共设施及标志是随着模型比例的变化而产生的一类配景,一般包括路标、围栏、建筑物标志等。

(1)路牌

路牌是一种示意性标志物,由两部分组成。一部分是路牌架,另一部分是示意图形。在制作这类配景物时,首先要按比例以及造型,将路牌架制作好,然后进行统一喷漆。待漆喷好后,就可以将各种示意图形贴在牌架上,并将这些牌架摆放在盘面相应的位置上。在选择示意图形时,一定要用规范的图形,若比例尺不合适,可用复印机将图形缩至合适比例。

(2)围栏

围栏的造型多种多样。由于比例尺及手工制作等因素的制约,很难将其准确地表现出来。因此,在制作围栏时,应加以概括。

制作小比例的围栏时,最简单的方法是先将计算机内的围栏图像打印出来,必要时也可用手绘。然后将图像按比例用复印机复印到透明胶片上,并按其高度和形状裁下,粘在相应的位置上,即可制作成围栏。

还有一种是利用划痕法制作。首先,将围栏的图形用勾刀或铁笔在1mm的透明有机板上作划痕,然后用选定的广告色进行涂染,并擦去多余的颜色,即可制作成围栏。此种围栏的制作方法在某种意义上说,与上述介绍的表现形式差不多,但后者就其效果来看,有明显的凹凸感,且不受颜色的制约。

在制作大比例尺的围栏时,上述的两种方法则显得较为简单。为了使围栏表现得更形象与逼真,可以用金属线材通过焊接来制作围栏。其制作的方法是,先选取比例合适的金属线材,一般用细铁丝或漆包线均可。然后,将线材拉直,并用细砂纸将外层的氧化物或绝缘漆打磨掉,按其尺寸将线材分成若干段,待下料完毕后,便可进行焊接。焊接时,一般采用锡焊,电烙铁选用瓦数较小的。在具体操作时,先将围栏架焊好,然后再将栅条一根根焊上去即可。用锡焊接时,焊口处要涂上焊锡膏,这样能使接点平润、光滑。在焊接栅条时,要特别注意排列整齐。焊接完毕,先用稀料清洗围栏上的焊锡膏,再用砂纸或锉刀修理各焊点,最后进行喷漆。这样便可制作出一组组精细别致的围栏。

还可以利用上述方法来制作扶手、铁路等各种模型配景。

此外,在模型制作中,若要求仿真程度较高时,也不排除使用一些围栏成品部件。

5. 建筑小品

建筑小品包括的范围很广,如建筑雕塑、浮雕、假山等。这类配景物在整体园林模型中所占的比例相当小,但就其效果而言,往往起到了画龙点睛的作用。一般来说,多数模型制作者在表现这类配景时,在材料的选用和表现深度上掌握不准。

在制作建筑小品时,材料的选用要视表现对象而定。

在制作雕塑类小品时,可以用橡皮、纸黏土、石膏等。这类材料可塑性强,通过堆积、塑型便可制作出极富表现力和感染力的雕塑小品。

在制作假山类小品时,可用碎石块或碎有机玻璃块,通过粘合喷色,便可制作出形态各异的假山。

在表现形式和深度上要根据模型的比例和主体深度而定。一般来说,在表现形式上要抽象化。因为,这类小品的物象是经过缩微的,没有必要也不可能与实物完全一致。有时,这类配景过于具象往往会引起人们视觉中心的转移。同时,也不免产生几分工匠制作的味道。所以在制作建筑小品时,一定要合理地选用材料,恰当地运用表现形式,准确地掌握制作深度。只有做到三者的有机结合,才能达到预期的效果。

6. 标题、指北针、比例尺

标题、指北针、比例尺等是园林模型的又一重要组成部分。它一方面起到示意作用,另一方面也起着装饰作用。有些模型制作者往往只注重了前者,而忽视了后者,从而常常草草了事,结果破坏了模型的整体效果。下面介绍几种常见的制作方法。

(1)有机玻璃制作法

用有机玻璃将标题字、指北针及比例尺制作出来,然后将其贴于盘面上,这是一种传统的方法。此种方法立体感较强且醒目。其不足之处是,由于有机玻璃板颜色过于鲜艳,往往和盘内颜色不协调。另外,在制作过程中,标题字很难加工得很规范,所以,现在很少有人采用此种方法来制作。

(2)及时贴制作法

目前,较多的模型制作人员采用及时贴制作法来制作标题字、指北针及比例尺。此种方法是先将内容用电脑刻字机加工出来,然后用转印纸将内容转贴到底盘上。此种加工制作过程简捷、方便,而且美观、大方。另外,及时贴的色彩丰富,便于选择。

(3)腐蚀板及雕刻制作法

腐蚀板及雕刻制作法是档次比较高的一种表现形式。

腐蚀板制作法是用1mm左右厚的铜板作基底,用光刻机将内容拷在铜板上,然后用三氯化铁腐蚀,腐蚀后进行抛光,并在阴字上涂漆,即可制得漂亮的文字标盘。

雕刻制作法是用单面金属板为基底,将所要制作的内容,用雕刻机将金属层割除,即可制成。

以上几种方法由于加工工艺较为复杂,并且还需专用设备,所以一般都是委托他人加工制作。这几种方法虽然制作工艺不同,但效果基本上一致。无论采用何种方法来表现这部分内容，文字内容要简单明了。在字的大小选择上要适度，切忌喧宾夺主。

第八节　计算机辅助园林设计

在设计行业中，计算机辅助设计已成为一种方便、快速的手段，它具有先进的三维模式，集绘图、计算、视觉模拟等多功能于一体，能将方案设计、施工图绘制、工程概预算等环节形成一个相互关联的有机整体，可大大节省设计人员制图的时间。在校核方案时，具有良好的可观性、修改方便快捷等优点。

目前，在进行园林设计时，通常采用多种计算机作图软件来完成从平面图到效果图的绘制，形成了完全不同于手绘图的表现特色。

一、计算机的软硬件配置

设计用计算机的硬件配置要求要高于普通商用、家用计算机，特别是在制作效果图时，需要较大的内存和显存才能提高图像的显示速度和作图速度。随着科技的发展，计算机的硬件配置更新速度较快，目前所购计算机的配置，基本都能满足绘图要求。

在软件应用方面，一般常用 AutoCAD、Photoshop、Coreldraw、3DS MAX 等作图软件，结合一些关于建筑、植物、小品等专业素材库，完成从平面图、立面图、剖面图、效果图，甚至动画效果的绘制。

二、园林图纸的绘制

（一）平面图、立面图

1. 绘图软件简介

绘制平、立面图常用的软件是 AutoCAD，是美国 Autodesk 公司推出的通用计算机辅助绘图和设计软件包，目前已广泛应用于机械、建筑、结构、城市规划等各种领域。随着技术的创新，AutoCAD 已进行了多次升级，功能日益完善，操作更为简便。

2. AutoCAD 在园林设计中的应用

AutoCAD 具有完善的图形绘制功能，能够精确地绘制线、圆、弧、曲线、多边形等各种几何图样。同时，该软件还提供了各种修改手段，具有强大的图形修改功能，如删除、复制、镜像、修剪、偏移等，大大提高了绘图的效率。

在绘制平、立面过程中，根据设计构思，通过这些命令完成各部分的尺寸标注、纹样绘制等。对于铺装的表现，可根据 CAD 提供的各种纹样通过填充功能来完成，而其他一些表现素材，如植物、汽车、人物等则可从素材库中调用即可。AutoCAD 绘制的平面图、立面图主要是线条图形，它能清楚、准确地表达设计意图，通过定义层的颜色可生成彩色的图像，但是图面效果稍欠丰富。为了弥补 CAD 表现图的不足，可将另一种绘图软件 Photoshop 和 CAD 结合共同来完成。把 CAD 文件导入到 Photoshop 中，充分利用 Photoshop 强大的渲染功能来绘制平面的效果图。

（二）效果图

在园林设计中，常用效果图来直观、清楚地表达设计意图，与手工绘制的效果图相比，电脑表现图具有准确、逼真的特点，并且根据设计意图，更容易做到随时调整修改完善。

1. 常用软件简介

进行园林表现图的制作一般需要经历 3 个历程：①三维建模（3D Modeling）；②渲染（Rendering);③后期图像处理(Image Processing),这 3 个步骤常用的核心软件如下:

步骤:常用软件

建模:AutoCAD、3DS MAX 系列等

渲染:3DS MAX、LightScape 等

后期图像处理:Photoshop 等

这些软件相结合,能较好地绘制园林效果图。

2. 绘制过程

在园林效果图的绘制过程中,每个阶段都各有侧重。园林效果图不同于建筑表现图,主要是侧重室外景观环境整体效果的表达。因此,在建模阶段,除了设计中的园林建筑和建筑小品、道路、水体、地形需精心刻划外,对于设计环境周围的建筑物表现则要粗略得多。效果图中的植物、人物、天空、汽车的表现基本上都是在后期处理阶段完成的。

(1)三维建模

三维建模是制作园林效果图的第一步,这一过程对渲染、后期处理及最后的效果都有至关重要的影响。

AutoCAD 系列和 3DS MAX 系列均可用于模型制作,二者都是 Autodesk 公司的产品,在数据传输方面几乎实现了无缝连接,将两者相结合建模较好。

在建模之前,首先要透彻理解方案,才能通过效果图较好地表达设计意图。其次,确定待建模型的繁简程度。因为模型的繁简程度对表现图的制作影响巨大,既影响建模的效率,又影响后期渲染的速度和成图以后的整体效果。因此,在建模时,要预先估计透视角度,省略透视图中不可见部分。对设计重点部位仔细刻画,其余可作适当简化,做到重点突出。

在 AutoCAD 环境下建模时,要注意将同一材质的物体尽量放在一层上。这样在导入 3DS MAX 后,可以将每层上的物体视为一个对象进行处理,给对象定义材质极为方便。

与建筑建模内容略有不同的是,园林表现图中经常用一些自由曲线建模,如地形的建模等。用 AutoCAD 进行地形建模不方便,而 3DVIZ 中已有对地形建模的成熟方法,操作者只需在 AutoCAD 中绘出等高线,并赋予各条等高线不同高度,即可在 3D 中进行拟合建模。

(2)渲染

渲染是在三维模型的基础上,选择视角、设计光照或日照,为不同构件定义材质,再配以环境等。常用的 3DS MAX 软件是在 Win98、Windows NT 平台上的应用软件。只要设计者精心操作,就能真实再现材料的质感、光的特性,包括阴影、倒影、高光等情况,这是手工渲染难以达到的。

在 3DS MAX 中,设置灯光是非常重要的,它的作用是影响场景中构件的明暗程度,同时光源的颜色和亮度也影响对象空间的光泽、色彩和亮度。在光源和材质的共同作用下,可产生强烈的色彩和明暗对比。在模拟日光时,一般都用聚光灯来进行模拟,将聚光灯放置在距离场景较远的地方,可以产生近似平行的光线,较好地进行日光模拟。

在 3DS MAX 中还提供了多种贴图类型,能满足各种效果的需要。在赋予“材质”时要注意各种材质的尺度。

在对模型布置好“灯光”和“材质”,并通过设置“相机”选择好合适的透视角度后,可以进行“渲染”。渲染速度与计算机硬件配置、模型的复杂程度,场景中的阴影、反射,贴图的数量,光源的设置都有直接关系。经过渲染所得的 JPG、TIF 格式文件,可在 Photoshop 后期处理软件

中直接调用。

(3)后期处理

后期处理过程对于园林表现图来讲相当重要,效果图中的植物、天空、人物等配景基本上都是在这一过程中完成的。通常使用 Photoshop 软件来处理完成。

在 Photoshop 中增加配置时,需注意背景图片的透视角度和色调要与整个画面协调统一。

以上通过计算机绘制的平、立面和效果图属于静态园林景观的表现,为了更为逼真、形象地体现设计思想,现在可以通过计算机辅助设计中的视觉模拟来表现所设计园林的动态景观,使设计对象与人产生动态的关系。它是通过动画设计软件的照相机视窗,模拟人的视点、视阈在游览线上的旋转、移动形成一连串的视点轨迹,使人有种身临其境的真实感,这是手工设计不可能实现的。目前,常用的制作计算机动画的软件是美国 Autodesk 公司推出的以计算机为平台的被誉为"动画制作大师"的 3D Studio MAX(3DS MAX)软件包。具体的制作过程可以参考相关动画制作书籍来学习。

第五章　造园要素的认识与应用

第一节　地　　形

地形是园林中诸要素的基底和依托，是构成整个园林景观的骨架，地形布置和设计的恰当与否会直接影响到其他要素的设计（见图5-1）。

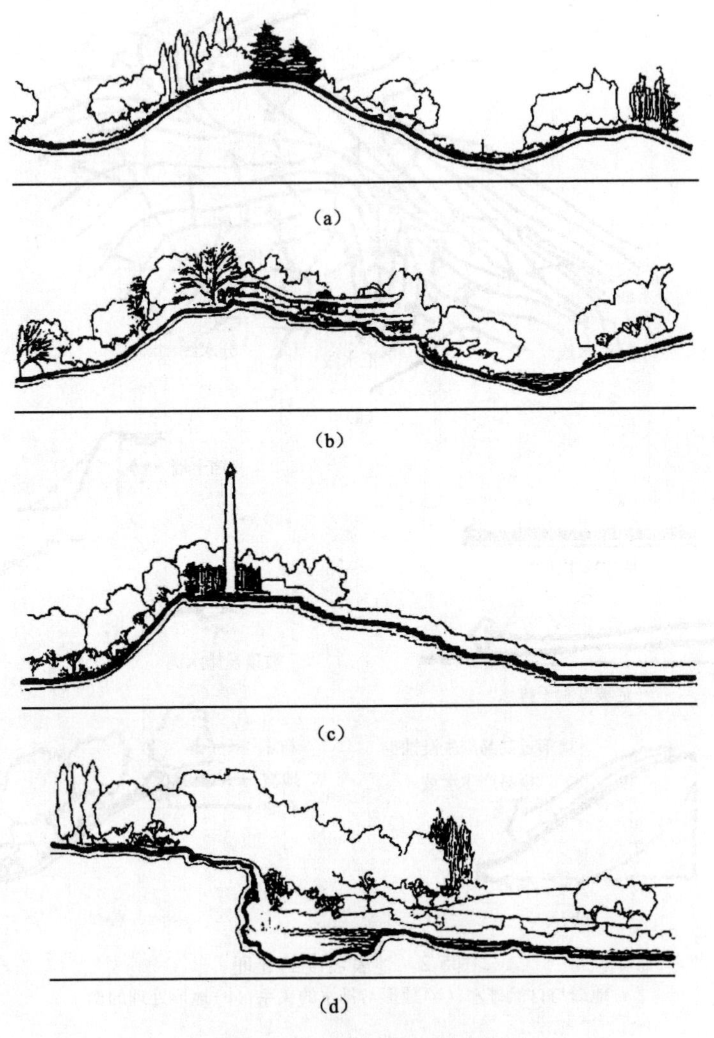

图5-1　地形在园林中的应用

(a)地形作为植物景观的依托，其起伏产生了林冠线的变化；
(b)地形作为园林建筑的依托，能形成起伏跌宕的建筑立面和丰富的视线变化；
(c)地形作为纪念性气氛渲染的手段；(d)地形作为瀑布山涧等园林水景的依托

一、地形的功能作用

1. 地形改造

在地形设计中首先必须考虑的是对原地形的利用。结合基地调查和分析的结果,合理安排各种坡度要求的内容,使之与基地地形条件相吻合。地形设计的另一个任务是进行地形改造,使改造后的基地地形条件满足造景的需要,满足各种活动和使用的需要,并形成良好的地表自然排水类型,避免过大的地表径流。

2. 地形、排水和坡度

地形可看作由许多复杂的坡面构成的多面体。地面的排水由坡面决定,在地形设计中应考虑地形与排水的关系,以及不同用途条件下地表面对坡度的不同要求。地形过于平坦不利于排水,容易积涝,破坏土壤的稳定。但是,若地形起伏过大或坡度不大但同一坡度的坡面延伸过长时,则会引起地表径流,产生坡面滑坡。因此,地形起伏应适度,坡长适中(见图 5-2)。

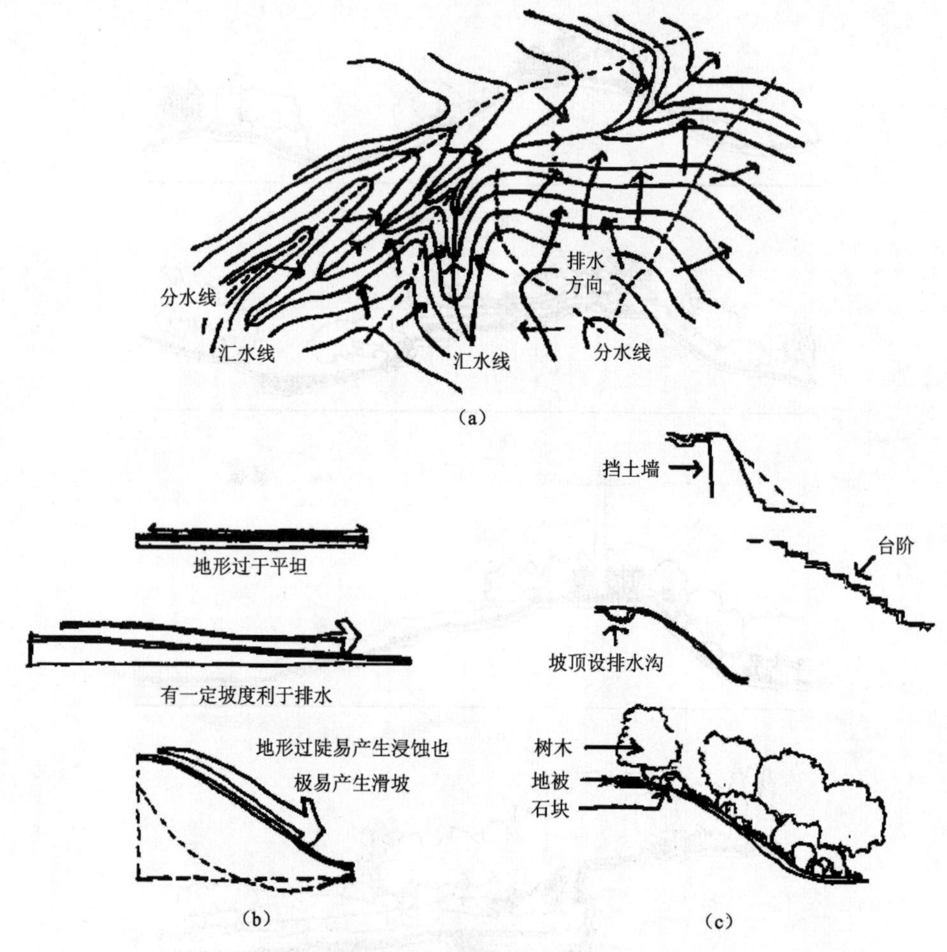

图 5-2 地表坡度的处理

(a)地形与自然排水;(b)地形与排水的关系;(c)地形处理的例子

二、地形和视线

地形的起伏不仅丰富了园林景观,而且还创造了不同的视线条件,形成不同的空间。地形有平坦地形、凸地形和凹地形之分,它们在组织视线和创造空间上具有不同的作用。

1. 平坦地形、凸地形和凹地形

1）平坦地形，是指土地的基面在视觉上与水平面相平行。一方面，平坦地形本身存在着一种对水平面的协调，使其很自然地符合外部环境。另一方面，任何一种垂直线型的元素，在平坦地形上都会成为一个突出的元素，并成为视线的焦点（见图5-3、图5-4）。

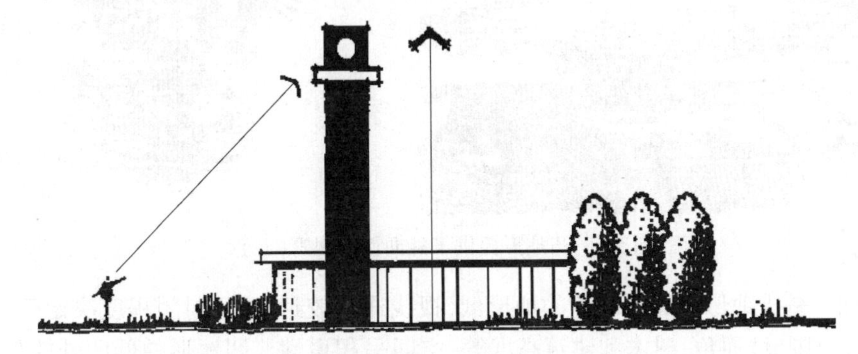

图5-3　垂直形状与水平地形的对比

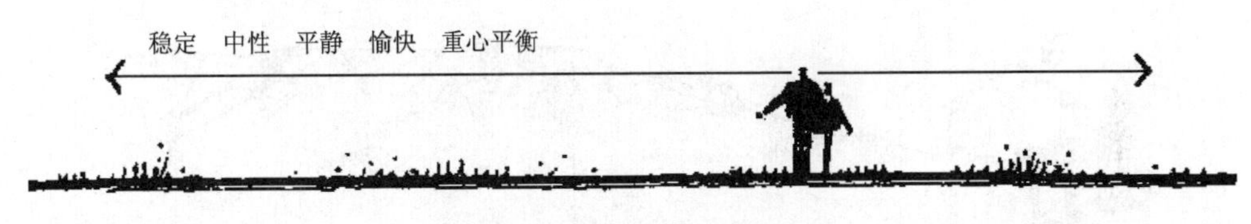

图5-4　平坦地形的特性

2）凸地形，是指若地形比周围环境的地形高，且视线开阔，具有延伸性，空间呈发散状。它一方面可组织成为观景之地，另一方面因地形高处的景物往往突出、明显，又可组织成造景之地（见图5-5）。

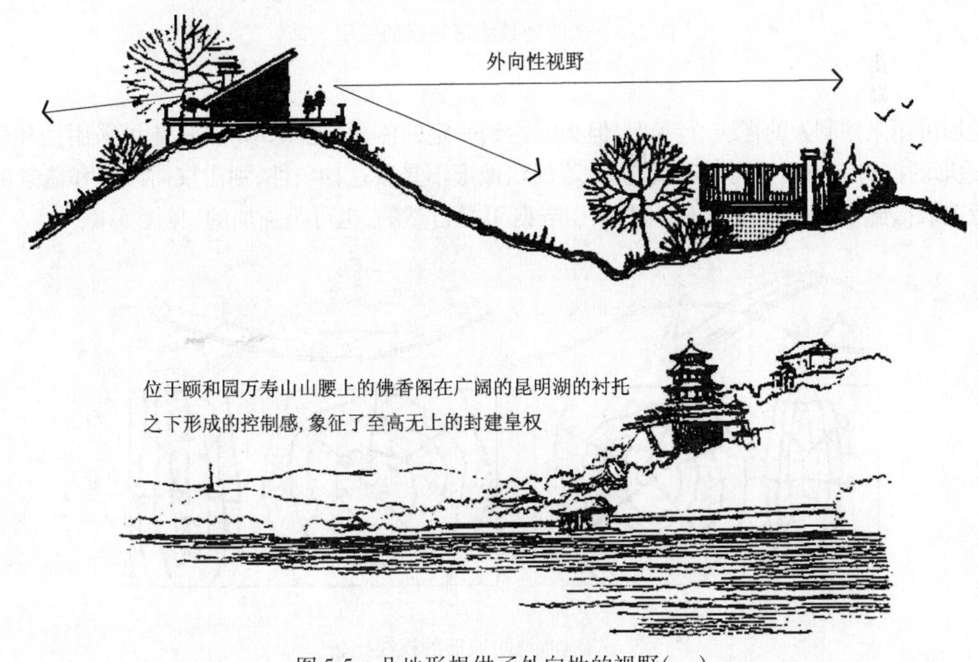

图5-5　凸地形提供了外向性的视野（一）

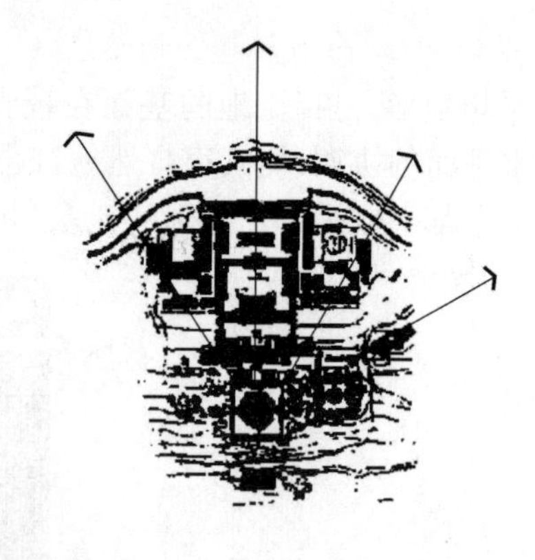

图 5-5　凸地形提供了外向性的视野(二)

3)凹地形,是指地形比周围环境的地形低,视线通常较封闭,且封闭程度决定于凹地的绝对标高、脊线范围、坡面角、树木和建筑高度等,空间呈积聚性。凹地形的低凹处能聚集视线,可精心布置景物(见图 5-6)。凹地形坡面既可观景也可布置景物。

图 5-6　低凹处景物对视线的吸引

2. 控制视线

地形可用来控制人的视线、行为等,但必须达到一定的体量(见图 5-7)。具体可采用挡和引的方式,地形的挡与引应尽量利用现状地形,若现状地形不具备这种条件,则需权衡经济和造景的重要性后采取措施。引导视线离不开阻挡,引导既可是自然的,也可是强加的(见图 5-8、图 5-9)。

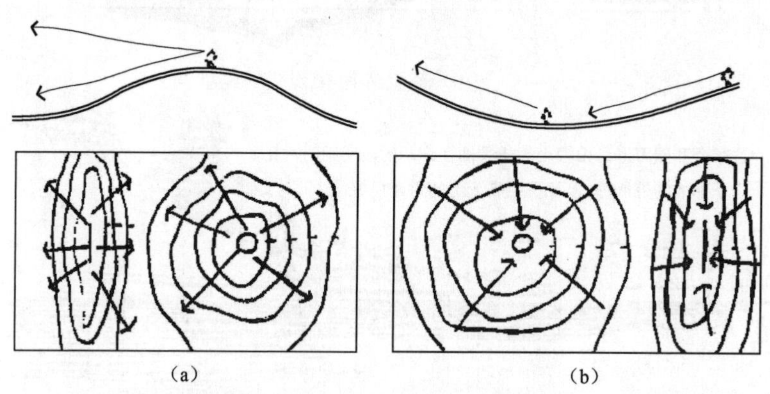

图 5-7　凸地形与凹地形的视线比较

(a)凸地形:视线开阔、发散;(b)凹地形:视线封闭、积聚

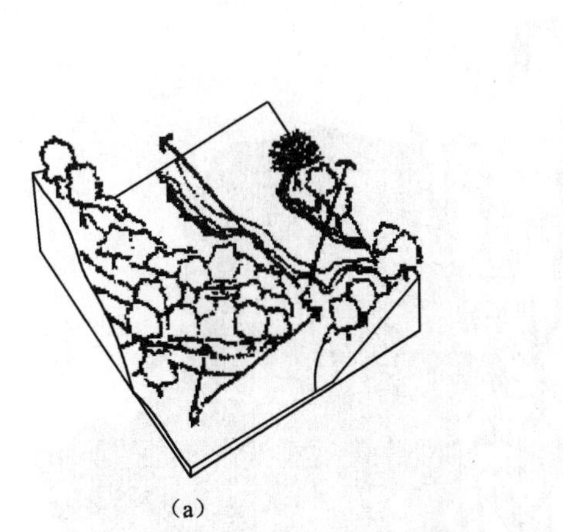
（a）

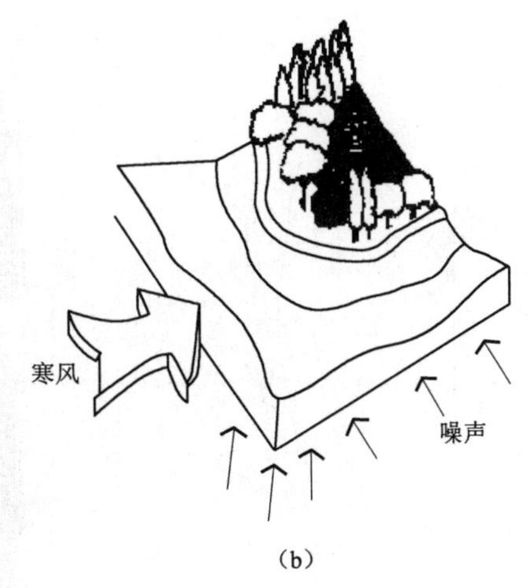

（b）

图 5-8　地形的挡与引

(a)视线的引与挡;(b)不佳的景色

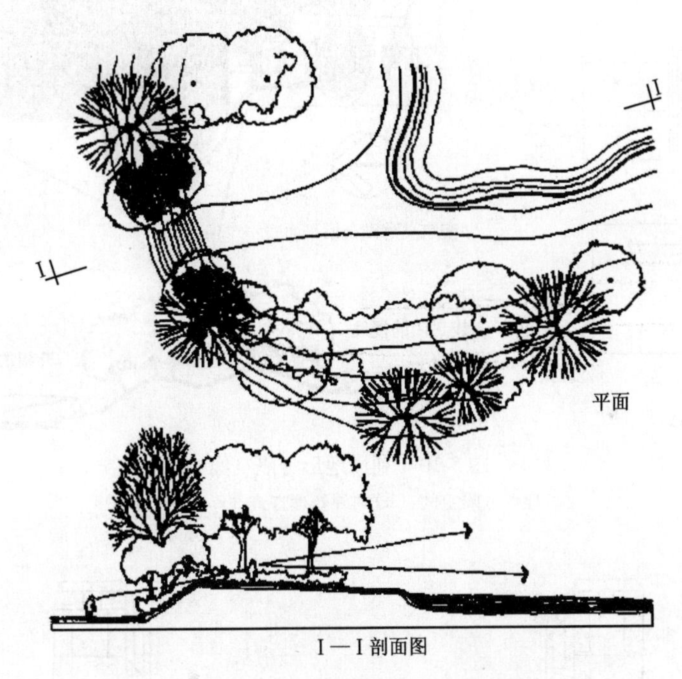

图 5-9　利用地形高差阻挡视线的园景

3. 利用地形分隔空间

利用地形可以有效、自然地划分空间,使之形成不同功能或景观特点的区域。在此基础上若再借助于植物则能增加划分的效果和气势。利用地形划分空间应从功能、现状、地形条件和造景几方面考虑,它不仅是分隔空间的手段,而且还能获得空间大小对比产生的艺术效果(见图 5-10)。

4. 地形的背景作用

凸、凹地形的坡面均可作为景物的背景,但应处理好地形与景物和视距之间的关系,尽量通过视距的控制,保证景物和作为背景的地形之间有较好的构图关系(见图 5-11)。

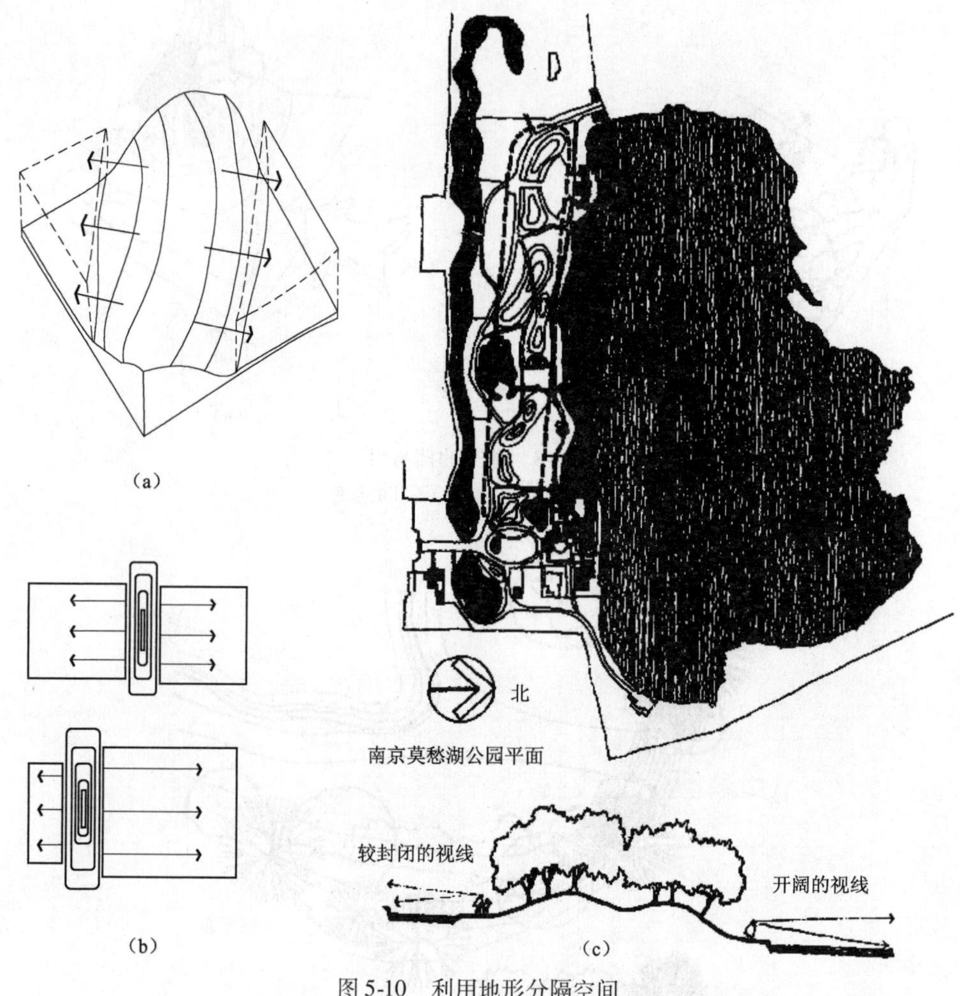

图 5-10　利用地形分隔空间

(a)地形分隔空间;(b)两种处理方式;(c)实例分析

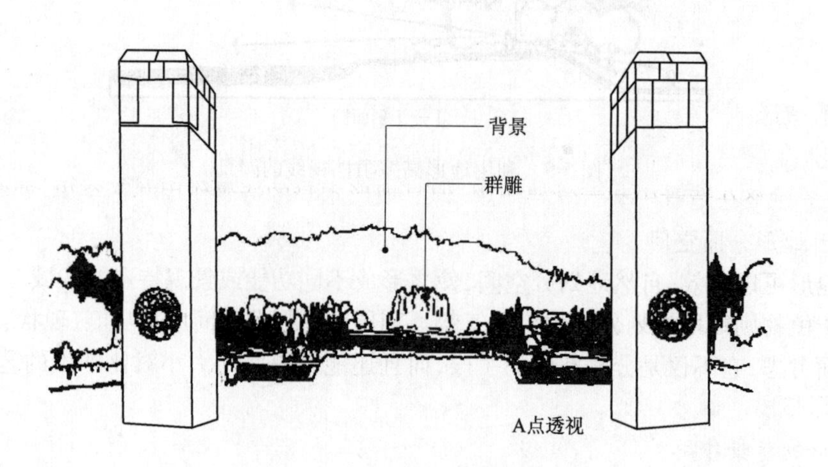

图 5-11　地形的背景作用(一)

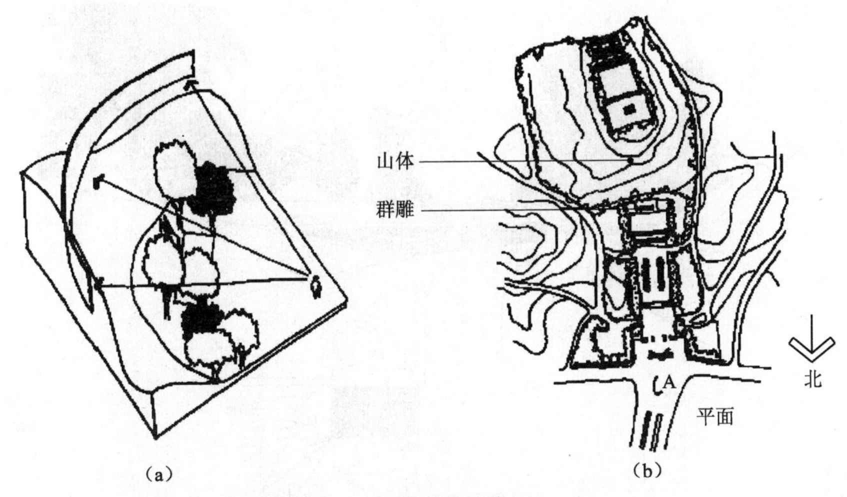

图 5-11　地形的背景作用(二)

(a)地形作背景;(b)南京雨花台北大门入口景区

5. 地形影响导游路线和速度

地形可被用在外部环境中,影响行人和车辆运行的方向、速度和节奏。在园林设计中,若需人们快速通过的地段,可使用平坦地形;而要求人们缓慢经过的空间,则宜采用斜坡地面或一系列高差变化;当需游人完全停留下来时,就会又一次使用平坦地形(见图 5-12)。

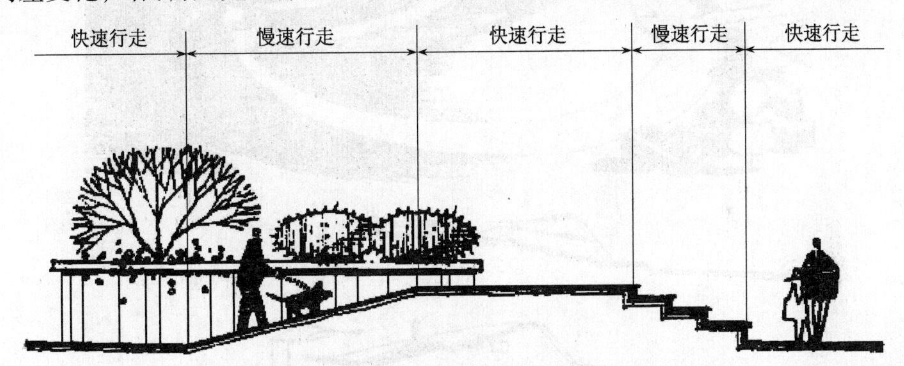

图 5-12　行走的速度受地面坡度的影响

三、地形造景

地形不仅始终参与造景,而且在造景中起着决定性的作用。

虽然地形始终在造景中起着骨架作用,但是地形本身的造景作用并不突出,通常处在基底和配景的位置上。为了充分发挥地形本身的造景作用,可将构成地形的地面作为一种设计造型要素。地形造景强调的是地形本身的景观作用,可将地形组合成各种不同的形状,利用阳光和气候的影响创造出艺术作品,可将其称之为"地形塑造"、"大地艺术"或"大地作品"(见图 5-13、图 5-14)。

四、地形布局

地形布局中以山体的塑造最为突出。山体从宏观上使园林变得立体化,产生体量感,显得雄伟而充实,是从平展的地面转入纵向变化的最基本的手法。这里着重介绍由堆土石建造人造假山的布局(见图 5-15)。

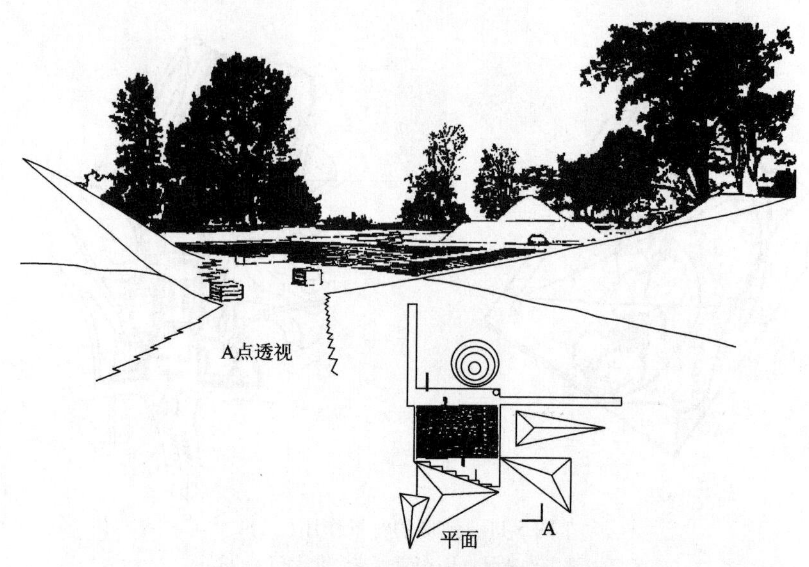

图 5-13　E. 克莱默(Ernst Cramer)设计的诗园

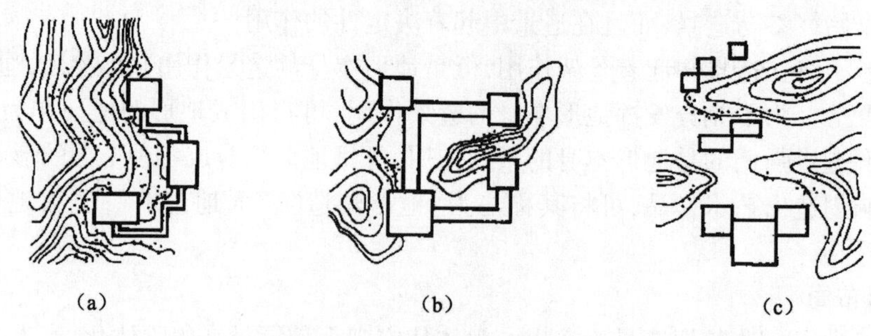

图 5-14　艺术公园中的地景艺术作品

图 5-15　山体布局的手法(一)

(a)作为园林建筑错落变化的依托地形;(b)山体穿插于庭院造成宛若自然的氛围;
(c)以山体组织园林空间

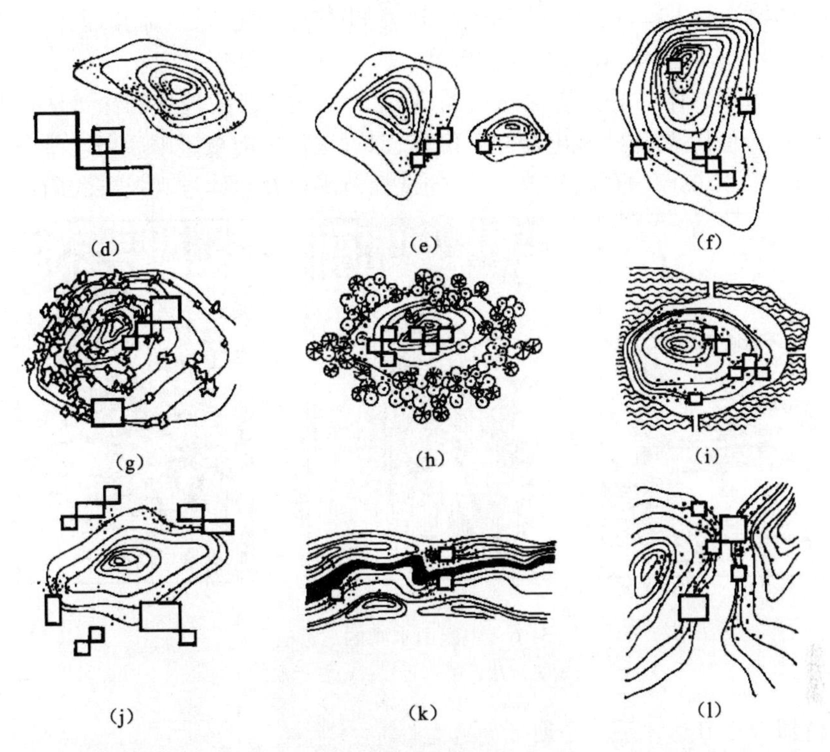

图 5-15　山体布局的手法(二)

(d)以园林建筑互为对景;(e)主客分明、顾盼呼应;(f)山形有急缓之分;
(g)山体大量置石增强其造型的陡峭;(h)山体被植物环抱;(i)山体四周环水;
(j)山体作为全园的主景;(k)两山夹水相峙,形成峡谷景观;(l)利用建筑连接山体

1. 山形起伏变化

山体形态庞大,其外形若呆板,如团状、饼状,像馒头山、窝头山、扁平山必然极其乏味,呆板的山体会使整个园林变得呆板。因此,山体的造型要延绵起伏,即平面的造型呈变化的延伸,立面的造型呈高低错落。这样,当山体与之覆盖的植物及点睛的建筑结合便会成为壮美的景观。

2. 山体陡缓相间

这是中国传统造园的常用手法。以北京北海公园为例,琼华岛南坡多平台地,建成佛寺建筑群,整齐而宏伟;西坡陡峭,建筑物则随山就势,间以叠石错落,多有险峻;北坡则上陡下缓,上部的陡峭形成崖岫、峰壑、洞穴,下部的缓坡地建有比较隐蔽的小庭院;而东面整体已是缓行的大坡面,树木繁盛,以浓密的植被为主要景观。琼华岛山体东、南、西、北坡明显的差异使面积并不庞大的山体形成丰富、变幻、生动的景观,成为造园布局的典范。

3. 山路的处理

山路的曲折纤细与沉重的山体形成鲜明的对比,山路使山体变得轻盈,远处望去隐约可见的山路能唤起游人对登山的向往。随着山势的变化,合理的山路会给游人带来很多便利。平缓山路的铺石面宽而层薄;陡峭山路的叠石面窄而层厚。平缓的山路宜采用曲线型,陡峭的山路宜采用折线型。山体较大的山路造型较为单纯;山体较小的山路造型适合变幻;危崖险峻地带应配以扶栏。此外,与山路相间的路石、灌木可增添趣味的变化;延绵的山路与石凳、坐椅相间使游人得以休憩。

筑山是园林设计的手段,设计要点为因地制宜;山体应稳定,坡度需合理;注意水土保持和排水的通畅;山体的造型要错落有致、起伏多变。

中国传统山水画山体的表现方法主要有3种,即平远法、高远法和深远法(见图5-16)。平远法从近山平视远山;高远法从山脚仰望山巅;深远法自山前窥望山后。这些表现方法可为山体塑造提供借鉴,如视点的开阔与否、视野的选择范围以及总体景观效果的确定。

(a)

(b)

(c)

图5-16　中国山水画的三远法

(a)平远法;(b)高远法;(c)深远法

4. 中国造园中山石结体手法与湖石的造型

以石材或仿石材布置成自然山石景观的造景手法称为置石。

石材的种类有大理石、黄石、英石、石笋、房山石、青石、石蛋、黄蜡石等。石材的选择要通过"相石",审视其尺度、体态、质感、肌理和色彩。

置石的类型有特置、散置、器设和与建筑、植物相结合的运用。选择体量大、形态奇异的石材特置在入口地带、庭院中、廊间、亭边作为障景和对景。一般的石材常以"攒三聚五"的样式呈散置的布局。器设是结合实用的功能所安置的石屏、石栏、石桌、石几等。此外,石材会以蹲居、抱角、壁山的形式与建筑相结合,以树台、花台、壁山的形式与植物相结合。

中国传统造园有着丰富的山石结体的手法(见图5-17),包括安、接、斗、卡、连、垂、挎、拼、剑、悬、挑等,这些手法成为山石结体设计中指导性的规范。

图5-17　中国造园中山石结体的手法(一)

(a)安——置石安稳;(b)安——三安;(c)连——水平衔接;
(d)卡——两石上方合成楔口卡住上大下小之石;
(e)挎——侧挎小石;(f)接——竖向衔接

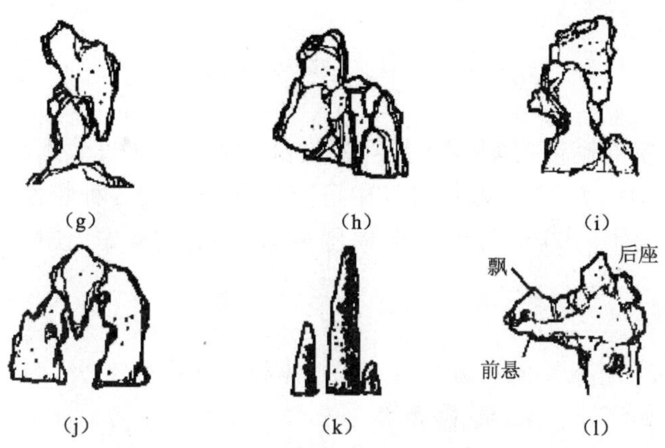

图 5-17　中国造园中山石结体的手法(二)
(g)垂——石侧下垂 ;(h)斗——如券拱受力,形如斗;
(i)拼——以小拼大;(j)悬——上卡下悬空;
(k)剑——直立竖长如剑;(l)挑——上部挑出

湖石源自天然,往往取其生动的造型置于庭院,成为点睛的景观。湖石有单体、组合体不同的置石手法,选材时追求漏、透、瘦、皱的特征。湖石的造型有立、卧、蹲的体态;有俯仰、顾盼、呼应的表情(见图 5-18)。

图 5-18　湖石

第二节 水 体

一方面,水体是富有高度可塑性和弹性的设计元素,丰富的水体设计带给人不同的空间感受和情感体验;另一方面,在水体设计中可充分利用水的各种特性,如不同深度水色的变化、水面的反光、倒影、水声等,再结合周围的环境综合考虑,使园林环境增加活力和乐趣。

一、水的形成

园林中的水景按水体的形式可分为自然式水体和规则式水体。

1)自然式水体,如河、湖、溪、泉、瀑布等。

2)规则式水体,如池、喷泉、水井、壁泉、跌水等。

水景设计中的水有平静的、流动的、跌落的和喷涌的4种基本形式(见图5-19)。平静的水体属于静态水景,给人以安静、明洁、开朗或幽深的感受(见图5-20);流动的、跌落的和喷涌的水体属于动态水景,给人以变幻多彩、明快、轻松之感,并具有听觉美(见图5-21)。

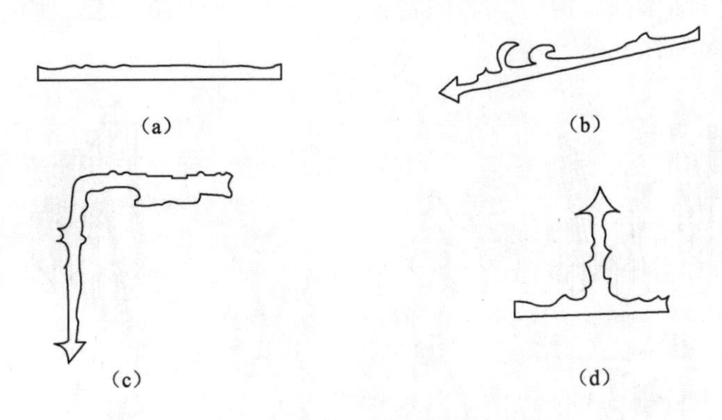

图5-19 水的4种基本设计形式

(a)平静的:湖泊、水池、水塘;(b)流动的:溪流、水坡、水道、水涧;
(c)跌落的:瀑布、水帘、壁泉、水梯、水墙;(d)喷涌的:各种类型的喷泉

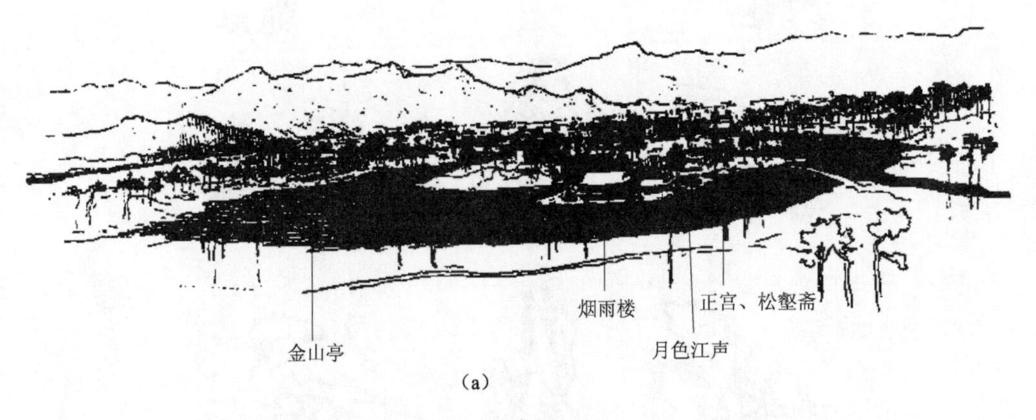

图5-20 静态水体(一)

(a)承德离宫东南部湖泊,给人以引人入胜和不可穷尽的幻觉

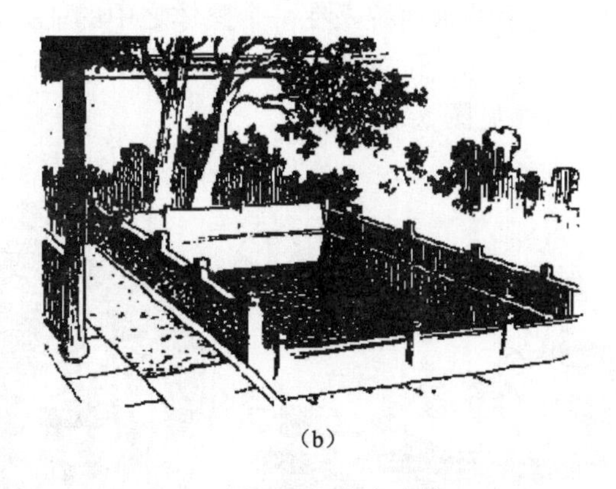

(b)

图 5-20　静态水体(二)

(b)无锡惠山第二泉庭院中的矩形水池

图 5-21　动态水景给人以变幻多彩、明快和轻松之感

1)平静的水体,如湖泊、水池、水塘等。

2)流动的水体,如溪流、水坡、水道、水涧等。

3)跌落的水体,如瀑布、水帘、壁泉、水梯、水墙等。

4)喷涌的水体,如喷泉、涌泉等。

二、水的几种造景手法

1. 基底作用

大面积的水面视域开阔、坦荡,有托浮岸畔和水中景观的基底作用。当水面不大,但水面在整个空间中仍具有面的感觉时,可作为岸畔或水中景物的基底,产生倒影,扩大和丰富空间(见图 5-22)。

2. 系带作用

水面具有将不同的园林空间、景点连接起来产生整体感的作用;水作为一种关联因素,又具有使散落的景点统一起来的作用。前者称为线型系带作用,后者称为面型系带作用(见图 5-23)。

当众多零散的景物均以水面为构图要素时,水面就会起到统一的作用,如扬州瘦西湖(见图 5-24)。另外,有的设计并没有大的水面,而只是在不同的空间中重复安排水这一主题,以加强各空间之间的联系。

水还具有将不同平面形状和大小的水面统一在一个整体之中的能力。无论是动态的水还是静态的水，当其经过不同形状和大小的、位置错落的容器时，由于它们都含有水这一共同而又唯一的元素而产生了整体的统一（见图5-25）。

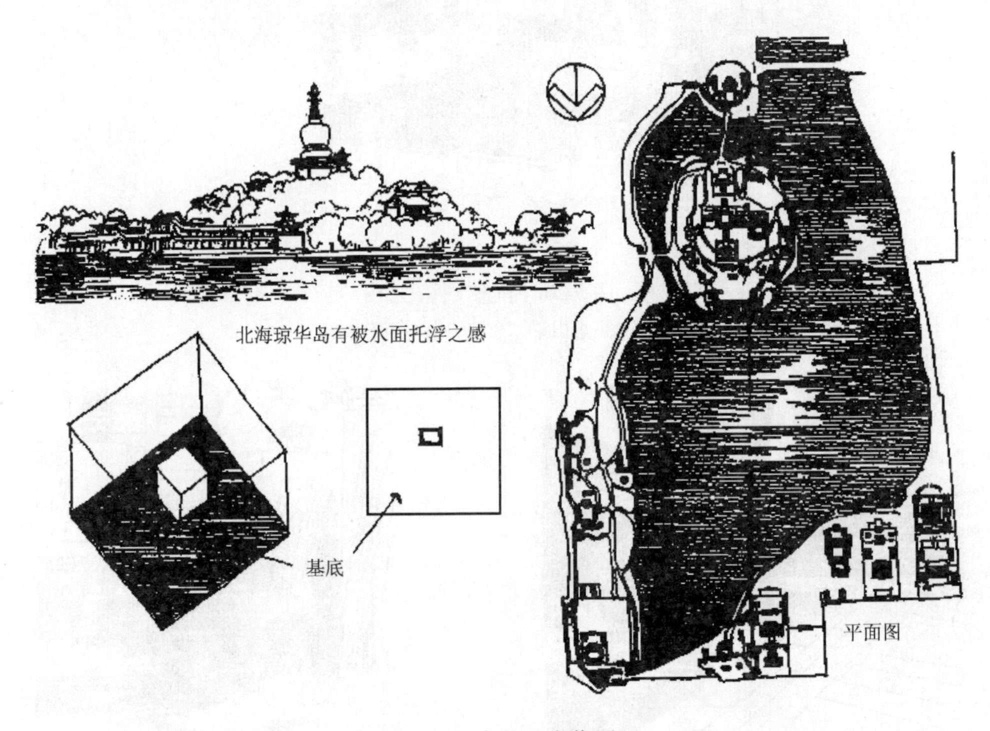

图5-22　水的基底作用

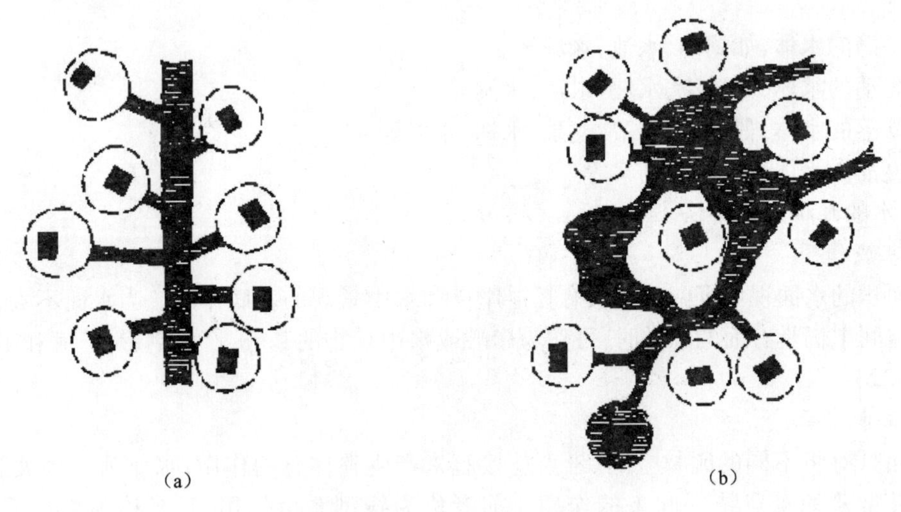

图5-23　水面的系带作用示意图

(a)线型;(b)面型

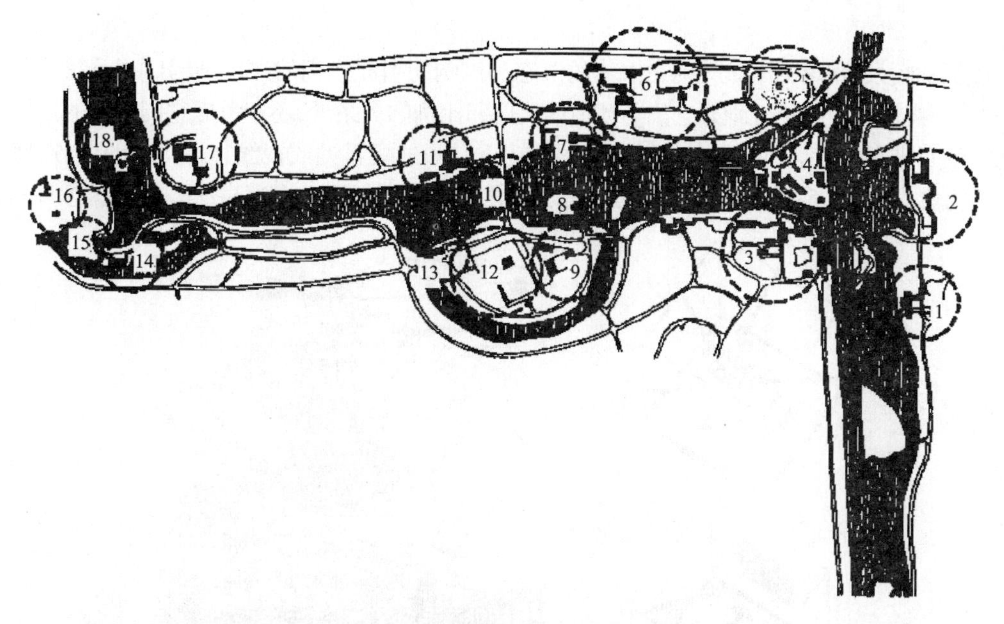

图 5-24　扬州瘦西湖及其沿岸景点分布

1—荷蒲熏风；2—四桥烟雨；3—徐园；4—小金山；5—牡丹园；6—天香岭；7—春水廊；8—凫庄；9—法海寺；10—五亭桥；11—白塔晴云；12—白塔；13—回水轩；14—平流涌泉；15—二十四桥；16—熙春台；17—望春楼；18—湖心亭

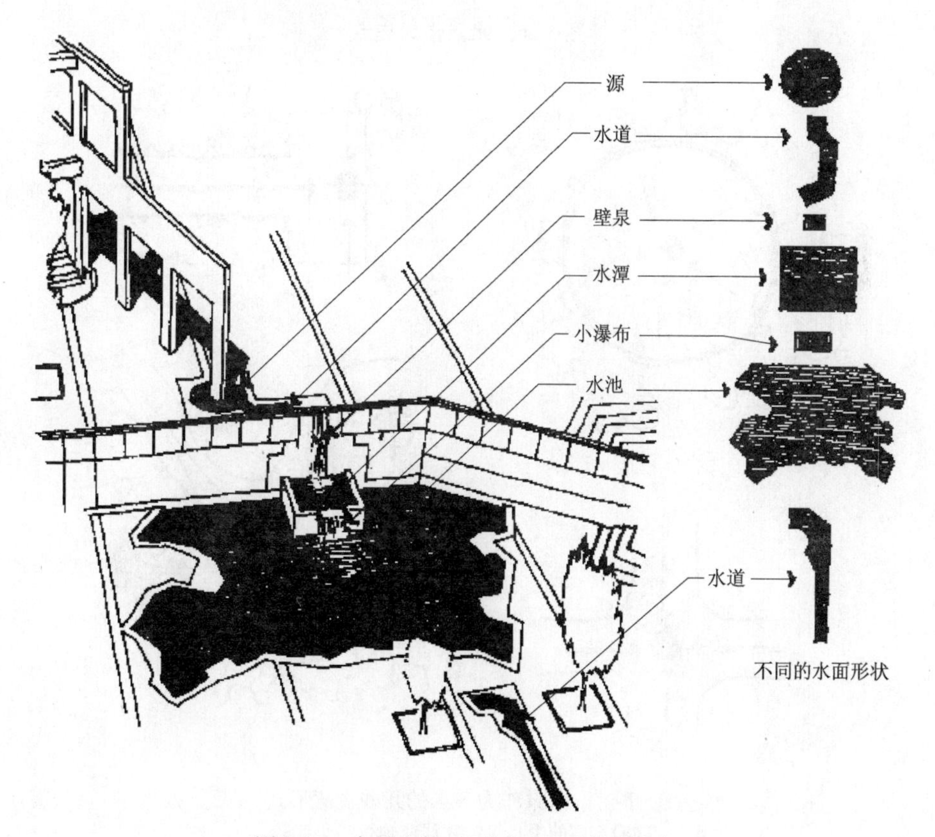

图 5-25　水具有统一不同平面要素的能力

3. 焦点作用

喷涌的喷泉、跌落的瀑布等动态水体的形态和声响能引起人们的注意，吸引住人们的视线（见图5-26）。在设计中除了处理好它们与环境的尺度和比例的关系外，还应考虑它们所处的位置。通常将水景安排在向心空间的焦点上、轴线的交点上、空间的醒目处或视线容易集中的地方，使其突出并成为焦点（见图5-27）。可以作为焦点水景布置的水景设计形式有喷泉、瀑布、水帘、水墙等。

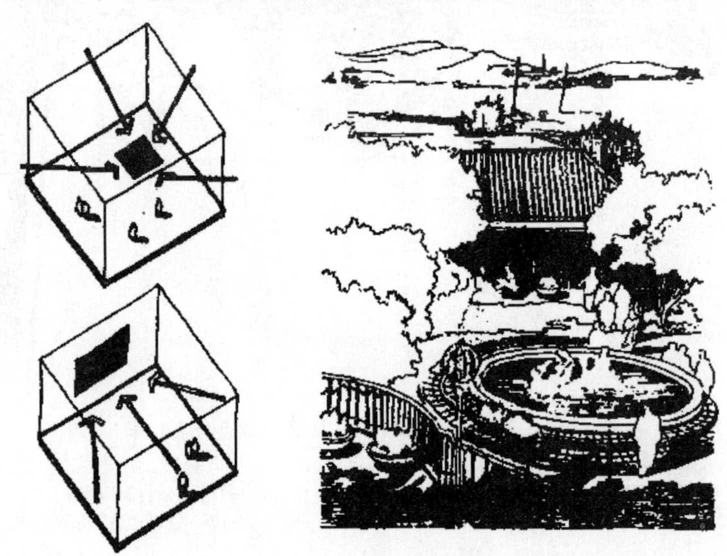

图5-26　水景作为焦点

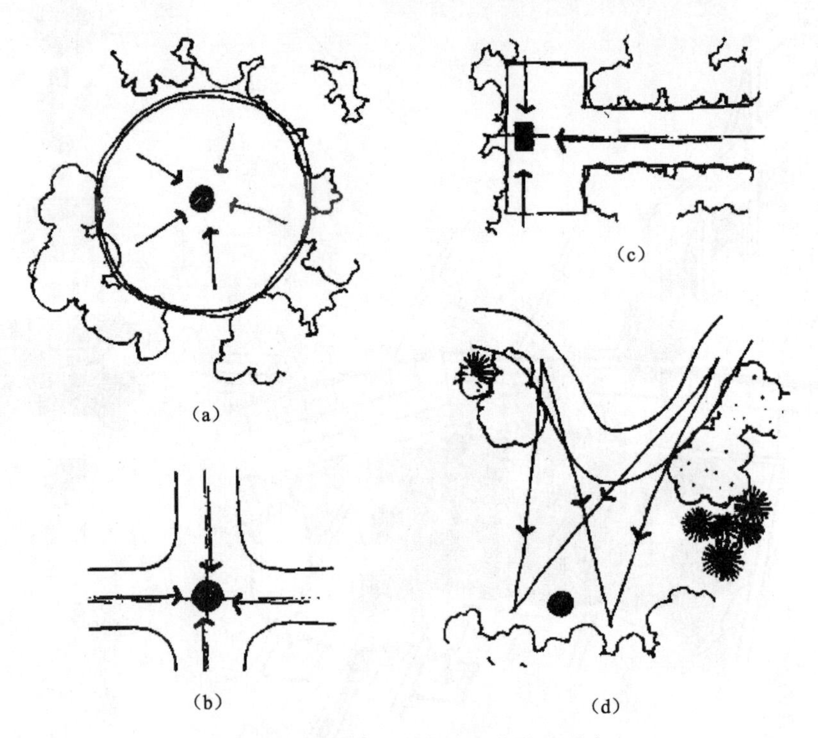

图5-27　水景作为焦点的几种设置形式
(a)空间的中心；(b)视线或轴线的交点；
(c)视线或轴线的端点；(d)视线容易到达的地方

4. 整体水环境设计

这是一种以水景贯穿整个设计环境，将各种水景形式融于一体的水景设计手法。它与以往所采用的水景设计手法不同。这种以整体水环境出发的设计手法，将形与色、动与静、秩序与自由、限定和引导等水的特征和作用发挥得淋漓尽致，并且开创了一种能改善城市气候、丰富城市景观和提供多种目的于一体的水景类型(见图 5-28)。

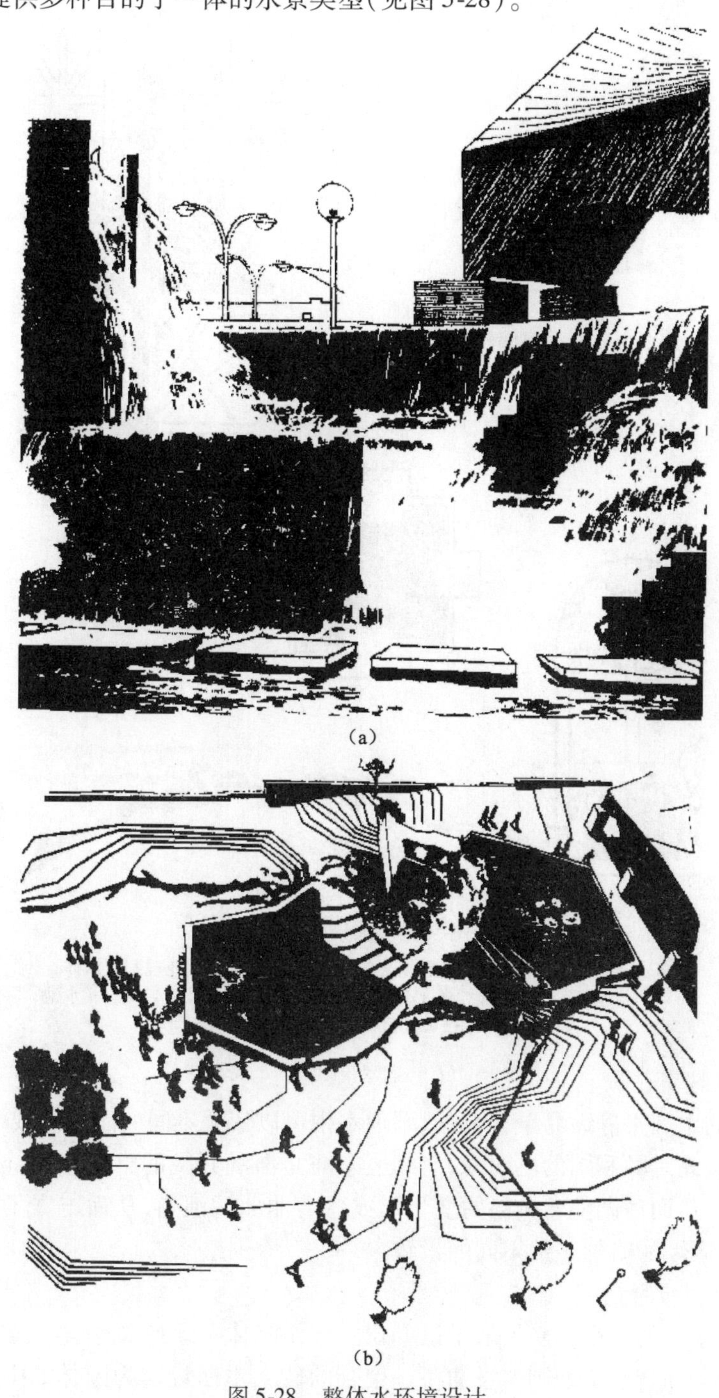

(a)

(b)

图 5-28 整体水环境设计
(a)拉夫乔伊广场水景(跌水)；(b)拉夫乔伊广场水景鸟瞰图

三、水体布局

水体的造型较为便利,因而水面的形态也随之丰富。中国的造园多为挖土堆山成湖、成池,或者截流入园成水道、水渠。西方的造园多维持自然水域的原有风貌,人工水景基本是几何形的泉池。中国造园也好,西方造园也好,都离不开水体的塑造,有水则灵,使得很多的园林水体成为主要的景观(见图5-29)。

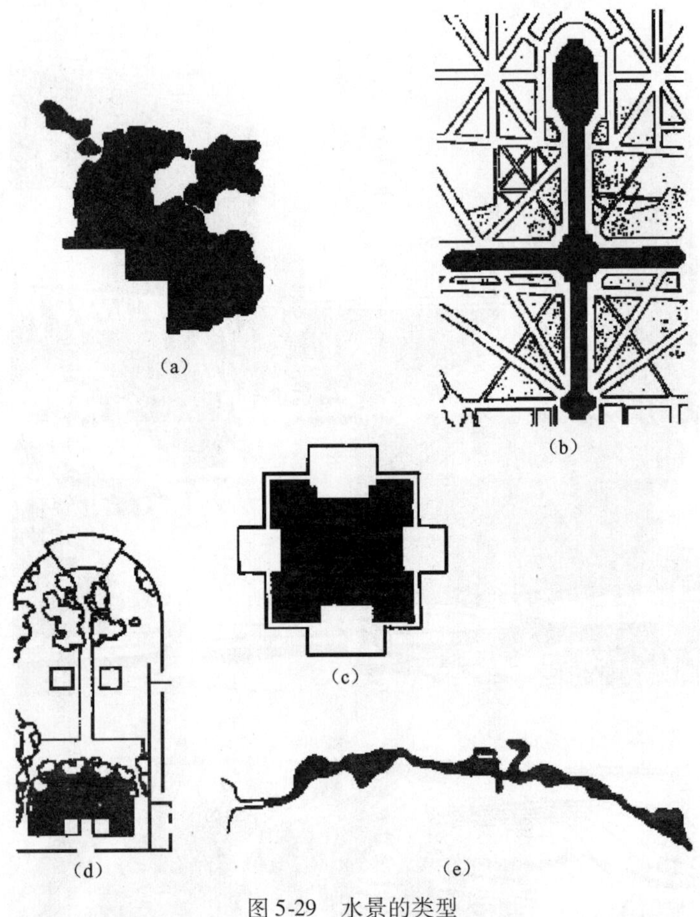

图5-29　水景的类型

(a)苏州留园规则形与自然形结合的水体;(b)凡尔赛宫苑规则式水体;(c)北海画舫斋方形规则水池;(d)颐和园扬仁风方圆结合的半规则式水池;(e)颐和园后溪河带状自然形

1. 水体的区域变化

湖水、池水的水面平静而易单调,在造园理水中可以依照不同的园林区域设计不同的水体以求变化。例如,北京颐和园的昆明湖,前湖区东面是浩瀚开阔的整块水域,西面则以堤岸划出散置的小块水域,而后湖随着山势的变化形成弯弯曲曲的河道,从而丰富了水体的变化,使游人在不同园林区域领略到迥然不同的景致。

2. 水体的大小与聚散

同一水域以水体的大小分割聚散予以变化。苏州园林中皆有水池,池面多宽窄不同,宽处地带环岸筑舫、轩、厅、堂,窄处则架设曲桥。聚合的较大水面设定为园林的中心,散置的较小的水面错落,寻求差异,这种形状与节奏的变化增添了水面的层次感。

3. 水岸的多样性

长长的水岸线随着相伴的环境不同会令游人产生不同的感受，如相邻道路、开阔地、草地、建筑等。水岸本身有驳岸、岸石、缓坡，有时则修建水廊、水榭、水亭将水岸隐蔽，有时水岸被水生植物遮挡（见图5-30）。水岸的多样性使水面更具感染力。

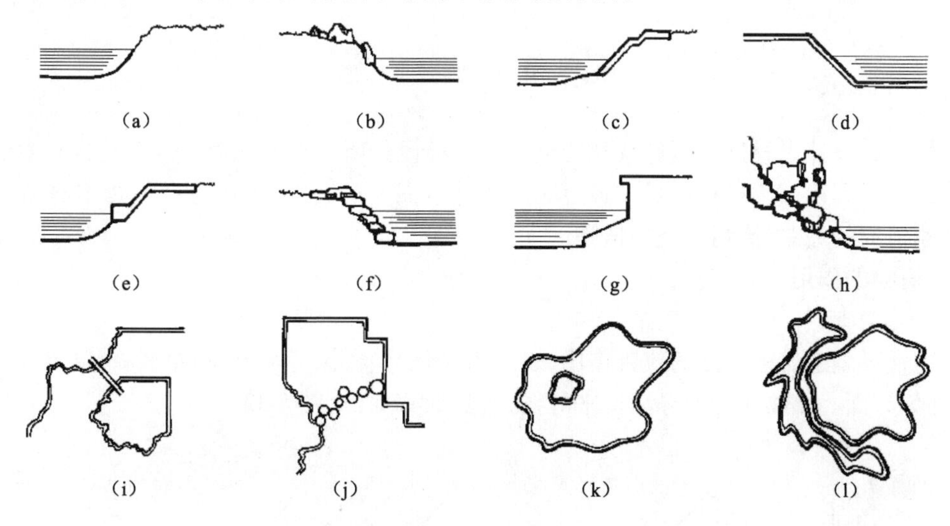

图5-30　水岸与水面造型的手法

(a)草地；(b)散置山石；(c)混凝土或砖砌斜坡(1)；(d)混凝土或砖砌斜坡(2)；(e)带边沿斜坡；(f)石块斜坡；(g)垂直水岸；(h)假山驳岸；(i)架桥连接水岸；(j)汀步连接水岸；(k)筑岛；(l)设堤

4. 各种水体造型

因山势的变化，水体会出现各种造型，如小瀑布、山涧、流泉、小溪、水渠、明沟与暗道。平缓的地段可以利用地表的落差以及依靠园林工程营造、设计出水泻、水漫、涌泉、喷泉等，以小见大，寓意真实的自然景观（见图5-31）。

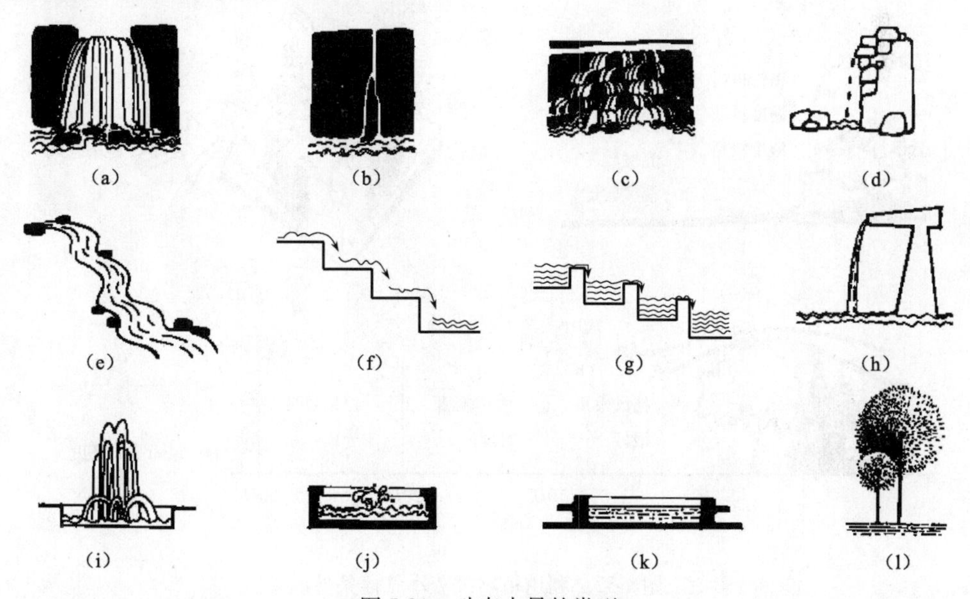

图5-31　动态水景的类型

(a)瀑布；(b)线落；(c)湍濑；(d)滴；(e)流；(f)泻；(g)漫；(h)注；(i)喷；(j)泉；(k)盈；(l)雾

5. 水景的倒影效果

水景倒影出岸上的景物是水体的一大特征，水波随风而动使倒影或清晰或含蓄，美不胜收。四季的变换使风景更加绚丽，选择最为恰当的方位，岸上实景与水中倒影交相辉映成为生动的景观。

第三节　植　　物

以植物为设计素材进行园林景观的创造是园林设计所特有的。由于植物是具有生命的设计要素，因此，利用植物材料造景在满足功能及艺术需要的同时，更应考虑植物本身所需的环境与其他植物的关系，恰当地选择植物。

一、植物的作用

1. 改善环境

植物对环境起着多方面的改善作用，表现为净化空气、保持水土、涵养水源、调节气温及气流、湿度等方面。植物还能给环境带来舒畅、自然的感觉（见图5-32）。

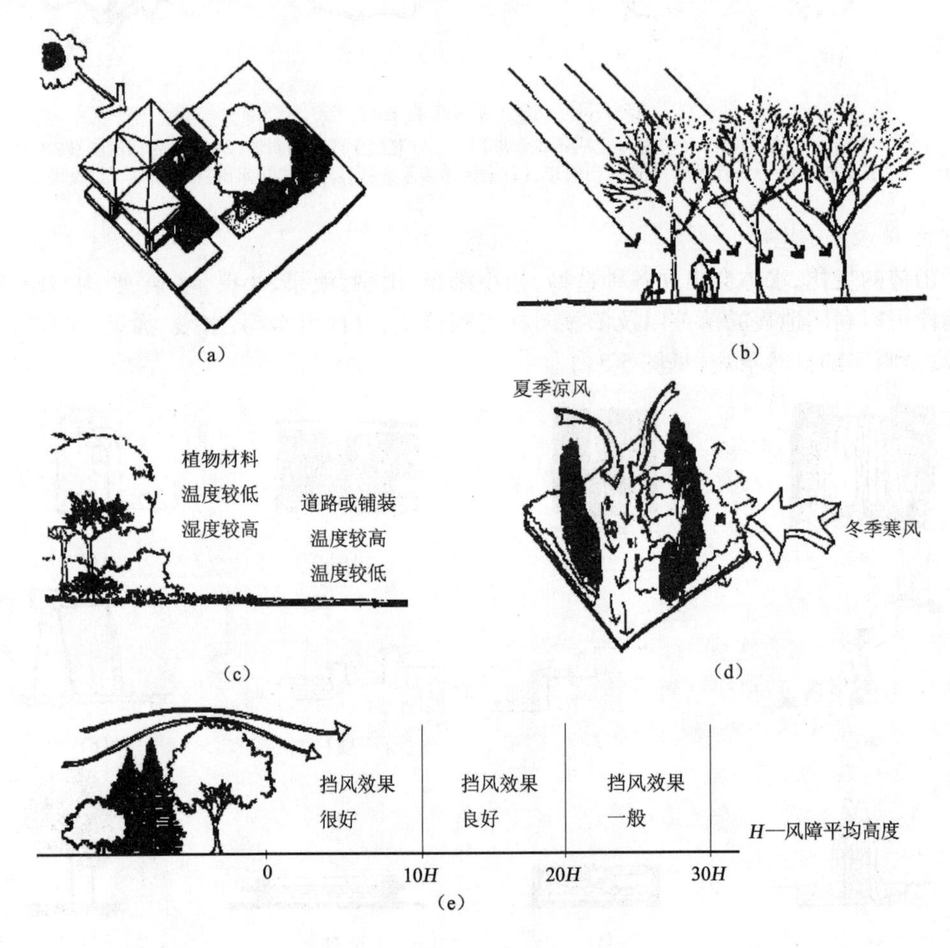

图5-32　利用植物改善小气候条件

(a)遮荫的作用；(b)冬天落叶树下有阳光；(c)避免极端小气候；(d) 挡与引；(e)挡风距离及效果

2. 构成空间

植物可用于空间中的任何一个平面，以不同高度和不同种类的植物来围合形成不同的空间。空间围合的质量决定于植物材料的高矮、冠形、疏密和种植的方式（见图5-33）。

图5-33　利用植物构成不同形式的空间

3. 可作主景、背景和季相景色

植物材料可作主景，并能创造出各种主题的植物景观。但是作为主景的植物景观要有相对稳定的形象，不能偏枯偏荣。

植物材料还可作背景，但应根据前景的尺度、形式、质感和色彩等决定背景植物材料的高度、宽度、种类和栽植密度，以保证前后景之间既有整体感又有一定的对比和衬托。背景植物材料一般不宜用花色艳丽、叶色变化大的种类。

季相景色是植物材料随季节变化而产生的暂时性景色，具有周期性，通常不宜单独将季相景色作为园景中的主景。为了加强季相景色的效果应成片成丛地种植，同时也应安排一定的辅助观赏空间避免人流过分拥挤，处理好季相景色与背景或衬景的关系（见图5-34）。

4. 障景、漏景和框景作用

1）障景。"嘉则收之，俗则屏之"。这是中国古典园林中对障景作用的形象描述，使用不通透植物，能完全屏障视线通过，达到全部遮挡的目的（见图5-35）。

2）漏景。采用枝叶稀疏的通透植物，其后的景物隐约可见，能让人获得一定的神秘感。

3）框景。植物以其大量的叶片、树干封闭了景物两旁，为景物本身提供开阔的、无阻拦的视野，有效地将人们的视线吸引到较优美的景色上来，获得较佳的构图。框景宜用于静态观赏，但应安排好观赏视距，使框与景有较适合的关系（见图5-36）。

5. 其他作用

植物材料除了具有上述作用外，还具有丰富空间、增加尺度感、丰富建筑物立面、软化过于生硬的建筑物轮廓等作用。

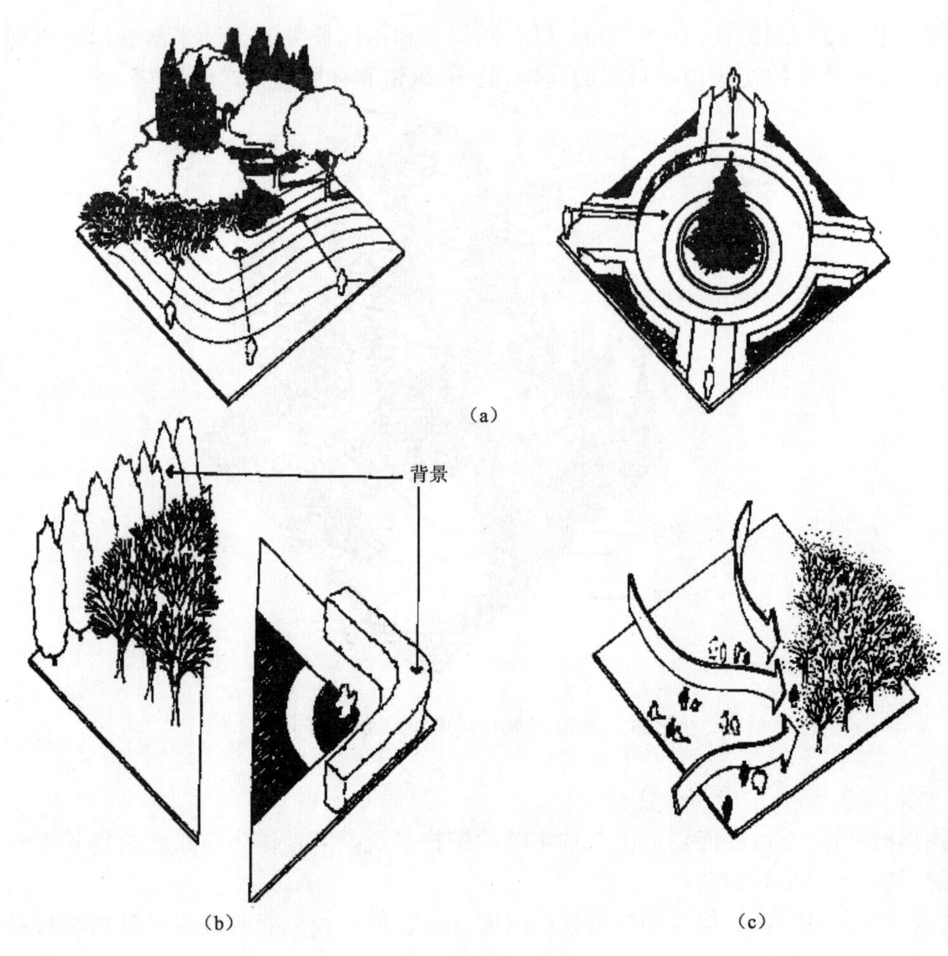

图 5-34　植物的造景要素

(a)形成主题或焦点;(b)作为背景;(c)季相色彩变化

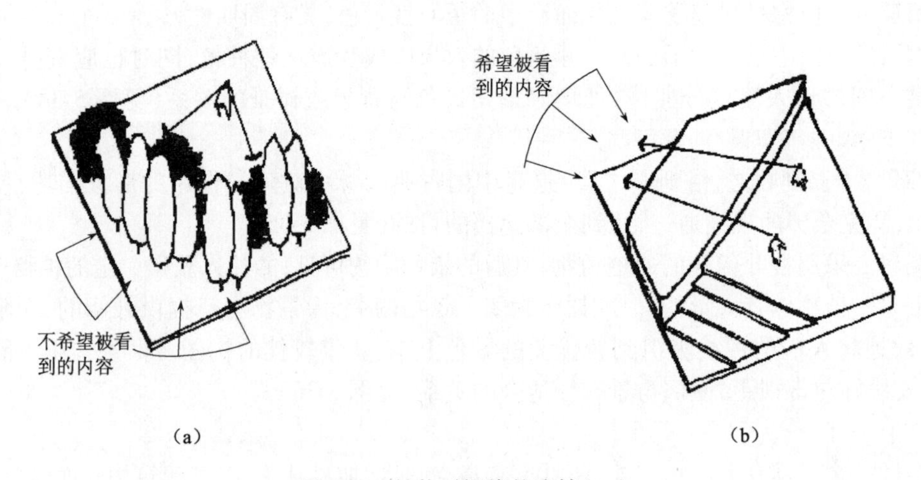

图 5-35　植物对视线的遮挡(一)

(a)封闭视线;(b)开放视线,但有分隔

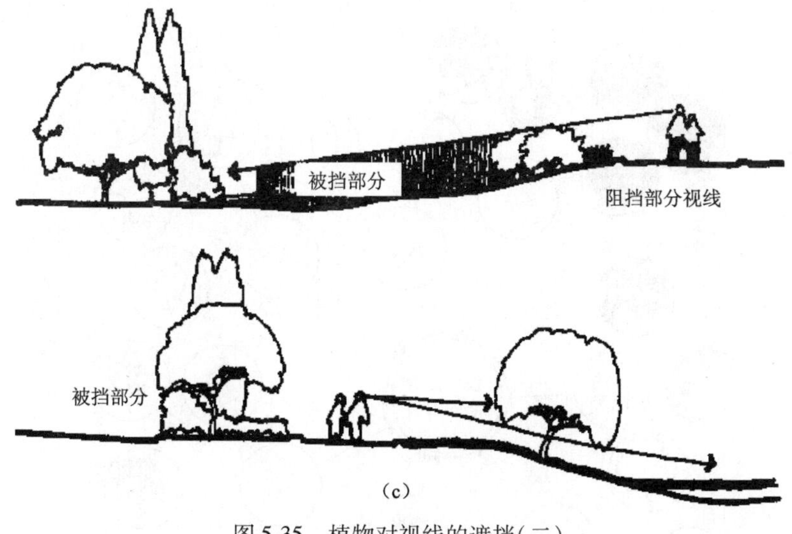

图 5-35　植物对视线的遮挡(二)

(c)阻挡部分视线

图 5-36　以植物形式框景

二、种植设计的基本方法

1. 设计过程

种植设计是园林设计的详细设计内容之一,初步方案决定之后,就可以在总体方案基础上与其他详细设计同时展开。其具体步骤包括研究初步方案、选择植物、详细种植设计和种植平面及有关说明。

2. 适地适树的原则

规模较大的种植设计应以生态学为原则,以地带性植被为种植设计的理论模式。规模较小的,特别是土地条件较差的城市基地中的种植设计应以基地特定的条件为依据。由于植物生长习性的差异,不同植物对光线、温度、水分和土壤等环境因素的要求不同,抵抗劣境的能力也不同。因此,应针对某地特定的土壤、小气候条件安排相适应的种类,做到适地适树。

3. 植物配置的原则

在进行植物配置设计时,首先应熟悉植物的大小、形状、色彩、质感和季相变化等内容(见图 5-37)。

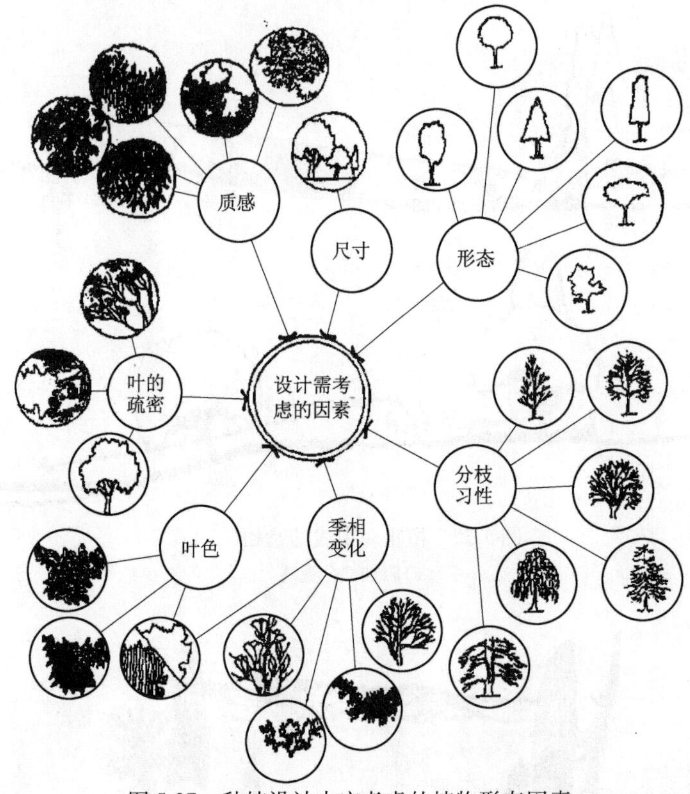

图 5-37　种植设计中应考虑的植物形态因素

植物的配置按平面形式分为规则的和不规则的两种；按植物数量分为孤植、丛植、群植几种形式。植物配置应综合考虑植物材料间的形态和生长习性，既要满足植物的生长需要，又要保证能创造出较好的视觉效果，与设计风格和环境相一致。

4. 种植间距

作种植平面图时，图中植物材料的尺寸应按植物成年后的大小画在平面图上，这样，种植后的效果和图面设计效果就不会相差很大。在园林设计中，为了缩短景观形成的周期，一开始植物可种植得密些，过几年后间去一部分；或者合理地搭配和选择树种，如速生树种和慢生树种搭配种植（见图 5-38）。

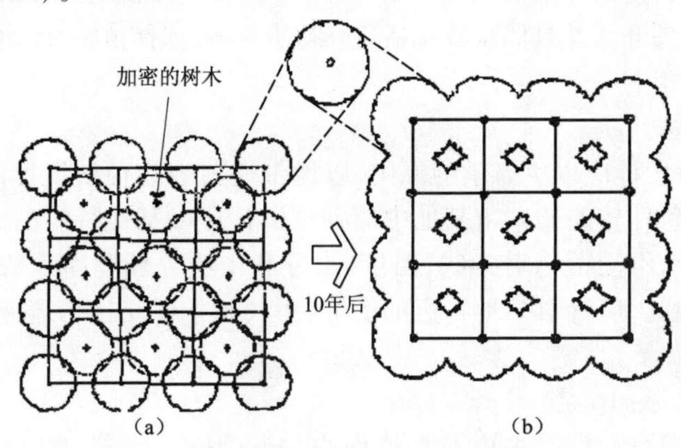

图 5-38　开始加密种植，若干年后再间去一部分树木
(a)加密种植；(b)10 年后间去一部分树木

三、植物布局

园林中植物的覆盖面积最大，植物与山体、水体和建筑相组合，相互衬托融为一体，有时植物还作为较为独立的景观。

1. 植物的种类与种植地段

植被的类别多样，有乔木、灌木、草本等，其种类繁多。不同的植物具有不同的特性，要选择与其相适应的土壤环境、气候条件。松树朝阳，柏树向阴，枫树宜成片植于坡地，柳树宜植于水边，花木更多的是栽在庭院门前。

2. 植物的层次与配置

高大粗壮的马尾松、铁杉、银杏、钻天杨等树高逾30m，榆树、槐树、椿树等树高约20m，玉兰、桃树、紫薇则不到10m，加上低矮团状的灌木，伏地的花草，成片的竹林，使植物的高低层次多不胜数。植物层次的多样，丰富了植物的配置手法（见图5-39、图5-40）。

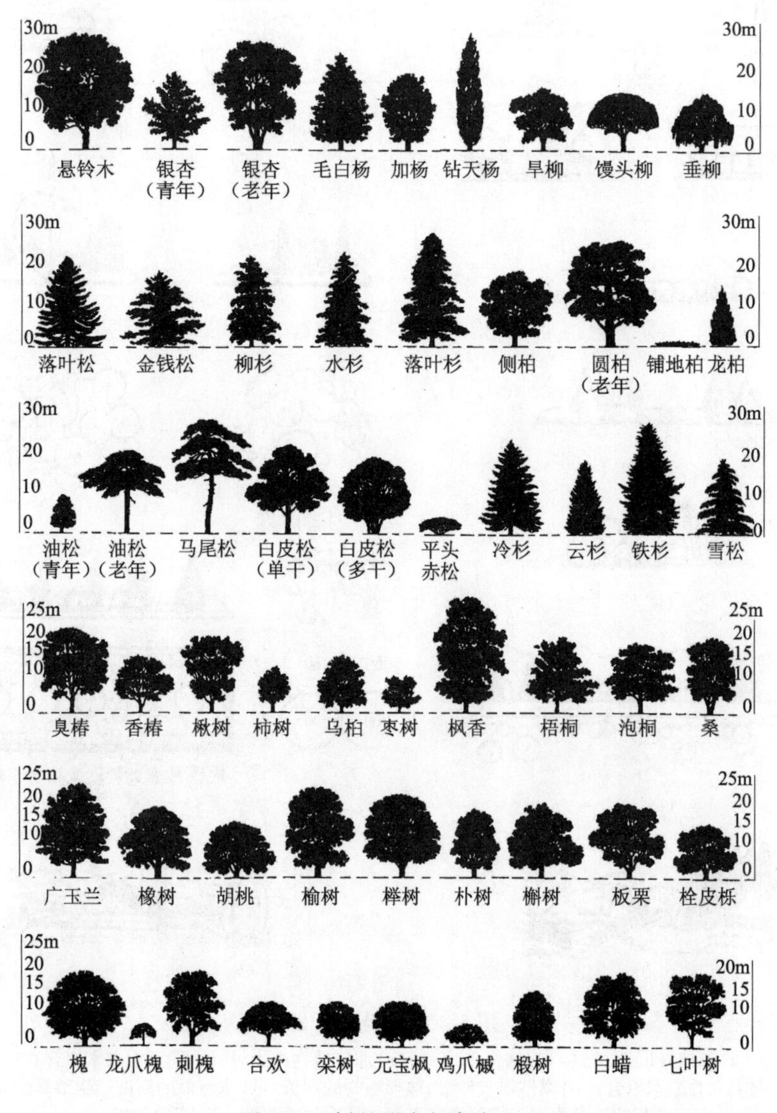

图5-39　树的形态与高度（一）

图 5-39　树的形态与高度(二)

图 5-40　植物的配置

(a)孤植;(b)对植;(c)三株;(d)多株;(e)球形植物占主导;(f)同类乔灌木组合;
(g)不同类别乔灌木组合;(h)圆锥形与卵形、散形植物的配置;(i)纺锤形的高度产生节奏的变化;
(j)错落的乔灌木增强带状植物立面与平面的观赏性;(k)变化的树坛;
(l)变化均衡的视觉效果;(m)整齐对称的布局

中国传统山水画画论以及芥子园画谱中都有关于树干、树枝、树林配置的论述，这些论述同样为造园植物配置提供了范例(见图5-41)。

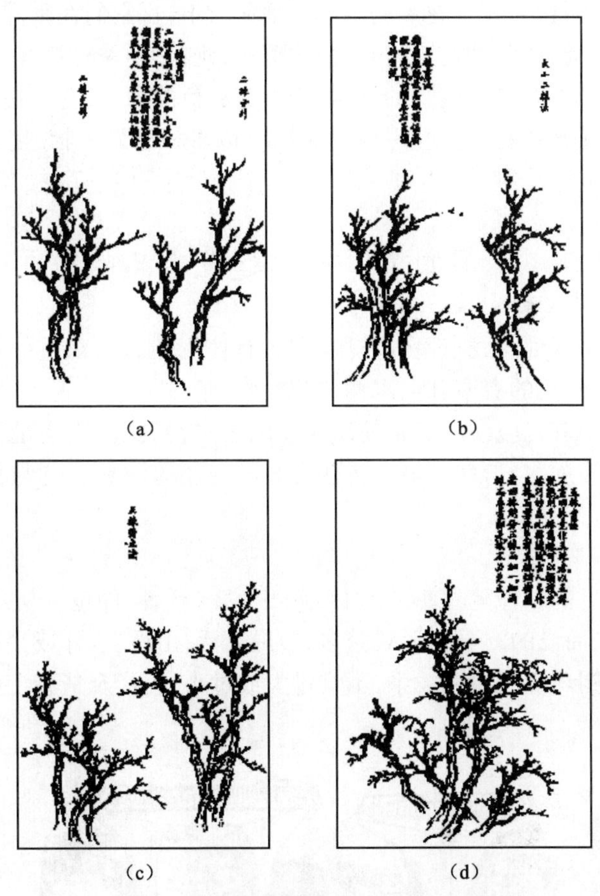

(a) (b)

(c) (d)

图5-41　芥子园画谱中树干、树枝的配置

(a)二株分形与交形；(b)大小二株法；
(c)三株对立法；(d)五株画法

3. 植物作为景观造型

任何种类的植物都有自身独特的造型，如低垂飘柔的杨柳、挺拔舒展的油松、锥形整齐的雪杉，以及雄浑的乔木树冠、小巧多态的花木枝条，给观赏者以不同意境的享受。当树冠显露在天际形成以天空作为背景的影像，植物的造型特征则越发鲜明。阳光下的竹林，其竹影投在白墙之上宛若一幅幅赏心悦目的中国画。俯视成片的绿地，草坪中点缀的灌木、花木，明暗与色彩的变化就是最美的天然图案。西方造园中规整式的园林将灌木、矮松修剪成各种几何形态与动物形态，称为绿色雕塑，其已是纯粹的植物景观了。一些造型独特的古树以其生动的姿态成为重要的观赏景点，如著名的苏州光福司徒庙的4株古柏“清、奇、古、怪”早已成为苏州风景的“一绝”而驰名中外。

4. 植物作为造园的特殊功能

有时，植物在园林中发挥着特殊的功能作用，如路边高大成排的树木成为林荫道；密集在一起的树木呈屏风状用以障景，以障景形成景区的转换，以障景遮挡园中不完美的视角；此外，利用树木枝干的合围之势起到取景框的作用，称为“框景”；低矮的树丛、花丛以及带状的灌木作为隔离带、围墙；攀援植物可以巧妙地组合成装饰性的门洞，成为遮阳的花架、凉棚。

5. 植物的色彩与四季变化

植物的色彩极为丰富，尤其是花卉的色彩几乎无所不包，它们在不同的季节争奇斗艳。春季有白色的玉兰、珍珠梅，黄色的迎春，粉红色的樱花、桃花；夏季有紫红色的紫薇花，淡红的合欢花，鲜红的月季花；秋季有漫山遍野的红枫；冬季有黄色的菊花，有苍松、翠柏、茂竹。春夏秋冬的气候变化带来了花开花落，叶生叶落的“季相”，以季相布局植物，使四季都可以欣赏到园林的美景。

第四节　园林建筑小品

园林建筑在园林中起到画龙点睛的作用，它具有使用和造景双重作用。园林建筑的形式和种类是非常丰富的，常见的有亭、廊、水榭、花架、塔、楼、舫等。

园林建筑在布局中首先应注意满足使用功能的要求，其次应当满足造景的需要，当然，还应使建筑室内外相互渗透，与自然环境有机融合。同时还应注意功能与景观的协调。下面介绍几类常见园林建筑。

一、亭

亭是园林中最常见的一种建筑形式，《园冶》中说：“亭者，停也。所以停憩游行也。”可见亭是供人们休息、赏景而设的。亭的形式繁多，布局灵活，山地、水际或平地都可设亭。亭的设计应注意其体量与周围环境的协调关系，不宜过大或过小，色彩及造型上应体现时代性或地方特色（见图5-42）。

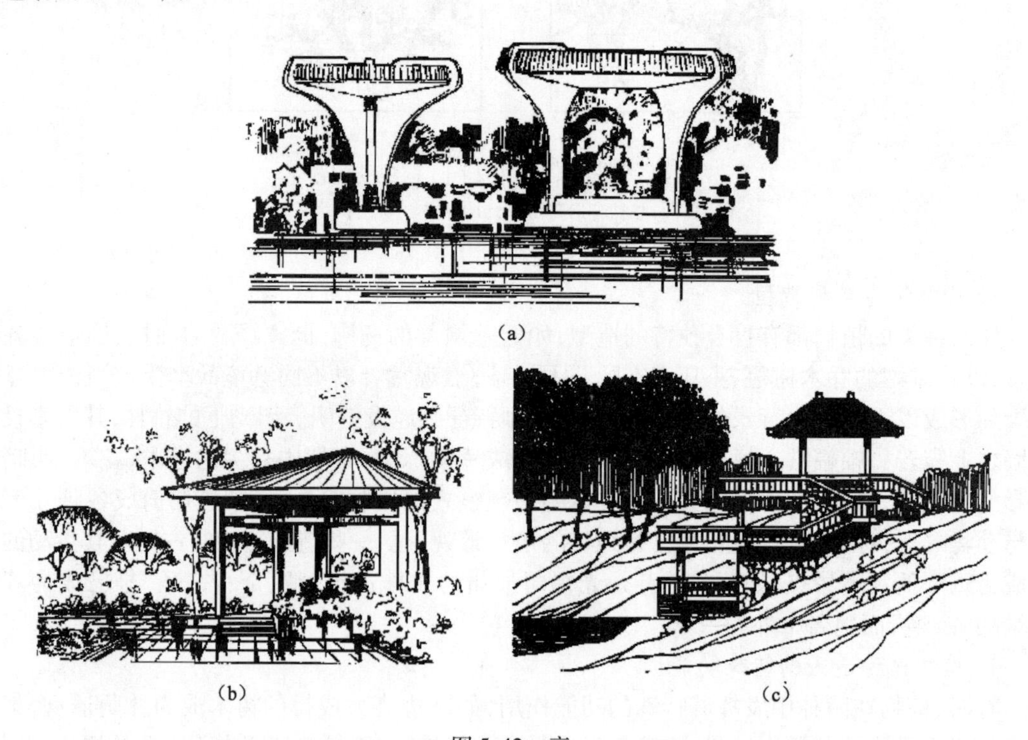

(a)

(b)　(c)

图5-42　亭

(a)临水双亭；(b)建于平地上的三角亭；(c)合肥环城公园中的庐阳亭位于山地上

二、廊

廊在园林中除了起到遮荫避雨、供游人休息的作用外，其重要的功能是组织游人观赏景物的导游线路，通过它的艺术布局，将一个个的建筑、景点、空间串联起来，形成一个有机的整体。同时，廊本身的柱列、横楣在游览路程中形成一系列的取景边框，增加了景深层次，浓化了园林趣味。

廊的形式丰富多样，其分类方法也较多(见图5-43)。若按廊的经营位置可分为平地廊、爬山廊、水廊；按平面形式可分为直廊、曲廊和回廊；而按廊的内容结构则可分为空廊、平廊、复廊、半廊等。

(a)

(b)　　(c)

(d)

图5-43　廊

(a)位于平地上的装饰游廊；(b)苏州留园中部的曲廊；(c)拙政园西部景区中的水廊；
(d)北海濠濮涧，用曲尺形爬山廊连接的四幢建筑，随山势而起伏逶迤，外轮廓线极富变化

三、水榭

水榭是一种临水建筑，常见形式是在水岸边架起一平台，部分伸出水面，平台常以低平的栏杆或鹅颈靠相围，其上还有单体建筑或建筑群(见图5-44)。

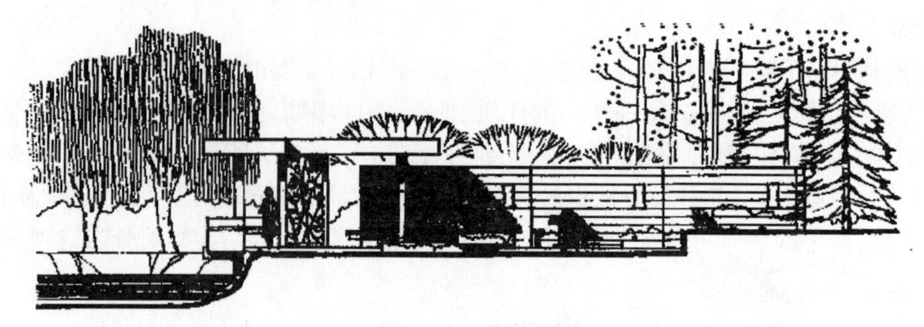

图 5-44　马鞍山雨山湖公园中的水榭

为了处理好水榭与水体的关系，在水榭设计上要注意以下几点：①在可能的范围内水榭应突出池岸，形成三面或四面临水的布局形式；②水榭宜尽可能贴近水面，若池岸与水面高差较大时，水榭建筑的地平应相应下降，使整体感协调、美观；③在造型上，宜结合水面、池岸等，强调水平线条为宜。

四、花架

花架是攀援植物的棚架，供游人休息、赏景，而自身又成为园林中的一个景点。在花架设计中，要注意环境与土壤条件，使其适应植物的生长要求；在没有植物的情形下，花架本身应具有良好的景观(见图 5-45)。

(a)

(b)

图 5-45　花架

(a)位于住宅区内造型别致的花架；(b)华南理工大学校门外的“J”形花架

除上述几类常见园林建筑外，园林中还分布有不少园林小品，它们具有体量小、数量多、分布广的特点，并以丰富多彩的内容，轻巧美观的造型，在园林中起着点缀环境、丰富景观、烘托气氛、加深意境等作用。同时，其本身又具有一定的使用功能，可满足一些游憩活动的需要，因而园林小品成为园林中不可缺少的组成部分。常见的园林小品有景门、景墙、景窗、园桌、园椅、园灯、栏杆、标志牌、园林雕塑小品等(见图5-46)。

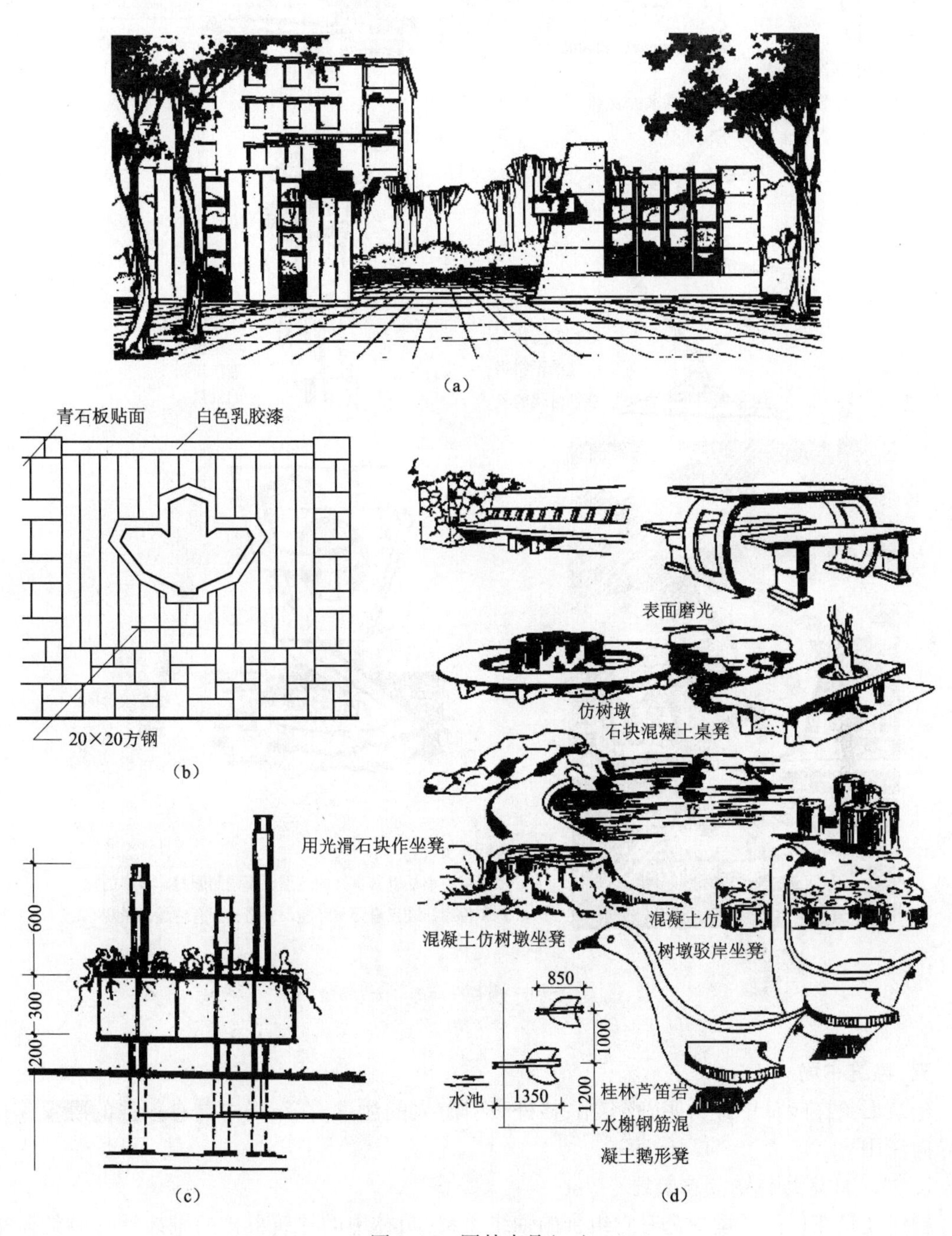

图5-46　园林小品(一)

(a)景门;(b)景窗立面;(c)景灯立面;(d)各式园椅、园凳

儿童乐园入口标志
奇特抽象的形体，增加了儿童探求的欲望

扭曲的立方体
表现永恒的力量

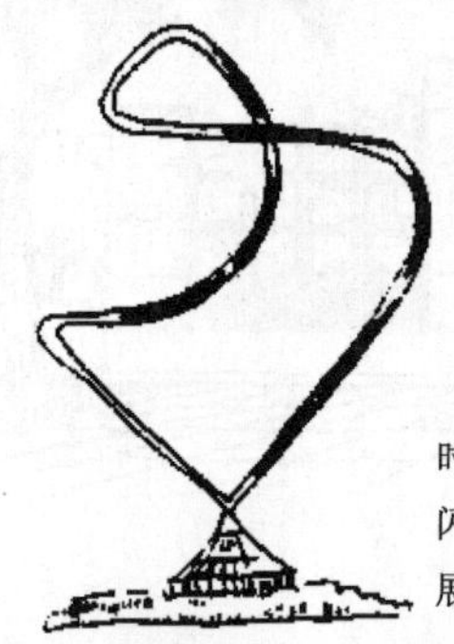

时代的旋律
闪光的不锈钢
展现时代的美

狂欢
飞旋的舞姿，
展现出热
烈而活跃
的气氛

友谊
以相互咬合的
人体象征友谊
牢不可破

鱼跃鸟飞
园林雕塑小品以其良好的造型、不同的题材、多样的材料和色彩，装点着园林环境，创造出别有情趣的景观

(e)

图5-46　园林小品(二)
(e)雕塑

五、建筑布局

建筑形象在园林中最为明确、突出，格外吸引游人的注意，在布局中具有很强的凝聚作用与导向作用。

1. 建筑群体的轴线与骨架线

群体建筑在任何环境中都有它组合的轴线关系，园林中的建筑群体的轴线往往制约整个园林布局，有时则与园林的布局完全吻合(见图5-47)。中国古典园林中皇家园林的建筑群以正殿为中心，自宫门开始，至后端收尾的殿堂基本为一条笔直的中轴线。两侧宫殿采用对称布局，依中轴线延伸，显示出严格的秩序与庄重的气氛。私家园林的格局形式多样，局部的建筑群仍多以正厅为主体，设置中轴线组成院落，很多建筑组合变化错落，为自由的群体，没有对称、严谨的中轴线，但可以找到它们布局的骨架线型的关系。

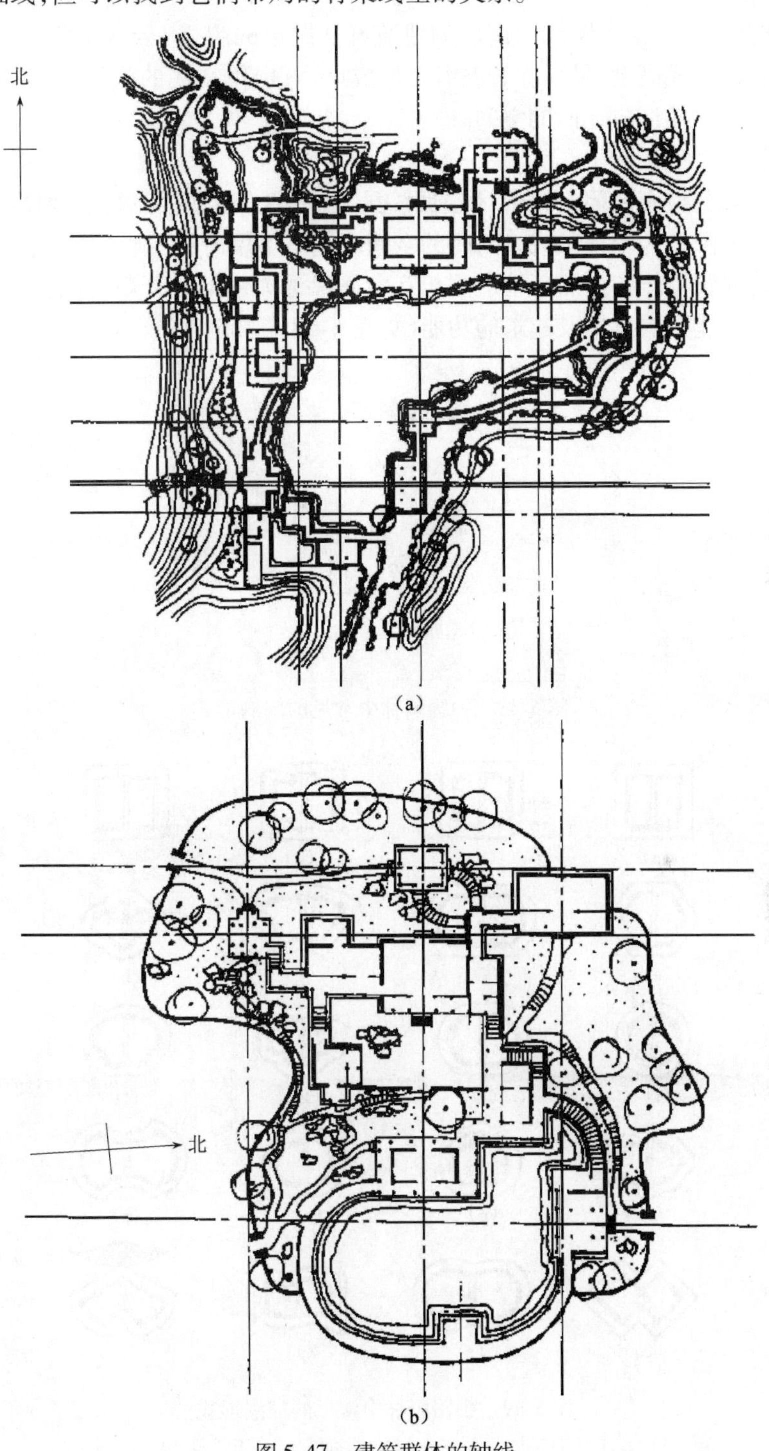

图 5-47　建筑群体的轴线

(a)北京颐和园谐趣园；(b)北京香山公园见心斋

2. 建筑布局的空间序列

建筑布局的空间序列与园林布局的空间序列道理相通，作为整个建筑群体有起始、过渡、衔接、重点、高潮、收尾等不同的活动空间，它们是一个整体。其中，有大与小、高与低、多与少、收与放等不同的处理方法。颐和园南坡的建筑群从湖边的牌楼"云辉玉宇"起始，经排云殿、德辉殿，登佛香阁形成高潮，最后在智慧海处形成尾声，山体东侧的敷华亭、转轮藏，西侧的撷秀亭、五方阁作为衬托形成迂回的空间。

3. 开敞空间与封闭空间

建筑靠墙体围合，有门闭合是封闭空间。虽有围合，但采用窗漏、落地窗，较为通透的厅堂，或者不完全的围合为半开敞或半封闭的空间。基本不用砖石围墙，以竹林、灌木墙为界，采用透廊、过廊使建筑群体与自然环境形成相互穿插渗透关系的是开敞空间。选择什么形式取决于建园的立意、建园的风格及建筑的功能(见图5-48～图5-50)。

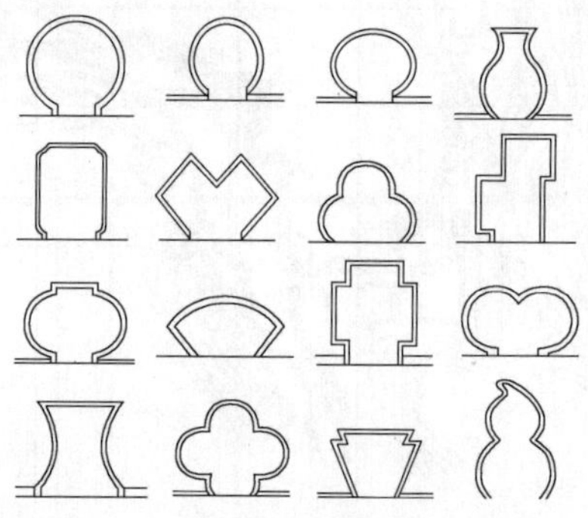

图5-48　中国园林中常见的门洞形式

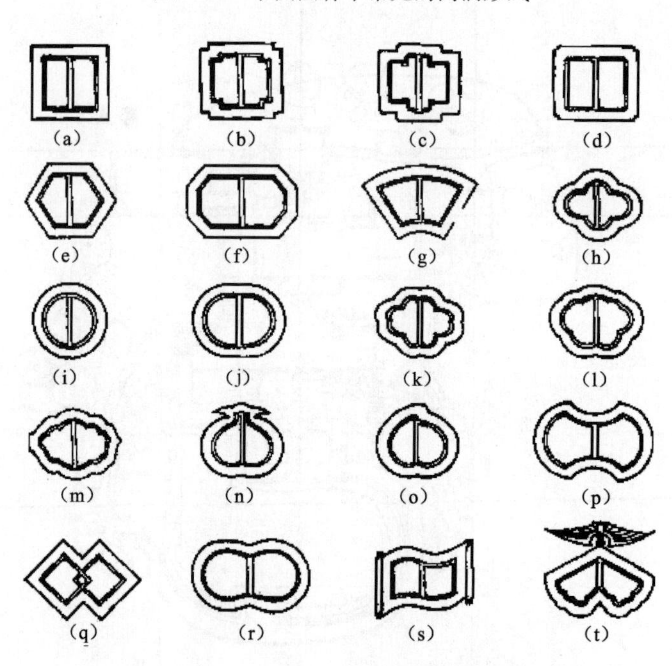

图5-49　中国园林中常见的窗漏形式

(a)正方；(b)圭角方；(c)十字；(d)十字海棠；(e)正六角；(f)扁八方；(g)扇面；(h)扁海棠；(i)圆；(j)扁圆；(k)如意；(l)金蝉；(m)贝叶；(n)石榴；(o)扁桃；(p)双斧；(q)套方；(r)套圆；(s)书卷；(t)福庆有余

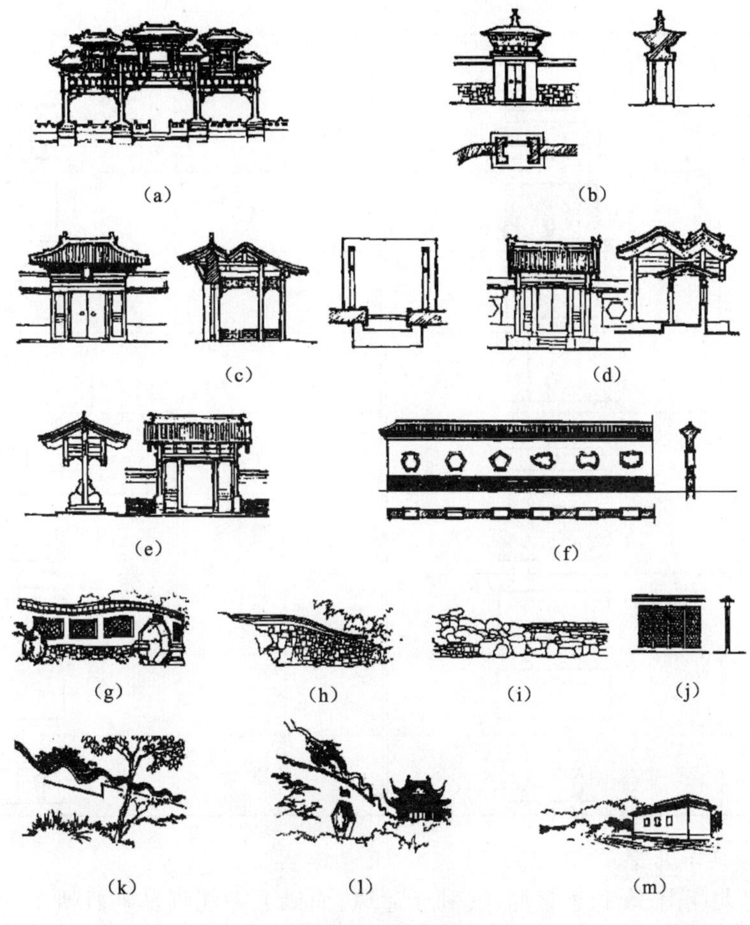

图 5-50　门与墙

(a)牌坊;(b)随墙门(1);(c)随墙门(2);(d)垂花门一殿一卷式;
(e)垂花门担梁式;(f)混合墙(1);(g)混合墙(2);(h)彩石墙;
(i)乱石墙;(j)花篱墙;(k)云墙;(l)龙墙;(m)影壁

4. 空间关系的限定

不同形态构成要素对建筑空间产生不同的限定感,在设计中应选择相适应的限定关系以满足构思的需要(见表5-1)。

表 5-1　空间关系的限定

限定感较强		限定感较弱	
视野窄		视野宽	
透光差		透光强	
间隔密		间隔稀	

续表

限定感较强		限定感较弱	
质地硬		质地软	
明度低		明度高	
粗糙		光滑	
竖向高		竖向低	
横向宽		横向窄	
向心型		离心型	
平直状		曲折状	
封闭型		开场型	
视线挡		视线通	

5. 建筑的朝向与开窗

传统建筑坐北朝南，既利于日照，又利于遮风；而佛道寺观则是坐西朝东，西方是极乐世界，朝圣者自东而来。现代园林中很多建筑其朝向随地貌、景观特征而定，朝向与开窗的选择是为了选取最好的环境视野。在处理开放空间的时候，手法变得更为灵活。

6. 单体建筑的点景作用

园林建筑的类型丰富，有殿、堂、轩、榭、舫、亭、桥、廊等（见图5-51）。园林中最多的独立建筑是各类园亭：山上有山亭，水边有水亭，廊端、廊间有廊亭，平地纳凉有凉亭，修立碑文有碑亭。北方园林的亭体量大，雄浑、粗壮、端庄，南方园林的亭体量小，俊秀、轻巧、活泼。此外，还有半亭、双亭、组合亭等多种式样，与现代建筑相适应的现代园亭比传统建筑的园亭式样更多样，生动而富于变化（见图5-52～图5-55，见表5-2、表5-3）。

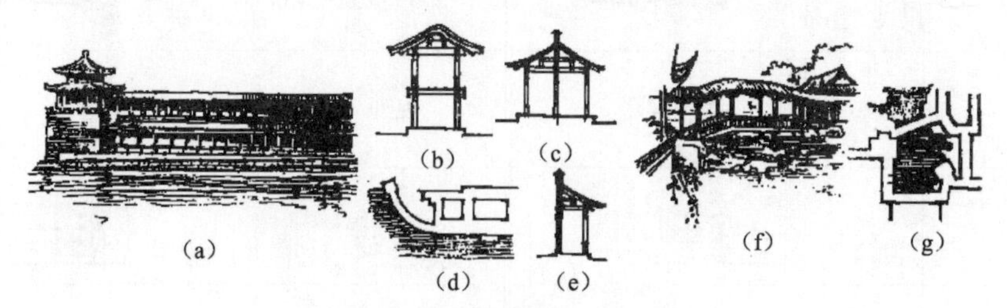

图5-51　各类廊、榭、舫（一）

（a）弧形月牙廊（北海延楼楼廊）；（b）楼廊；（c）复廊；
（d）月牙廊平面；（e）单廊；（f）桥廊；（g）拙政园小飞虹

图 5-51　各类廊、榭、舫(二)

(h)之字曲折廊;(i)坡廊;(j)爬山廊;(k)波形水廊;
(l)抄手回廊(承德避暑山庄万壑松风);(m)叠落爬山廊;
(n)山榭(承德避暑山庄青枫绿屿);(o)水榭(扬州冶春园茅盖水榭);
(p)花榭结合水榭(拙政园芙蓉榭);(q)混合舫(拙政园香洲);
(r)楼舫(颐和园清晏舫);(s)平舫(南京煦园石舫)

图 5-52　各类单亭(一)

图 5-52　各类单亭(二)

图 5-53　各类组合亭

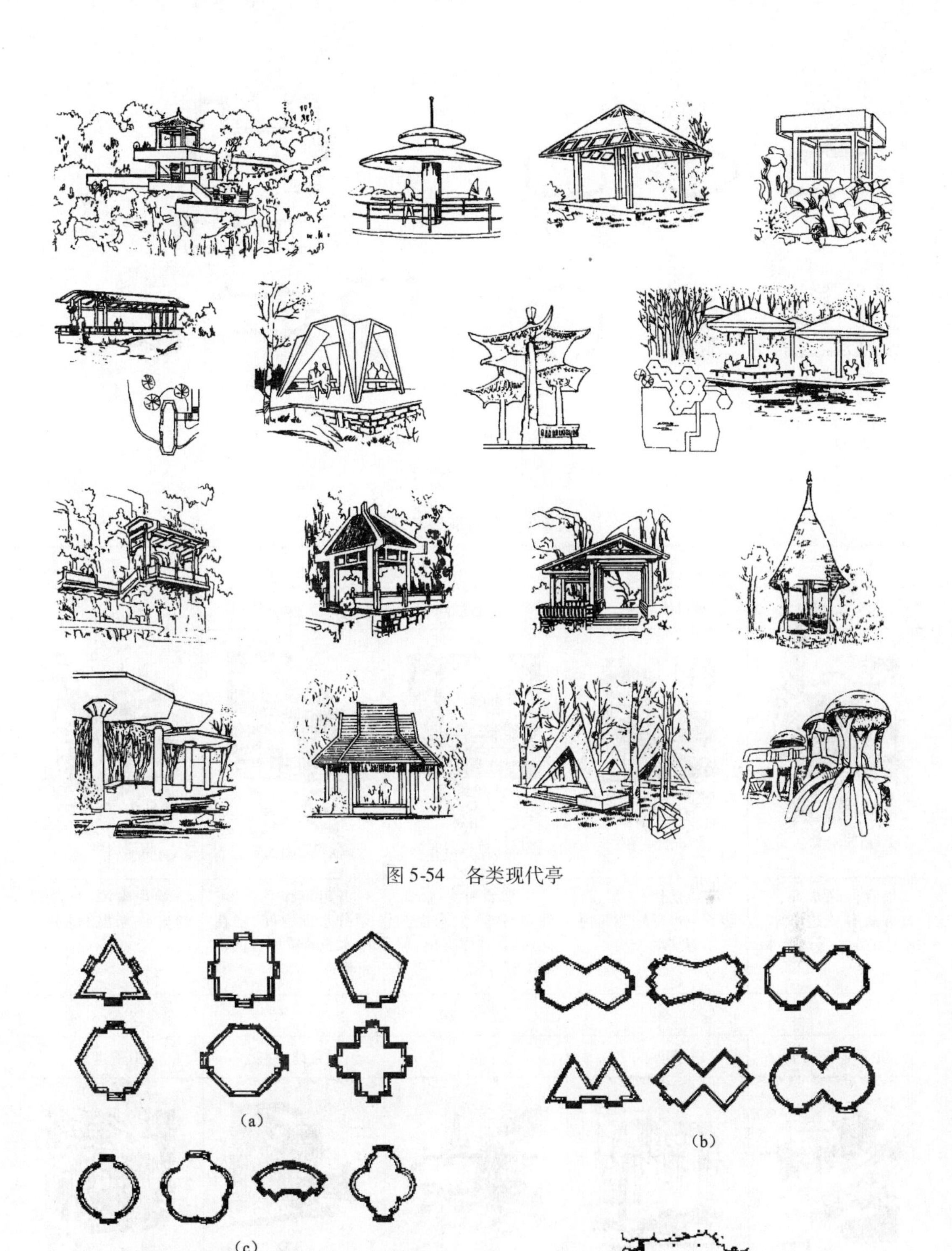

图 5-54　各类现代亭

图 5-55　亭的平面类型(一)

(a)正多边形平面;(b)双亭平面;(c)曲边形平面;(d)不规则形平面;(e)半亭平面

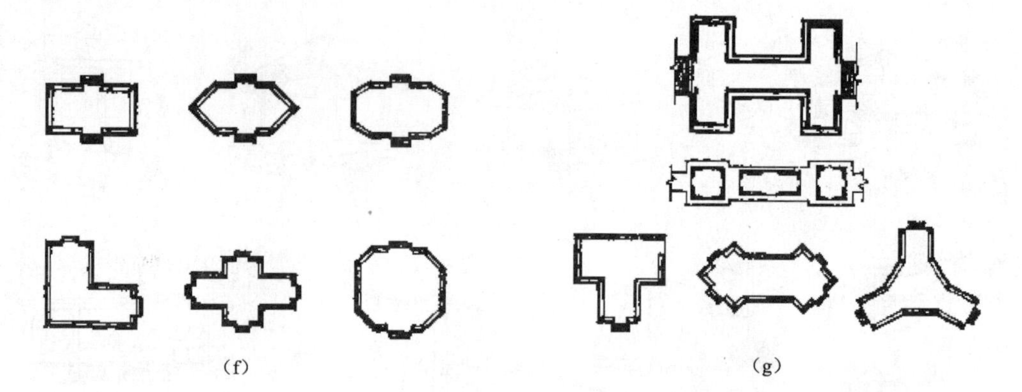

图 5-55　亭的平面类型(二)
(f)不等变形平面;(g)组亭及组合亭平面

表 5-2　亭的基地与环境

临　　水　　建　　亭				
水边建亭	近岸水中建亭	岛上建亭	桥上建亭	溪涧建亭
留园濠濮亭	北海公园五龙亭	拙政园荷风四面亭	颐和园幽风亭	峨眉山牛心亭
最宜低临水面,布置方式有一边临水、两边临水及多边临水	常以曲桥、小堤、汀步等与水岸相连而使亭四周临水	类似者有湖心亭、洲端亭等,为水面视交点,景观面突出,但岛不宜过大	既可供休息,又可划分水面空间,唯在小水面的桥更宜低临水面	景观幽深,可观潺潺流水、听溪涧泉声
山　　地　　建　　亭				
山顶建亭(1)	山顶建亭(2)	山腰建亭(1)	山腰建亭(2)	山麓建亭
避暑山庄四面云山亭	云南石林望峰亭	崂山圆亭	颐和园画中游	北海公园见春亭
居高临下,俯视全园,可作风景透视线焦点,控制全园	宜选奇峰林立,千峰万仞之巅,点以亭飞檐翘角,具奇险之势	宜选开阔台地,利用眺望及视线引导,为途中驻足休息佳地	宜选地形突变、崖壁洞穴,巨石凸起处,紧贴地形大落差建两层亭	常常置于山坡道旁,既方便休息,又可作路线引导

续表

平地建亭				
路亭	角隅建亭	掇山石建亭	林间建亭	筑台建亭
三潭印月路亭	北海公园鲜碧亭	留园冠云亭	天平山御碑亭	兴庆公园沉香亭
常设在路边或园路交汇点,可防日晒避雨淋,驻足休息	利用建筑的山墙及围墙角隅建亭,可突破实墙面的呆板,使小空间活跃	可抬高基址,变高视线,并以山石陪衬环境,增自然气氛,减平地单调	在巨树遮阴的密林下,虽为平地,但景象幽深,林野之趣浓郁	是皇家园林常用手法之一,可增亭之雄伟壮丽之势

表 5-3 南北亭造型的比较

项目	风格上	造型上	色彩、装饰上	图例
北式亭	雄浑、粗壮、端庄、一般体积较大,具北方之雄	持重,屋顶略陡,屋面坡度不大,屋脊曲线平缓,屋角起翘不高,柱粗	色彩艳丽、浓烈,对比强,装饰华丽,用琉璃瓦,常施彩画	北式
南式亭	俊秀、轻巧、活泼、一般体量较小、具南方之秀	轻盈、屋顶陡峭,屋面坡度较大,屋脊曲线弯曲,屋角起翘高,柱细	色彩素雅、古朴,调和统一,装饰精巧,常用青瓦,不施彩画	南式

近水处离不开架设各类桥体(见图 5-56 ~ 图 5-58),园亭与桥体等单体建筑在园林建筑的布局中往往起到恰到好处的点景作用。

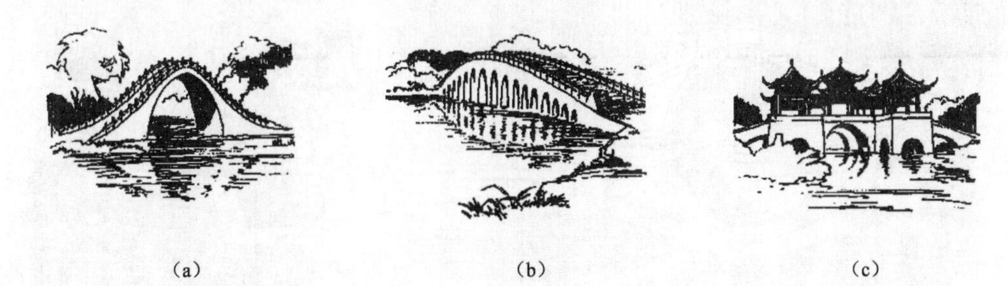

(a) (b) (c)

图 5-56 各类桥体的造型(一)

(a)莲瓣拱单孔桥(颐和园玉带桥);(b)椭圆拱多孔桥(颐和园十七孔桥);(c)多亭桥(扬州瘦西湖五亭桥)

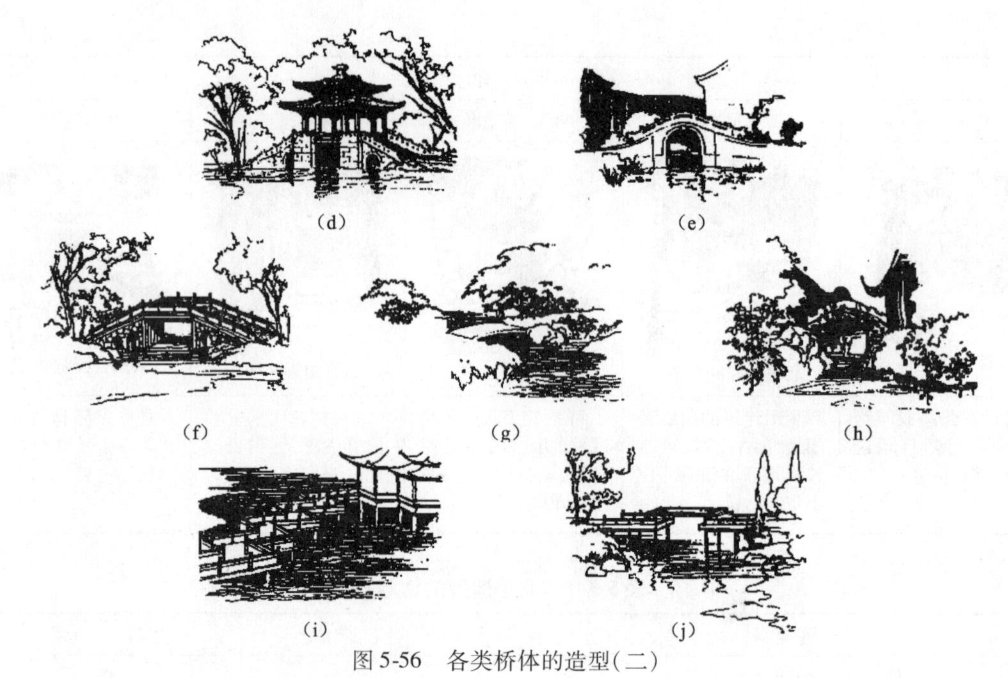

(d) (e) (f) (g) (h) (i) (j)

图 5-56　各类桥体的造型(二)

(d)单亭桥(颐和园幽风桥);(e)圆拱桥(北海静心斋);(f)平梁桥(圆明园平湖秋月);(g)单跨平桥(艺圃浴鸥门内小桥);(h)小圆拱桥(留园半步桥);(i)多跨平折桥(上海豫园);(j)撤板桥(圆明园)

图 5-57　桥体图例(1)(一)

图 5-57　桥体图例(1)(二)

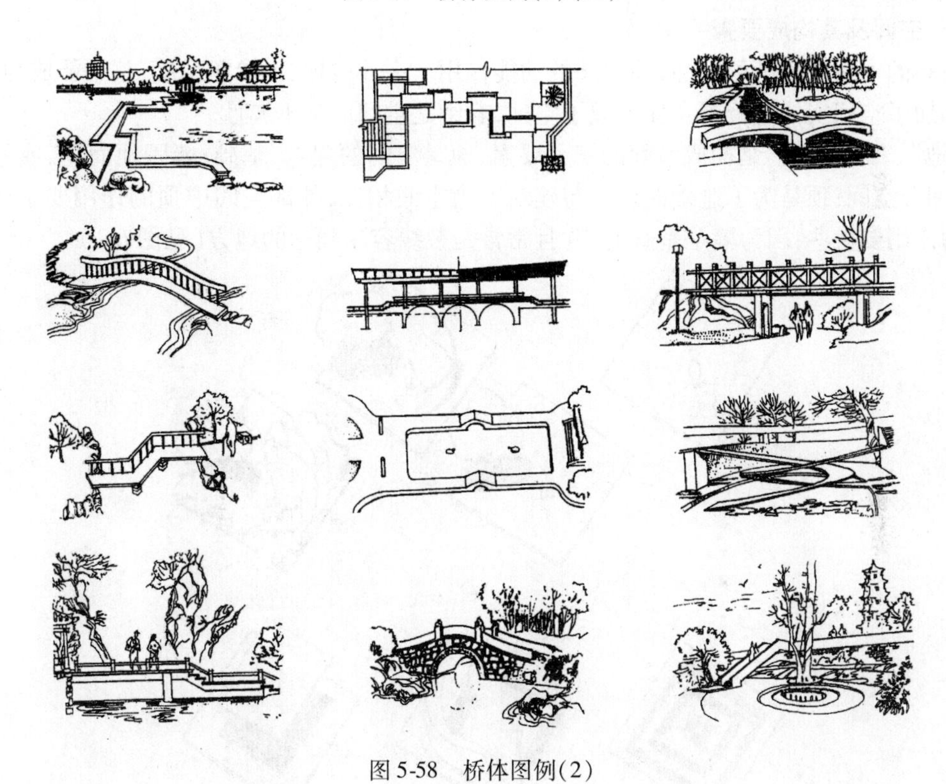

图 5-58　桥体图例(2)

第六章　园林空间认识与造景

第一节　园 林 空 间

造空间是园林设计的根本目的。每个空间都有其特定的形状、大小、构成材料、色彩、质感等构成要素，它们综合地表达了空间的质量和空间的功能作用。设计中既要考虑空间本身的质量和特征，又要注意整体环境中诸空间之间的关系。

一、空间及其构成要素

空间的本质在于其可用性，即空间的功能作用。一片空地，无参照尺度，就不能成为空间，一旦添加了空间实体进行围合便形成了空间，容纳是空间的基本属性。

"地"、"顶"、"墙"是构成空间的三大要素，地是空间的起点、基础；墙因地而立，或划分空间，或围合空间；顶是为了遮挡而设。与建筑室内空间相比，外部空间中顶的作用要小些。墙和地的作用要大些，因为墙是垂直的，并且常常是视线容易到达的地方（见图6-1）。

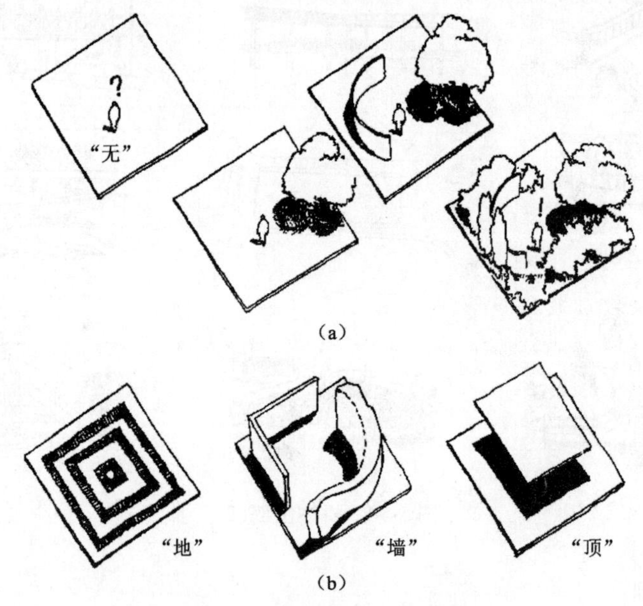

图6-1　空间的产生和构成要素

（a）空间的产生：有与无；（b）构成空间的三要素

空间的存在及其特性来自形成空间的构成形式和组成因素，空间在某种程度上会带有组成因素的某些特征。顶与墙的空透程度、存在与否决定了空间的构成，地、顶、墙诸要素各自的线、形、色彩、质感、气味和声响等特征综合地决定了空间的质量。因此，首先要撇开地、顶、墙诸要素的自身特征，只从它们构成空间的方面去考虑，然后再考虑诸要素的特征，并使这些特征能准确地表达出所希望形成的空间的特点。

二、空间的形式

园林空间有容积空间、立体空间以及两者结合的混合空间（见图 6-2）。容积空间的基本形式是围合，空间为静态的、向心的、内聚的，空间中墙和地的特征较突出（见图 6-3）。立体空间的基本形式是填充，空间层次丰富，有流动和散漫之感（见图 6-4）。

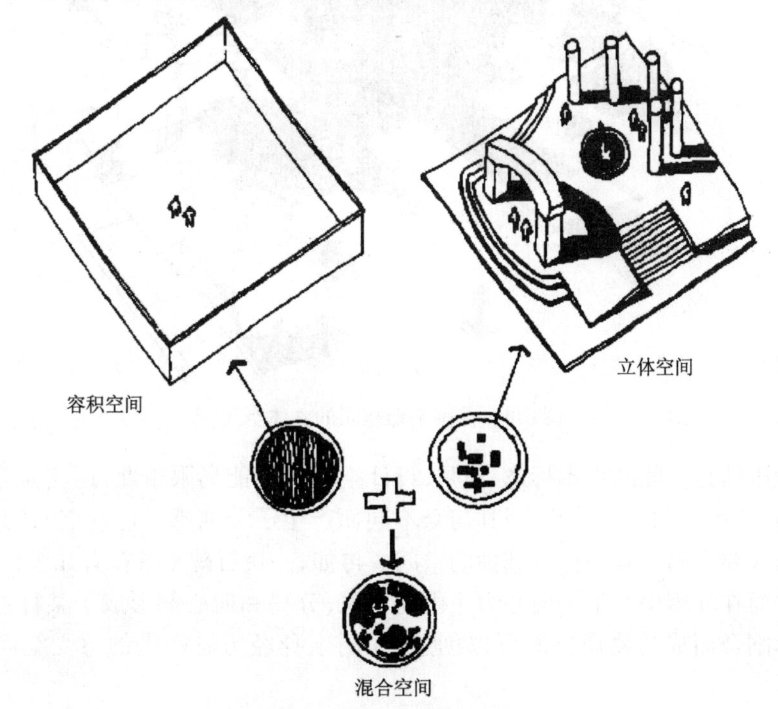

图 6-2　容积空间和立体空间

图 6-3　威尼斯圣马可广场（典型容积空间）

图6-4　美国某雕塑园的立体空间

容纳特性虽然是空间的根本标志,但是,设计空间时不能局限于此,还应充分发挥自己的创造力。例如,草坪中的一片铺装,因其与众不同而产生了分离感。这种空间的空间感不强,只有地这一构成要素暗示着一种领域性的空间。再如,一块石碑坐落在有几级台阶的台基上,因其庄严矗立而在环境中产生了向心力。由此可见,分离和向心都形成了某种意义和程度上的空间。实体围合而成的物质空间可以创造,人们亲身经历时产生的感受空间也不难得到(见图6-5)。

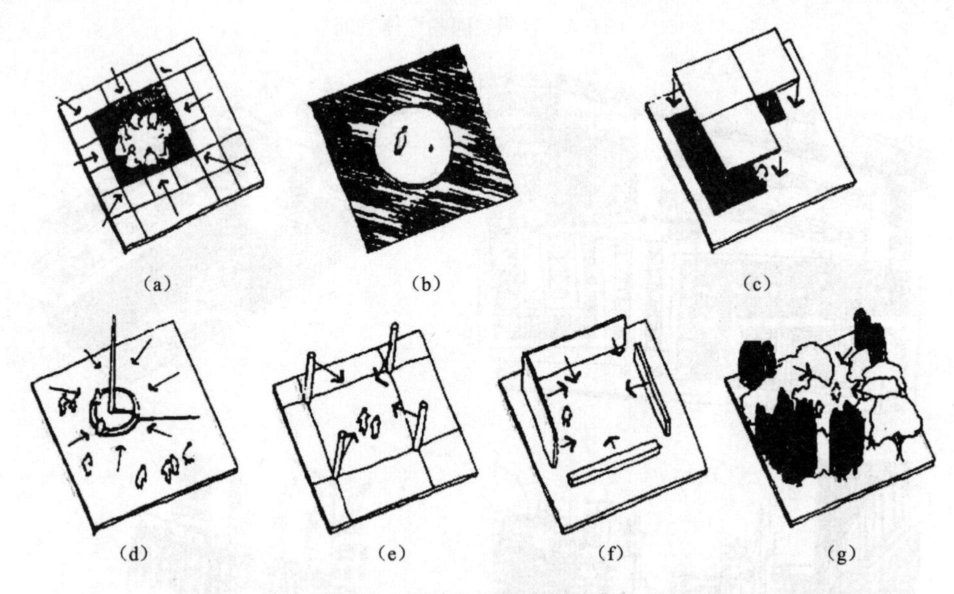

图6-5　设计空间构成的丰富性
(a)草坪;(b)水面;(c)顶面;(d)单柱;(e)列柱;(f)墙体;(g)植物

三、空间的封闭性

空间的围合质量与封闭性有关,主要反映在垂直要素的高度、密实度和连续性等方面。

高度分为相对高度和绝对高度，相对高度是指墙的实际高度和视距的比值，通常用视角(D)或高宽比(H)表示。绝对高度是指墙的实际高度，当墙低于人的视线时空间较开阔，高于视线时空间较封闭。空间的封闭程度由这两种高度综合决定(见图6-6)。

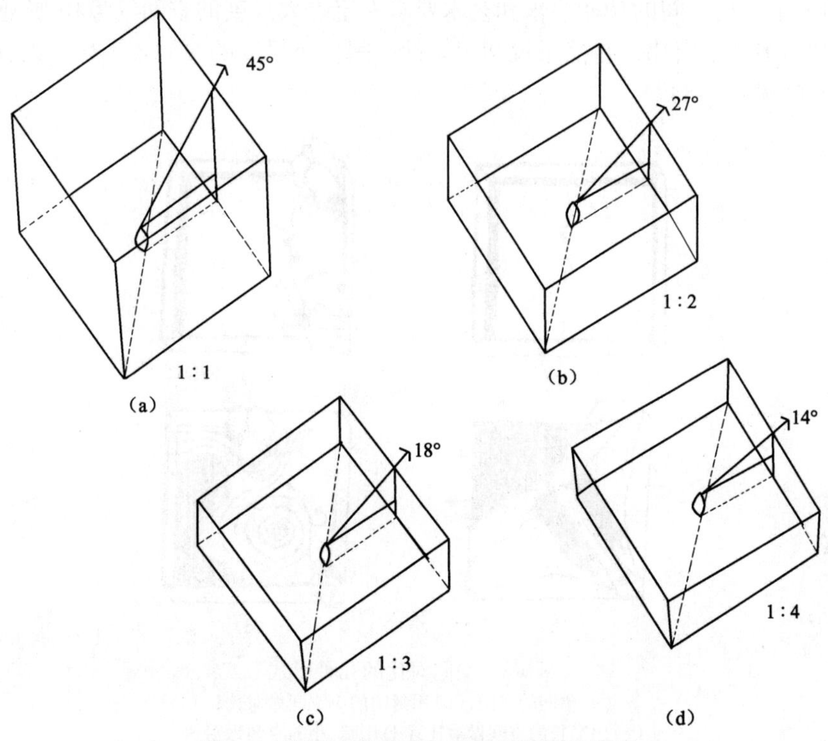

图6-6　视觉或高宽比与空间封闭性的关系

(a)空间十分封闭；(b)空间较封闭；(c)空间最小的封闭；(d)空间不封闭

影响空间封闭性的另一因素是墙的连续性和密实程度。同样的高度，墙越空透，围合的效果就越差，内外渗透就越强。不同位置的墙所形成的空间封闭感也不同，其中位于转角的墙的围合能力较强(见图6-7)。

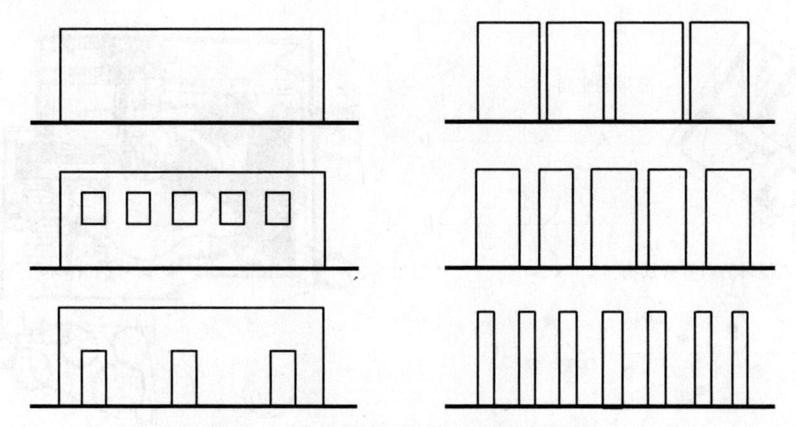

图6-7　墙的密实程度与空间的封闭性

四、空间处理

空间处理应从单个空间本身和不同空间之间的关系两方面去考虑。在单个空间的处理中，应注意空间的大小和尺度、封闭性、构成方式、构成要素的特征（如形、色彩、质感等）以及空间所表达的意义或所具有的性格等内容。多个空间的处理则应以空间的对比、渗透、层次、序列等关系为主。

空间的大小应视空间的功能要求和艺术要求而定。大尺度的空间气势壮观，感染力强，常使人肃然起敬，多见于宏伟的自然景观和纪念性空间。小尺度的空间较亲切宜人，适合于大多数活动的开展（见图6-8）。

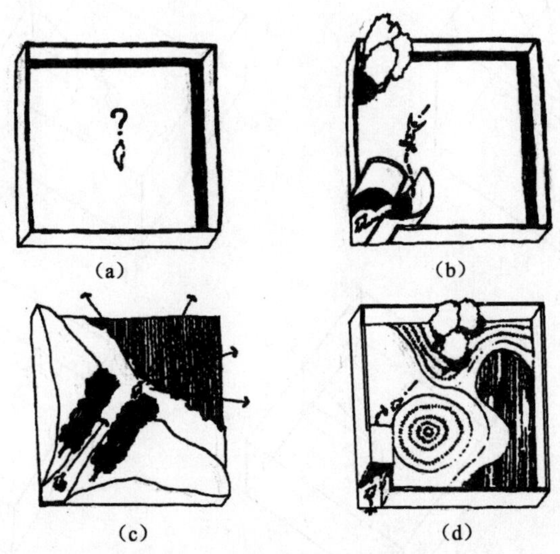

图6-8　空间对比的几种形式

（a）单调的空间；（b）用封闭的小空间做对比；（c）用窄长的空间做对比；（d）用暗、小的空间做对比

为了获得丰富的园林空间，应注重空间的渗透和层次变化。主要可通过对空间分隔与联系关系的处理来达到目的。被分隔的空间本来处于静止状态，但一经连通之后，随着相互间的渗透，好像各自都延伸到对方中去了，所以便打破了原先的静止状态而产生一种流动的感觉，同时也呈现出了空间的层次变化（见图6-9）。

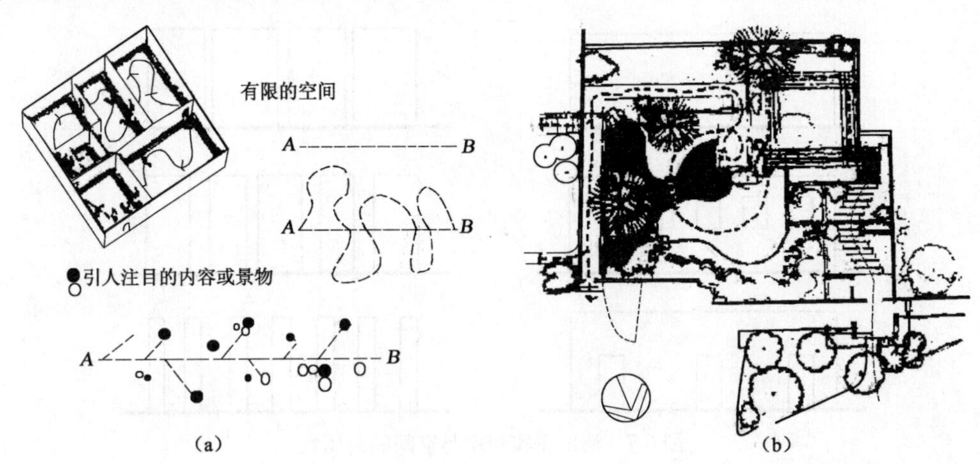

图6-9　拉长游程、扩大空间

（a）拉长游程、精心安排视线；（b）桂林盆景园西部平面

空间的对比是丰富空间之间的关系,形成空间变化的重要手段。当将两个存在着显著差异的空间布置在一起时,由于形状、大小、明暗、动静、虚实等特征的对比,而使这些特征更加突出。

空间序列是关系到园林的整体结构和布局的问题。当将一系列的空间组织在一起时,应考虑空间的整体序列关系,安排游览路线,将不同的空间连接起来,通过空间的对比、渗透、引导、创造富有性格的空间序列。在组织空间、安排序列时应注意起承转合,使空间的发展有一个完整的构思,创造出一定的艺术感染力(见图 6-10)。

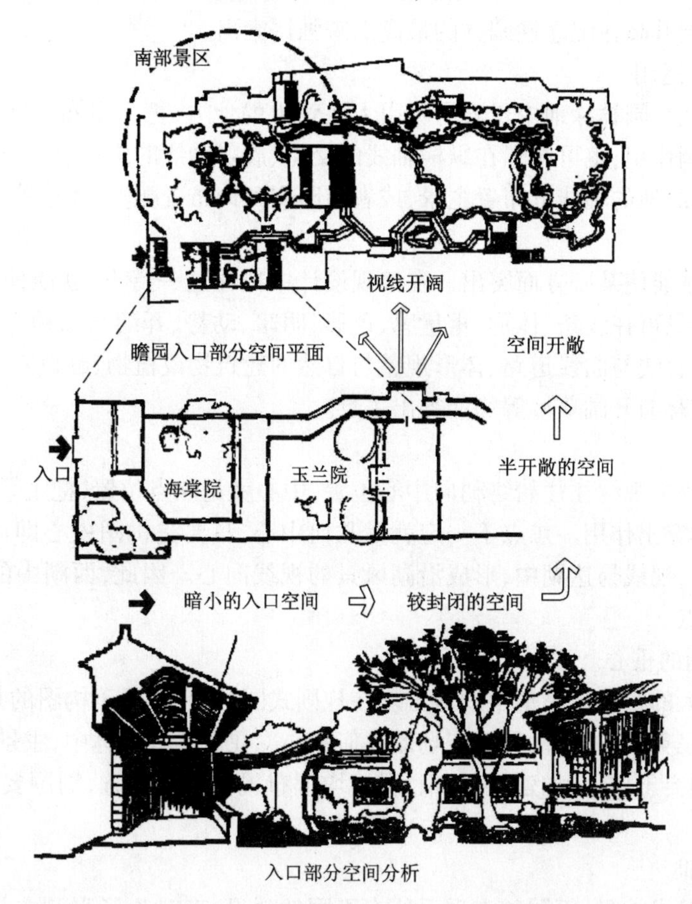

图 6-10　南京瞻园入口空间处理

第二节　园 林 造 景

园林设计的目的就是要创造出符合人们需求的、具有美感的空间环境,既要符合自然规律,又要艺术加工,因地制宜地创造出各类景观。下面就造景方法分析如下。

一、突出主景

任何园林绿地,无论大小,无论复杂还是简单,都有主次之分。主景是园林的重点、核心,是构图中心并且体现园林功能与主题。例如,济南的趵突泉公园,主景就是趵突泉,其周围的建筑、植物均是来衬托趵突泉的。在设计中就要从各方面表现主景,做到主次分明。园林的主景有两个方面的含义,一是指全园的主景,二是指局部的主景。大型的园林绿地一般分若干景区，每个景区都有主体来支撑局部空间。所以在设计中要强调主景，同时做好配景的设计来更好地烘托主景。突出主景的方法有以下几种。

（1）升高主体

"鹤立鸡群"的感觉就是独特，引人注目，也就体现了主要性，所以高是优势的体现。在园林的构图中常常把主景在高度上加以突出，让主景升高。例如，济南泉城广场的泉标，在明朗简洁的蓝天衬托下，其造型、轮廓、体量更加突出，其他环境因素对它的影响不大。再如，南京中山陵的中山灵堂升高在纪念性园林的最高点来强调突出。

（2）轴线焦点运用

轴线焦点往往是园林绿地中最容易吸引人注意力的地方，把主景布置在轴线上或焦点位置就起到突出强调作用，也可布置在纵横轴线的交点、放射轴线的焦点、风景透视线的焦点上。例如，规则式园林绿地的轴线上布置主景，或者道路交叉口布置雕塑、喷泉等。

（3）加强对比

对比越强烈越能使某一方面突出。在景观设计中抓住这一特点，就能使主景的位置更突出。在园林中，主景可在线条、体形、重量感、色彩、明暗、动势、开朗与闭锁等方面加以对比来强调主景。例如，直线与曲线道路、体形规整与自然的建筑物或植物、红色基础与白色雕塑、明亮与阴暗空间、密林与开阔草坪等均能突出主景。

（4）视线向心

人在行进过程中视线往往始终朝向中心位置，中心就是焦点位置，把主景布置在这个焦点位置上，就起到了突出作用。焦点不一定就是几何中心，只要是构图中心即可。例如，杭州西湖、济南大明湖等，视线易达湖中，形成沿湖风景的视线向心。因此，西湖中的孤山、大明湖的湖心岛便成为焦点。

（5）空间构图的重心

重心位置是人的视线最易集中的地方。在规则式园林中，常居于构图的几何中心，如天安门广场中央的人民英雄纪念碑，居于广场的几何中心。在自然式园林中，主景通常布置在构图的重心上，而起到突出作用，如建筑、假山、雕塑均可布置在重心位置，周围要素要与其成为统一整体。

（6）欲扬先抑

提高主景的艺术效果，不同的表现手法有不同的效果，有时为了强调主景，采用先抑制后张扬，让人有一种豁然开朗的感觉，起到加强作用。例如苏州留园，进了园门以后，经一曲折幽暗的廊后，到达开敞明朗的主景区，主景的艺术感染力大大提高了。

总之，主景是重点，在设计中应精心组织，全面考虑，主要可以从高度、体量、形态、色彩、质地、位置、布局方法上等方面加以突出。

二、配景

配景在园林中起陪衬作用，没有配景就会使主景的作用和景观效果受到影响。例如，一座很美的建筑周围没有植物和其他物体的陪衬，很难想象会是一个什么样的景观效果。所以，主景与配景是相互依存、相互影响、缺一不可的，它们共同组成一个整体景观。

三、前景、中景、背景

景和景之间都是有一定距离的，根据位置关系，可以分为前景、中景、背景，或者近景、中景、远景。它们在园林中起的作用各不相同，而且角色随着观赏者的移动而发生变化。

在景的设计过程中,根据具体情况和特点可以不同的层次出现,为了增加层次感,避免一览无余和空荡,需要有前景、背景来增加内容,丰富变化。这样的景,给人丰富而不单调的感觉。有时根据要求,前景、中景、背景不一定全有。如有的园林中,需要主景气势宏伟,空间广阔,无其他要素干扰,以平面低矮的效果处理,背景借助于高山、大海、草坪、广场、蓝天白云衬托等。

四、借景

在设计时把园外的景物通过视线组织到园内称为借景。《园冶》中说:“园林巧于因借,精在体宜。借者,园虽别内外,得景则无拘远近,晴峦耸秀,绀宇凌空,极目所至,俗则屏之,嘉则收之。”这对借景做了精辟的概括。借景是中国园林艺术的传统手法。一处园林的空间是有限的,为了扩大景物与周围环境的联系深度,扩大游人的欣赏范围,就需要到园外寻求景物,丰富游人的观赏内容,园林设计者经常运用借景的手法进行设计。

(1)借景的内容

借景的内容很丰富,只要是美观大方、符合人欣赏要求的均可以作为借景的内容,如有景观价值的建筑物,山、石、花木等自然景物,自然界多种多样及人为的声音,各种天象景观,季相变化,各种物体发出的气味等。

(2)借景的形式

1)远借。把园林远处的景物组织起来,给人的朦胧感较强,表现的是整体优势,可以是山水、树木、建筑等,如避暑山庄借僧帽山、磬锤峰,济南大明湖借千佛山,泰安岱庙借泰山等。为了借景,可以设计借助物,如山、阁、亭等。

2)邻借。把园子邻近处的景物组织进来,只要是园子周围优美的景色在设计时都可以留出视线空间,让游人欣赏到近距离的景物,只要是周围能够成景的都可以选择利用。无论是亭、阁、山、水、花木、塔、庙,如苏州沧浪亭借园外之水。

3)仰借。其指仰视看到的园子外的景观,一般是很高的景物。仰借的内容非常丰富,不拘类型,如山、古塔、高层建筑、大树、蓝天白云、日月星辰、飞鸟等都可以利用。例如,泰安虎山公园借泰山,北京北海公园借景山。

4)俯借。其指在高处俯视各类景色,四周景物尽收眼底,就是俯借。许多景物都是俯借的内容,如江海河湖、原野、城市景观等。例如,在上海东方明珠塔俯视外滩、黄浦江等。

5)时空借。其指随着时间的变化,自然界的一切事物从各方面都发生各种各样的变化而形成的景。如一年四季,有春暖花开、夏日浓绿、秋天硕果、冬日冰雪、朝晖晚霞、日出日落等景象。许多名景都是因时空变化而成名的,如曲院风荷、平湖秋月、断桥残雪、泰山日出、黄山云海、泰山雾凇等。

五、分景与对景

景在园林中有着不同的作用和效果,为了能发挥它们的最佳效果,在设计中根据不同的特点进行布局,以满足不同园林绿地的要求,创造出不同的景观,园林中常利用对景和分景两种手法。

(1)对景

凡位于园林绿地轴线及风景透视线端点的景叫对景。观赏景,就要有好的观赏位置,应是供游人休息的场所,可以设计亭、榭、山石、座椅等与景相对。景可以正对,一般布置在轴线的端点,在规则式园林中常成为轴线上的主景,如北京景山万春亭是天安门—故宫—景山轴线的端点,成为主景;景可以互对,一般布置在轴线或风景视线两端点,互为对景不一定有严格的轴线，可正对，也可以有所偏离，如苏州拙政园中的远香堂和对面假山上的雪香云蔚亭。

(2)分景

“景有尽，而境无穷。”那么，在设计中怎样才能更多更好地创造出意境深远的景，让人回味无穷呢？中国传统园林多采用分景的手法，把大空间分隔成若干变化多样的丰富空间，虚实相间，形成丰富的景色。分景按其目的作用和景观效果，可分为障景和隔景。

1)障景(抑景)。在园林绿地中凡是抑制视线，引导空间的屏障景物称为障景。障景使人的视线受到抑制，空间引导方向发生改变，转到另一空间，有豁然开朗之感，即“欲扬先抑，欲露先藏”的设计手法，障景本身就是一景，可以是山、石、植物、建筑(构筑物)等。例如济南趵突泉公园，一进门被一假山阻挡，视线向两边转移，压抑感很强，绕过假山后感到空间变大，开敞明朗。

2)隔景。凡将园林绿地分隔为不同空间、不同景区的手法称为隔景。隔景就是分隔成不同的功能景区，采用多种手法和材料来处理，如密隔、疏隔、疏密结合等。实墙、建筑群、山石、密林等为实隔；水面、桥、漏窗、廊、花架、疏林等为虚隔。例如，上海的豫园用龙墙进行分隔；颐和园的昆明湖、南京的玄武湖是用桥、洲、岛进行分隔。

六、框景与漏景

在园林设计中有时为了达到一些特殊效果，需要用框景、漏景来处理。

(1)框景

凡利用门框、窗框、树框、山洞等，有选择地摄取某空间的优美景色，像嵌于镜框中的立体风景画，称为框景。《园冶》中谓“借以粉墙为纸，而以石为绘也，理者相石皴纹，仿古人笔意，植黄山松柏，古梅美竹，收之园窗，苑然镜游也”。在古典园林中，框景应用很广泛。在设计中可以有选择地布置框架，摄取自然界或园林绿地中的优美景色，可使视线集中于主景上，增加丰富的空间景色变化。

(2)漏景

漏景由框景变化而来，框景景物清晰，漏景景物朦胧，是空间之间联系的纽带。漏景可以通过漏窗、花墙、疏林、树冠等形成，但植物不宜色彩华丽。

七、夹景和添景

(1)夹景

在道路、河流等处两边的建筑、植物、山石组成的狭长空间中，人的视线只能伸向远方，左右两侧的前景称夹景，夹景的深远感非常强烈，并能使人集中注意力。

(2)添景

添景是设计中的一种形式，它是以近景或中景形式出现的，当视点与前方景物之间需要过渡、丰富景的层次感时，常做添景处理。树木、建筑、山石等小品等可用作添景材料。

八、题景

景物的命名就是题景，在园林中是一项非常重要的内容，也是一种独特的景观。文字本身形式多样，内容更是体现了深厚的文化内涵，并起到了点景的作用。一个好的景物若没有命名让人有一种缺乏主题的感觉，给人们进行语言文化交流造成了障碍。《红楼梦》第十七回的一段话深刻地点明了这一点，“偌大景致，若干亭榭，无字标题，任是花柳山水，也断不能生色”。题景可以是题名、对联、匾额、石刻等，好的题景能让人回味无穷，能让人产生丰富的联想。例如，泰山上的“风月无边”，郑板桥的“花香不在多，室雅何须大”，都给景色增添了无穷的魅力。

第三节　景观分区及展示线

景区是园林绿地的功能与效果的体现，它决定园林绿地使用的内容。景区的布局要合理，路线的安排要符合人的审美和心理需求。

一、景点与景区

具有一定观赏价值的建筑物、构筑物、自然类物体称为景点，由若干景点及其环境组成一个景区，由若干个景区组成整个园林绿地，如杭州西湖十景，承德避暑山庄七十二景等。

二、空间开闭

1. 开敞与闭锁空间的特点

园林组成要素及其组合都占有一定空间，它们的疏密决定了空间的开敞与闭锁。开敞空间给人以开阔、明亮、舒适的感觉，所以空间越大，视线越通透，如空旷草地、大水面等都能产生此效果；闭锁空间给人阴暗、闭塞、压抑的感觉，所以空间越小，植物、建筑密度越大，此感觉越强烈，如密林、室内、四周环抱狭小空间等都能产生此效果。实践中可根据具体情况来设计不同空间，以满足不同功能与景观效果的需要。

2. 空间展示程序

园林欣赏是一个动态的过程，怎样安排各个景区与景点，让它们更好地以最佳效果展示给游人，是一个非常重要的问题。要有节奏变化而又主题突出的空间组合，就需要组织好空间展示程序。

园林中的廊具有引导展示作用，而路、踏步、桥、墙垣等也有引导作用。凡有路必能通，而通就会使人产生向往和期待的情绪。从这个意义上讲，一切路均有引导作用，带有踏步的路可引导人从地面走向高处，通过小桥而跨越水面的路可以把人由此岸引向彼岸，这些都具有引人入胜的吸引力。空间程序展示不同的形式有不同的方法，如北海画舫斋东北部古柯庭，它的最后一进小院藏得很深，但由于圆洞门的暗示和曲径的引导，人们便不知不觉地走向这里；作为寺庙园林主景，杭州黄龙洞景区距入口甚远，主要通过石阶与墙垣的巧妙配合，从而成功地把人自入口引导至该主要景区。

空间展示程序和园林绿地的形式、功能、性质有关。规则式园林绿地一般空间紧凑，视线沿主轴线方向延伸，视线集中在主景方向，如济南市的泉城广场。自然式的园林绿地，空间变化多，节奏快，气氛对比强烈、活泼，内容和形式变化丰富，曲折多变，转折点多，景色步步深入。

空间转折主要采用墙、山石、建筑、植物、广场、草地等。

三、景观展示线

一般来说，游人的游览路线具有一定规律。在游览的过程中，不同的空间类型给游人带来不同的感受。要构成丰富的连续景观，才能达到目的，这就是景观的展示线。正如一篇文章、一场戏剧、一首乐曲一样，有开始有结尾，有开有合，有高潮有低潮，有发展有转折。

1. 一般展示线

园林绿地的景区，在展现风景的过程中，可分为起景、高潮、结景三段式和高潮和结景结合在一起的二段式。

(1)二段式

序景—起景—发展—转折—高潮(结景)—尾景。二段式如一般纪念陵园从入口到纪念碑的程序，南京中山陵从牌坊开始，经过中间的转换，到最后中山陵墓的高潮而结束。

（2）三段式

序景—起景—发展—转折—高潮—转折—收缩—结景—尾景。三段式如北京颐和园从东宫门进入，以仁寿殿为起景，穿过牡丹台转入昆明湖边豁然开朗，在向北转西通过长廊的过渡到达排云殿，拾级而上直到佛香阁、智慧海，到达主景高潮。然后向后山转移再游后湖、谐趣园等园中园，最后到达东宫门结束。

2. 循环展示线

现代很多城市园林绿地、森林公园、风景区采用多入口及循环展示线的形式，特别是大型园林绿地范围很大，采用循环展示能让游人欣赏更多内容，沿路布置丰富的景观，小型的园林绿地展示线也应曲折多变，拉长游览路线，产生小中见大的效果。例如，济南植物园、动物园等采用多入口及循环展示线的形式。

展示线在平面布置上宜曲不宜直，做到步移景异，层次深远、高低错落、抑扬进退、引人入胜。为了减少游人步履劳累，应沿主要导游路线布置。小型园林展示线干道有一条即可，在大中型园林中，可布置几条游览展示线。

第四节　色彩在园林中的应用

园林色彩设计是一个非常复杂的问题，可以说园林色彩变化丰富，因此，在一个设计中不可能很准确地表达出其色彩布局，只能是总的理解。下面就从构成园林的要素来分析。

一、天然山石、水、地面、天空的色彩

在园林设计中，天然要素的色彩是自然形成的，它们是园林色彩构图中很重要的组成部分，特别是天空的色彩从早至晚变化无常，有时非常美观，园林中也常常利用它。园林中常用天空做一些高大主景的背景，如纪念碑、塑像、高大建筑等。

园林中天然地面色彩有时被其他内容遮盖，表现的是覆盖物的色彩。就土面来说，呈现的是天然土壤的颜色，主要有黑、灰、褐、红、褐黄、灰白等，大部分是暗色调，它作为基色调主要起陪衬作用。

水面颜色与水的深度、纯净度、水边植物、建筑、山石的色彩及天气等关系密切。水面作为背景非常开阔，另外，周围倒影也能形成很美的景观。要注意水的清洁，否则会大大降低风景效果。

山石的色彩往往是灰暗色调，要注意其他要素的色彩配合。

二、园林建筑小品、道路和广场的色彩

这些园林要素在园林中与游人关系密切，是与人接触最多的部分，它们的色彩在园林构图中起着重要的作用。其色彩是人为设计的，特别是建筑小品起点景的作用，给游人的印象很深，其色彩要注意以下几点。

1）不同地域的自然条件差别很大，色彩设计应结合区域的自然色调，南方地区应以冷色为主，北方地区应以暖色为主。

2）各地群众习惯、爱好、民族特点，应特别注意。例如，南方有些少数民族地区喜好白色，有些喜好黑色；而北方地区群众喜欢暖色。

3）考虑其他造园要素的色彩，要取得既有协调又有对比的效果。为了醒目应以对比强烈

为主；园林绿地中的建筑，为了使景观更突出，应以对比为主；其他建筑物的色彩以协调为主。

4）结合建筑本身的特点，休闲性的以柔和色彩为主，与整体协调；娱乐、观赏性的以鲜艳色彩为主。

园林绿地中道路及广场的色彩多为暗色调，但是一些步道可以色彩丰富一些。现代的建筑材料很多，本身的色彩也很丰富，如大理石及人工制造的地砖等，有红色、灰色、黑色、黄色、绿色等，在园林道路及广场上铺装，极大地丰富了园林的色彩构图。道路的色彩应结合绿地的功能，与环境协调。在灰暗色调中的道路可以选择亮一些的色彩。一般情况下，道路应以温和、暗淡为主，小景观路可以华丽一点。

三、园林动植物的色彩

在园林色彩构图中，动物是少数，单是动物园或一些散养动物，就应注意其色彩与环境之间的关系，为了观赏应以对比为主。植物是主要部分，是园林中色彩最丰富的内容，作用也最大。植物配置还要考虑建筑及其环境的关系。植物的色彩设计复杂，难度较大。园林植物色彩构图应考虑以下内容。

（1）单色处理

例如，草坪、水面经常是一种色彩，但对于乔灌木及地被植物，一般情况下色彩很丰富，以一种色彩设计，往往要通过其他形式进行一定补充，通过其他关系得以协调来取得较好的效果；有时一种色彩有一些细微的变化也可以利用。

（2）两种色彩配合

两种色彩配置在一般情况下是以对比为主，取得一种强烈的效果，给人以一种特别醒目的感觉。例如，广场、路边、草坪等地方布置的花卉，具有醒目的景观效果。

（3）多种色彩的配合

植物以混交林的形式能体现出景观丰富的变化，所以植物群落的色彩特别丰富，也是园林色彩构图的主要形式。例如，节日摆花常用多种颜色的花卉配置在一起，以创造出丰富多彩、欢快的节日气氛。

（4）类似色的配合

类似色协调感很强，是一种变化缓慢的色彩处理，可以作为空间过渡的阶段，给人一种柔和安静的感觉。

四、植物色彩搭配

绿色是环境清新的象征，是自然界中最普遍的一种颜色。植物的色彩非常丰富，通过不同色彩植物的配置可以使自然环境更加优美，获得更丰富的园林景观。在实际的园林设计中，常以花卉来调节其丰富程度，从视觉上体现园林绿地景观的多样性。其主要考虑以下内容。

（1）观赏植物补色对比应用

在植物组合中应多用补色的对比组合，效果要比单色花卉好，尤其是在色彩比较单一的广场和草坪上效果更好。在草坪上，可栽植大红的花灌木或花卉，如红色的碧桃、红花的美人蕉等。草本花卉中，常见的同时开花的品种配合有玉簪花和萱草、桔梗与黄波斯菊、鸢尾的黄色与紫色、三色堇的金黄色与紫色等。

要很好利用花卉，就必须要掌握它们的组合特点，熟悉各种花的生物学特性及色彩特征，这样才能形成构图完整的景观。

(2)邻补色对比

用邻补色对比可以得到活跃的色彩效果,凡是金黄色与大红色、青色与大红色、橙色与紫色、金黄色与大红色美人蕉的配合等均属此类型。

(3)冷色花与暖色花

暖色花在植物中较常见,而冷色花则相对较少,特别是在夏季。而夏季炎热地区,一般要求多用冷色花卉,这给园林植物的配置带来了困难。常见的夏季开花的冷色花卉有矮牵牛、桔梗、蝴蝶豆等。在这种情况下,可以用一些中性的白色花来代替冷色花,效果也十分明显。

(4)类似色的植物应用

园林中常用片植方法栽植一种植物。如果是同一种花卉且颜色相同,势必没有产生对比和节奏的变化。因此常用同一种花卉、不同色彩的花种植在一起,这就是类似色,可以使色彩显得活跃。如金盏菊中的橙色与金黄色品种配置、月季的深红与浅红色配置等。

在木本植物中,阔叶树叶色一般较针叶树浅。而阔叶树在不同的季节中,叶色也有很大的变化,特别是秋季。因此,在园林植物的配置中,就要充分利用这富于变化的叶色,从简单的组合到复杂的组合,以创造丰富的植物色彩景观。

(5)夜晚植物配置

在有月光和灯光照射下的植物,其色彩一般会发生变化。例如在月光下,红色花变为褐色,黄色花变为灰白色。因此在晚间,植物色彩的观赏价值变低,在这种情况下,可采用具有强烈芳香气味的植物,使人真正感受到不同植物的配置效果。

可选用的植物有晚香玉、月见草、白玉兰、含笑、茉莉、瑞香、丁香、桂花、腊梅等,这些植物一般布置于夜晚游人活动较集中的场所。

第七章　园林设计入门与展望

第一节　园林设计概述

一、园林设计的职责范围

园林设计是个由浅入深不断完善的过程，它主要由下列环节构成。园林设计者在接到任务后，应该首先充分了解设计委托方的具体要求，然后进行基地调查，收集相关资料，对整个基地及环境状况进行综合分析，提出合理的方案构思和设想，最终完成设计。它主要包括方案设计、详细设计和施工图设计三大部分。这三大部分在相互联系、相互制约的基础上有着明确的职责划分。

方案设计作为园林设计的第一阶段，它对整个园林设计过程所起的作用是指导性的。该阶段的工作主要包括确立设计的思想、进行功能分区，结合基地条件、空间及视觉构图确定各种使用区的平面位置，包括交通的布置、广场和停车场地的安排、建筑及入口的确定等内容（见图7-1）。

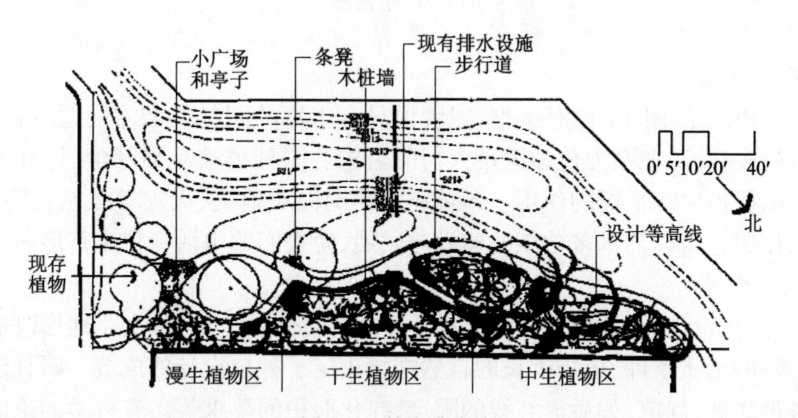

图7-1　某庭院方案

详细设计阶段就是对整个方案进行全面、详细的设计，包括确定准确的形状、尺寸、色彩和材料，完成各局部详细的平立剖面图、详图、园景的透视图、表现整体设计的鸟瞰图等。

施工图设计阶段是将设计与施工连接起来的环节，根据所设计的方案，结合各工种的要求分别制出能具体、准确地指导施工的各种图纸；能清楚地表示出各项设计内容的尺寸、位置、形状、材料、种类、数量、色彩以及构造和结构，完成施工平面图、地形设计图、种植平面图、园林建筑施工图等（见图7-2）。

二、园林设计的特征

1. 园林的社会性

园林是完善城市基本职能中"游憩职能"的基地，能满足社会各个阶层、不同年龄游人的需求,是大众游览、观光、休息、运动、娱乐的场所。园林美化了城市,起到陶冶人们的情操、净化人们心灵的作用,从而潜移默化地提高国民的素质,园林的发展体现了社会的繁荣。作为园林设计师应该具有承担这一任务的社会责任感,让园林设计作品接受实践的检验,得到社会的认可,为大众所接受。

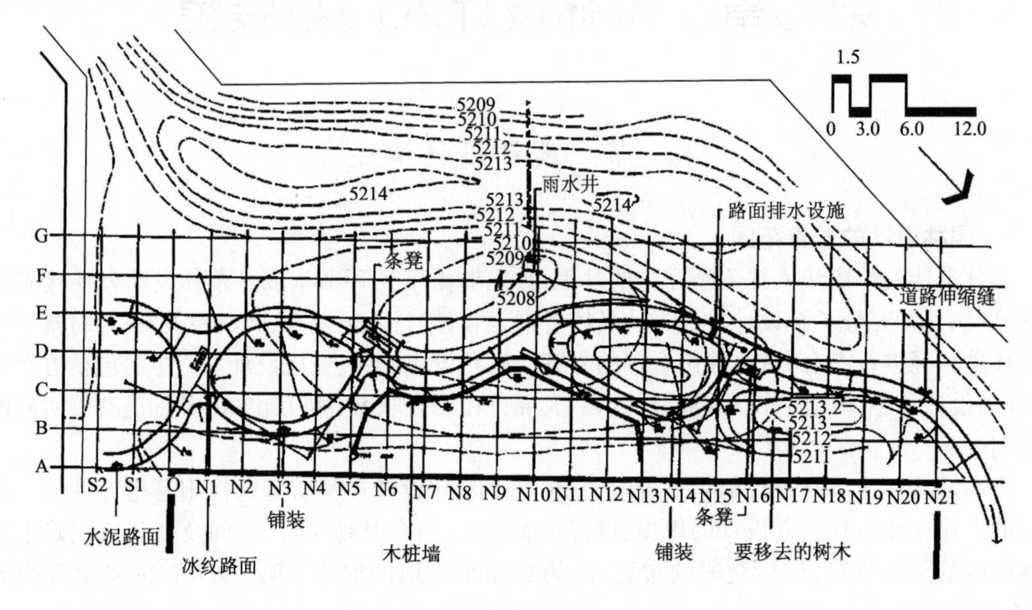

图 7-2　平面图

2. 园林的功能性

不同的功能决定了不同的园林类型,或者说只有丰富的园林类型才能适应各种功能。园林的种类已日趋多样,正在全方位地满足人们的需求。园林植被起到降尘、防有害气体、减少噪声、净化空气、保护生态平衡的作用。园林还能起到面对地震、火灾等自然灾害的预防和提供避难场所的作用。园林艺术多功能的建设与发展,使人们的生活变得丰富多彩。

3. 园林的科学性

园林开发、园林设计、园林建设离不开科学。地质、地貌、土壤、水文是地形改造、水体设计的依据,气候条件、土质条件、植物生长的自然规律决定了种植设计的成败。园林建筑、园林工程必须遵守各种法规、规范,如后退红线的限定、绿化面积的要求等。有科学的论证与依据,符合各相关门类的技术要求,是开发园林的前提与保证。

4. 园林的创造性

造型艺术的共同特征是创造性。设计师以抽象的思维和想象力的发挥,创造出崭新的作品。创新不是重复与模仿,创新虽然离不开传统,可以借鉴与吸收,但绝不是抄袭。创新的内容要有鲜明的风格、个性,要与众不同,独具新意。创新要因地制宜,将主观构想与客观环境完美地结合。要充分利用自然环境且适宜地加以改造而不是破坏自然,从而维持生态平衡,做到可持续发展。园林设计只有不断创新才会有生命力。

5. 实用、经济、美观的设计原则

实用、经济、美观是一个辩证的整体关系。它是园林、建筑以及工艺美术等造型艺术领域的基本原则。作为一种艺术实体,它们具有物质的和精神的双重属性:既是物质的产品,又是精神的产品。不实用的等于是废品,不经济的难以实施和维持,不美观的将受到人们的摒弃。作为园林艺术能给予游人舒适便利,使人们心情愉快,满足功能上的需求是其"实用";园林建设恰当地选址,因地制宜,达到事半功倍的效果是其"经济";整个园林极具观赏性,有极强的感染力,使人置身于诗情画意之中是其"美观"。实用、经济、美观三者缺一不可,以实用、经济、美观的原则去设计园林一定能创造出优秀的园林艺术作品。

三、园林设计的方法

功能和形式对于设计者来讲,是始终要关注的两个方面。园林设计的方法大致可分为"先功能后形式"和"先形式后功能"两大类,它们最大的差别主要体现为方案构思的切入点与侧重点的不同。

"先功能"是以平面设计为起点,重点研究功能需求,再注重空间形象组织。从功能平面入手,这种方法更易于把握,有利于尽快确立方案,对初学者较适合。但是很容易使空间形象设计受阻,在一定程度上制约了园林形象的创造性发挥。

"先形式"则是从园林的地形、环境入手,进行方案的设计构思,重点研究空间组织与造型,然后再进行功能的填充。这种方法更易于自由发挥个人的想象力与创造力,设计出富有新意的空间形象。但是后期的功能调整工作有一定的难度,初学者一般不宜采用。

上述两种方法并非截然对立,对于设计者而言,需要两种方式同时交替进行,在满足平面功能的同时,也注重空间形式的表达。

四、园林设计中应注意的问题

1. 设计师的责任感

园林设计要付诸施工,要耗费大量的人力、物力、财力,它的建成与人们的生活形成密切的联系。作为造型艺术要经常面对人们的观赏,不负责任的设计,没有经过深思熟虑的构思设计,缺乏艺术美感的设计都会成为粗糙、乏味乃至失败的作品。这样既是对物质财富的浪费,又是对精神文明的污染。

2. 不断加强知识的积累

在校期间,学生学习的科目种类繁多,学识的广博与深厚是今后长期努力的方向。学生应该在有限的时间内加强知识的积累,"图面功夫在图外",好的设计作品绝不可能仅仅依靠课堂授课来完成。要配合参观实例、参观展览、阅读参考书,特别是对典型园林、名人杰作的学习。要养成通过记笔记、画速写,随时搜集资料的习惯,有计划地补充所欠缺的知识。持之以恒、日积月累就会形成潜移默化的影响。

3. 严谨的治学精神

学习、设计、创作是一项艰苦的工作,必须在平时每一次看似单纯的、简单的创作中经受锻炼,养成认真、耐心、细致、严谨的治学精神。作业中有时一不小心就会使整幅作业失败,将来的实际设计工作极小的疏忽可能会造成极大的错误和损失。园林设计最后的初步设计作业虽然有限,但在整个教学过程中是长作业,"麻雀虽小,五脏俱全",简单的设计也包含了具有共性的普遍规律,要通过这一作业对自己做一个全面的总结。

4. 制定周密可行的计划

作业的全过程必须按计划进行。从选题、选址、调查到草图、正稿、上版、上墨、着色做到一环扣一环,虎头蛇尾与最后期限突击猛赶都会影响质量。不要轻易推翻已经成形的方案,高水平的设计毕竟不是一日之功。

5. 善于交流、学习与借鉴

注意加强与他人的交流与探讨，善于听取意见，吸收别人的长处，避免独自一人苦想、闷头苦画，形成封闭的局面。耳目闭塞、孤陋寡闻，久而久之就会形成思想的封闭性。

第二节 方案设计的任务分析

进入方案设计前要对设计的各项要求，如环境条件、经济与技术条件作出分析，以确定最合理的出发点。

一、设计要求的分析

设计要求包括功能要求和形式特点要求两个方面。

1. 功能要求

园林用地的性质不同，其组成内容也不同，有的内容简单、功能单一，有的内容多、功能关系复杂。合理的功能关系能保证各种不同性质的活动、内容的完整性和整体秩序性（见图7-3）。各功能空间是相互密切关联的，常见的有主次、序列、并列或混合关系，他们互相作用共同构成一个有机整体。具体表现为串联、分枝、混合、中心、环绕等组织形式（见图7-4）。通常用框图法来表述这一关系。框图法是园林设计中一种十分有用的方法，能帮助快速记录构思，解决平面内容的位置、大小、属性、关系和序列等问题（见图7-5）。

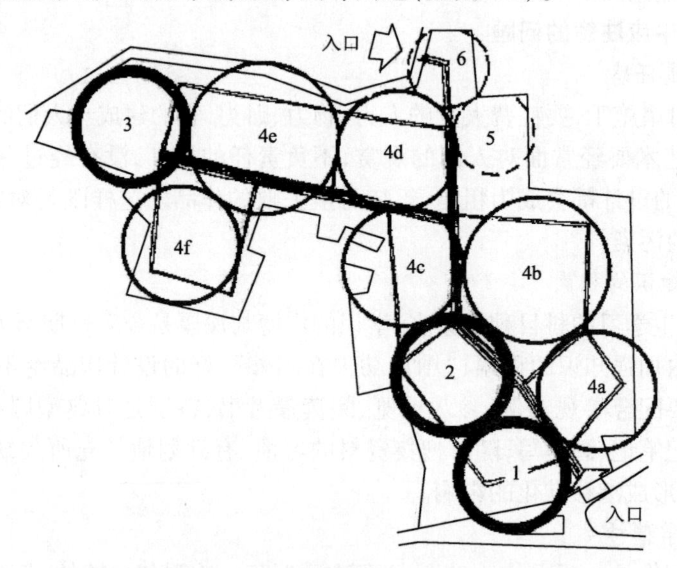

图7-3 某综合性公园功能分区图

1—儿童活动区；2—科普等展览区；3—文娱活动区；4—游憩区；
（4a—东假山；4b—大草坪；4c—牡丹园；4d—假山木原；
4e—疏林草坪；4f—西假山）5—苗圃生产区；6—管理区

2. 形式特点要求

（1）各种类型园林的特点

不同类型的园林绿地有着不同的景观特点。纪念性园林给人的印象应该是庄重、肃穆的；而居住区内的中心绿地应该是亲切、活泼和舒适宜人的。因此，必须首先准确地把握绿地类型的特点,在此基础上进行深一步的创作。

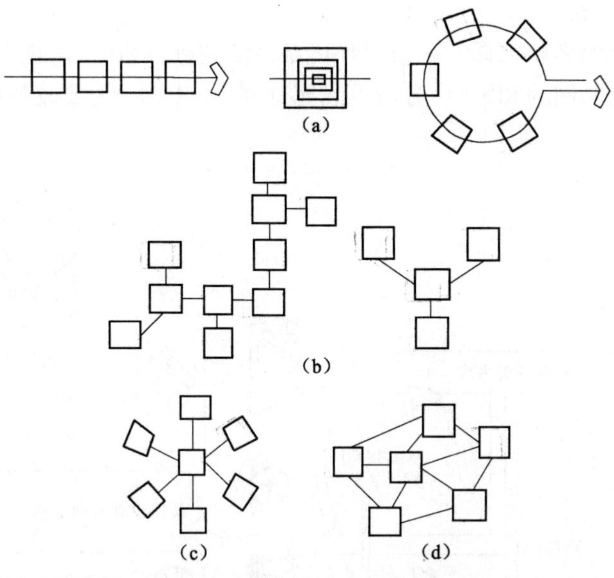

图 7-4　常见的几种平面结构关系

(a)序列型;(b)分枝型;(c)中心型;(d)网络型

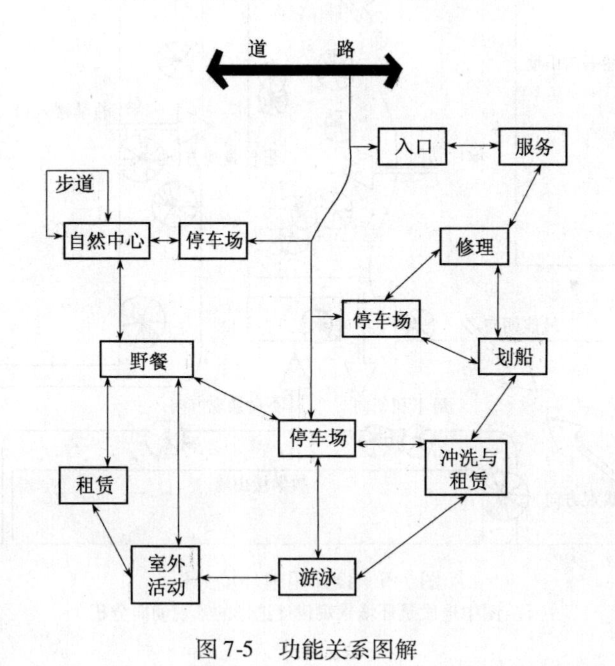

图 7-5　功能关系图解

(2)使用者的特点

园林绿地所处位置的不同,使用对象的不同,都会对设计产生不同的影响。一条道路位于商业区和位于居住区,由于位置的不同而带来不同的使用者。商业区道路的主要服务对象是购物者、游人,旨在为他们提供一个好的购物外环境和短暂休憩之处。而居住区道路主要是为居住区居民服务的,结合景观可设置一些可供老人、儿童活动的场所,满足部分居民的需求。因此,要准确把握园林绿地的服务对象的个性特点，才能创作出为人民大众所接受并喜爱的作品。

二、环境的调查分析

环境条件是设计的客观依据。通过对环境条件的调查分析，可以很好地把握、认识地段环境的状况以及对设计的制约和影响，分清可以充分利用的因素、需要改造的因素与应当回避的因素（见图7-6）。

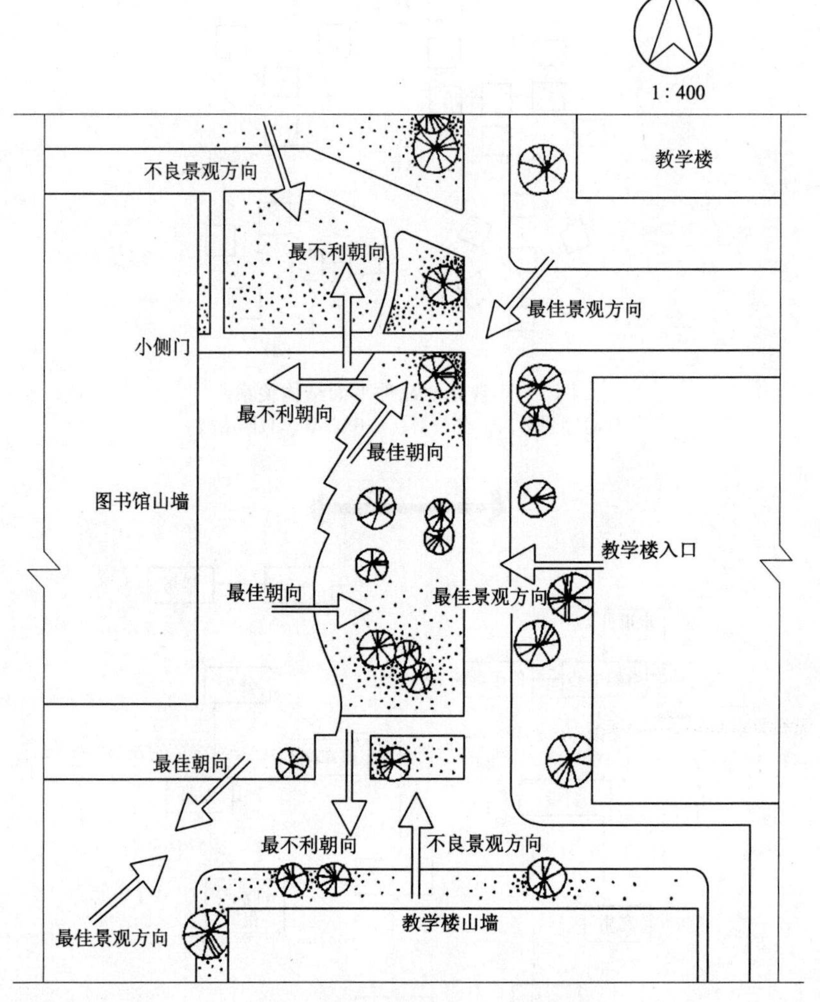

图7-6　设计用地环境分析

注：图中地段是环境景观设计选址的景观朝向分析。

1. 地段环境

（1）气候条件

四季冷热、干湿、雨晴和风雪情况。

（2）地质条件

地质构造是否适合工程建设，有无抗震要求。

（3）地形地貌

是平地、丘陵、山地，还是水畔，有无树木、山川湖泊等地貌特征。

(4)景观朝向

自然景观资源和不良景观的方位及地段日照朝向条件。

(5)周边建筑

地段内外相关建筑情况。

(6)道路交通

现有与未来规划道路及交通状况。

(7)城市方位

位于城市的空间方位及联系方式。

(8)市政设施

水、暖、电、讯、气、污等管网分布及供应情况。

(9)污染状况

相关的空气污染、噪声污染。

据此,可以得出对该地段比较客观、全面的环境质量评估。

2. 人文环境

(1)城市性质

是政治、文化、商业、旅游、工业城市,还是科技城市。

(2)地方风貌特色

地方风貌特色包括文化风俗、历史名胜、地方建筑。

(3)地段风貌特色

周边人员的构成、周边的文化氛围。

人文环境为创造富有个性特色的空间造型提供必要的启发与参考。

3. 城市规划设计条件

该条件是城市管理职能部门依据法定的城市总体发展规划提出的,其目的是从城市宏观角度对具体的建筑项目提出的控制性限定与要求,以确保城市整体环境的良性运行与发展。其主要内容如下。

(1)后退红线限定

为了满足所临城市道路的交通、市政及日照景观的要求,限定建筑物在临街与相邻建筑方向后退用地红线的距离。它是该建筑的最小后退指标。

(2)建筑高度限定

建筑高度是指建筑有效层檐口高度,它是该建筑的最大高度。

(3)容积率限定

容积率是指地面以上总建筑面积与总用地面积之比。它是该用地的最大建设密度。

(4)绿化率要求

绿化率是指用地内绿地面积与总用地面积之比。它是该用地的最小绿化指标。

(5)停车量要求

停车量是指用地内地上与地下停车位总量。它是该项目的最小停车量指标。

城市规划设计条件是设计必须遵守的重要前提。

三、经济技术因素分析

经济技术因素是指建设者所能提供用于建设的实际经济条件与可行的技术水平,它决定园林建设的材料应用、规模等,是除功能、形式之外影响园林设计的另一个因素。

第三节 方案设计的构思与选择

做好方案设计的准备,即开始方案的构思。方案构思是带有整体与全局观的设想,包括方案主题思想的确立、方案提纲携领的框架、理性的逻辑思维与感性的形象思维的切入点等。

一、立意

立意就是主题思想的确立,是指导设计的总意图。正如中国画论的精髓"意在笔先",设计的全过程均以立意为前提。

颐和园立意表现杭州西湖风景,昆明湖水域的划分、万寿山与昆明湖的位置关系、西堤在湖中的走向以及周围的环境都与杭州西湖酷似。万寿山体不够巍峨,形态不够奇特,因而立意从"寺包山"的方式"因山构室",延寿寺的千楹殿宇,浮图九级,成为"建筑依山势之高下层叠,倍加空灵;山峦借层叠之势如堂庑,气势大增"。

从简单适应环境,满足基本功能要求,过渡到追求更高的理念境界是立意的深层内涵。

立意可以选择不同的风格,如古典的与现代的,规整的与自然的,开敞的与封闭的。

立意可以选择不同的格式,如对称的与均衡的,重复的与渐变的,环状的与散状的,单独的与组合的。

立意是理性思维,侧重于抽象观念意识的表达。立意可以选择不同的意念,如庄严、雄伟、浑厚、朴实、华丽、轻快、活泼、优美。

此外,园林设计中还有立意于茶文化、竹文化的构想。

园林"立意"与"相地"是相辅相成的两个方面。相地即选择园址,在可供选址的情况下,园址周围环境、所涉及的人文状况、地貌条件与造园立意是一个不可分割的整体。

二、构思

构思是形象思维,在立意的指导下,创造具体的形态,成为从物质需求到思想理念,再到物质形象的质的转变。

1. 园林设计的构思

园林占地广阔,其组成内容繁多,设计构思的关键是整体的布局关系。

(1)布局的轴线与骨架线

将广阔范围中的众多形象组织得井然有序,要依靠在平面图上画出清晰的轴线。在轴线与骨架线上分布各个景点。

(2)确定主体形态

必须确定主体形态,如山体或某一山体,水体或某一水体,建筑群或某一建筑,以主体形态构成全园的高潮。

(3)设计游览序列

游览序列是指整体关系的起承转合,明确起点的比重、过渡的方法、高潮如何展现等。游览序列要分析游人的流量状况,把握游览的节奏感。

(4)进行元素之间的关系比较

从宏观上衡量元素之间的联系,其中包括山体与水体、山体与建筑、水体与建筑、山体与山体、水体与水体、建筑与建筑以及它们与植物分布的关系等。

(5)基本形态与基本造型的构想

安排在骨架线上的主要景点作初步的刻画,如山体的走向、陡坡与缓坡、水体的聚散、湖岸的线型、建筑的式样、植物景观的季相等。

2. 建筑设计的构思

在建筑设计中可以归纳为“先功能后形式”和“先形式后功能”两大类。

(1)先功能后形式,从功能需求入手

先功能后形式是以平面设计为起点,重点研究功能的需求,当确定比较完善的平面关系之后再转化为立体与空间的形态。它的优势在于:其一,由于功能要求的具体明确,从功能平面入手易于操作;其二,因为满足功能需求是方案成立的首要条件,从平面入手优先考虑功能势必有利于尽快确立方案,提高设计效率。先功能后形式的不足之处在于,立体与空间形象处于滞后与被动的状态,可能会制约形态设计的创造性发挥。

由密斯设计的巴塞罗那世界博览会德国馆(见图7-7)之所以成为现代建筑史上的一个杰作,功能上的突破与创新是主要原因之一。空间序列是展示性建筑的主要组织形式,即把各个展示空间按照一定的顺序依次排列起来,以确保观众流畅和连续地进行参观浏览。参观路线一般是固定的,这在很大程度上制约了参观者自由选择游览路线的可能。在德国馆的设计中,基于能让人们进行自由选择这一思想,创造出具有自由序列特点的“流动空间”,给人耳目一新的感受。

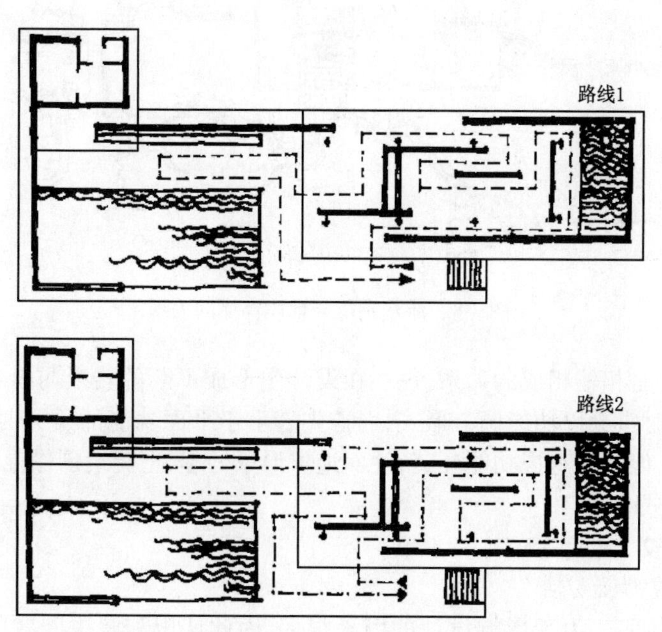

图7-7　巴塞罗那世界博览会德国馆平面图

(2)先形式后功能,从造型与环境入手

先形式后功能多从体型入手进行方案的设计构思,重点研究空间与造型,在确定一个比较满意的形体关系之后,再反过来填充完善功能,并对体型进行相应的调整。先形式后功能的优点是,设计者可以与功能等限定条件保持一定的距离,有利于发挥想象力与创造力,创造出新颖的空间形态。其缺点是，后期的“填充”、调整有较大的难度，对于功能复杂的大型项目会事倍功半，甚至无功而返。相对而言，这种方法更适合于规模小、造型要求高的项目。

富有个性特点的环境因素，如地质地貌、景观朝向以及道路交通等均可成为方案构思的启发点和切入点。

例如流水别墅，它在认识并利用环境方面堪称典范。该建筑选址于风景优美的熊跑溪边，四季溪水潺潺，树木浓密，两岸层层叠叠的巨大岩石构成其独特的地质地貌特点。赖特在处理建筑与景观的关系上，不仅考虑到了对景观利用的一面，使建筑的主要朝向与景观方向一致，成为一个理想的观景点，而且有着增色环境的更高追求，将建筑置于溪流瀑布之上，为熊跑溪增添了一道新的风景。它利用地形高差，把建筑主入口设于一二层之间的高度上，这样不仅车辆可以直达，也缩短了与室内上下层的联系。最为突出的是流水别墅富有单元体叠加构成的韵味，独特的造型与溪流两岸层叠有序、棱角分明的岩石形象有着显而易见的因果联系，真正体现了有机建筑的思想精髓（见图7-8）。

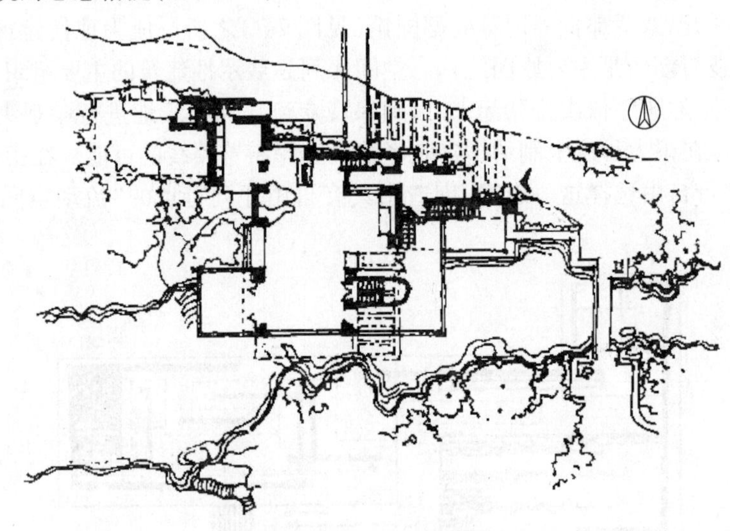

图7-8　流水别墅与地段环境的关系

上面两种方法是相辅相成的关系，往往在设计中形成不断的转换与融合。有经验的设计师从形式切入时，时常会以功能调节形式；而首先着手于平面功能的研究时，又会及时构思想象中的造型效果。但完全忽视功能环节，片面追求形象处理，把建筑创作混为纯形态的设计则是应该抵制的“形式主义”。

三、多方案比较

1. 多方案比较的必要性

对于园林设计而言，由于影响设计的因素很多，因此认识和解决问题的方式结果是多样的、相对的和不确定的，导致了方案的多样性。只要设计没有偏离正确的园林设计方向，所产生的不同方案就没有对错之分，而只有优劣之别。

多方案构思对于园林设计而言，其最终目的是为了获得一个相对优秀的实施方案。通过多方案构思，可以拓展设计思路，从不同角度考虑问题，从中进行分析、比较、选择，最终得出最佳方案（见图7-9、图7-10）。

例如，美国现代主义园林开拓者之一、著名园林设计师盖瑞特·爱克堡（Garrett Eckbo）早在学生时期就十分注重方案的研究。为了研究城市小庭园的设计，爱克堡在进深仅 7.5m 的基地上做了多个不同的方案。图 7-11 为其中的 4 个设计方案。由于空间狭窄，整个庭园空间基本上没有分隔，着重考虑整体布局设计要素及其形式。方案(a)和方案(d)分别以大片台地草坪和下沉水池为空间主要内容，以小水池、绿篱和平台等为辅助内容；方案(b)以 45°斜线为平面构图依据，布置了规整的铺装、绿篱和种植坛，使较小的空间在规整简洁中保持了相对丰富的视线与行走节奏。方案(c)也用斜线布置地面，弧形与渐转台级划分了大小不同的地面，地面与基地周边剩余空间用植物和小建筑点缀。方案(a)和方案(c)中还用到了一些建筑小品，既分隔了空间，视线上保持了连续，又丰富了庭院空间。

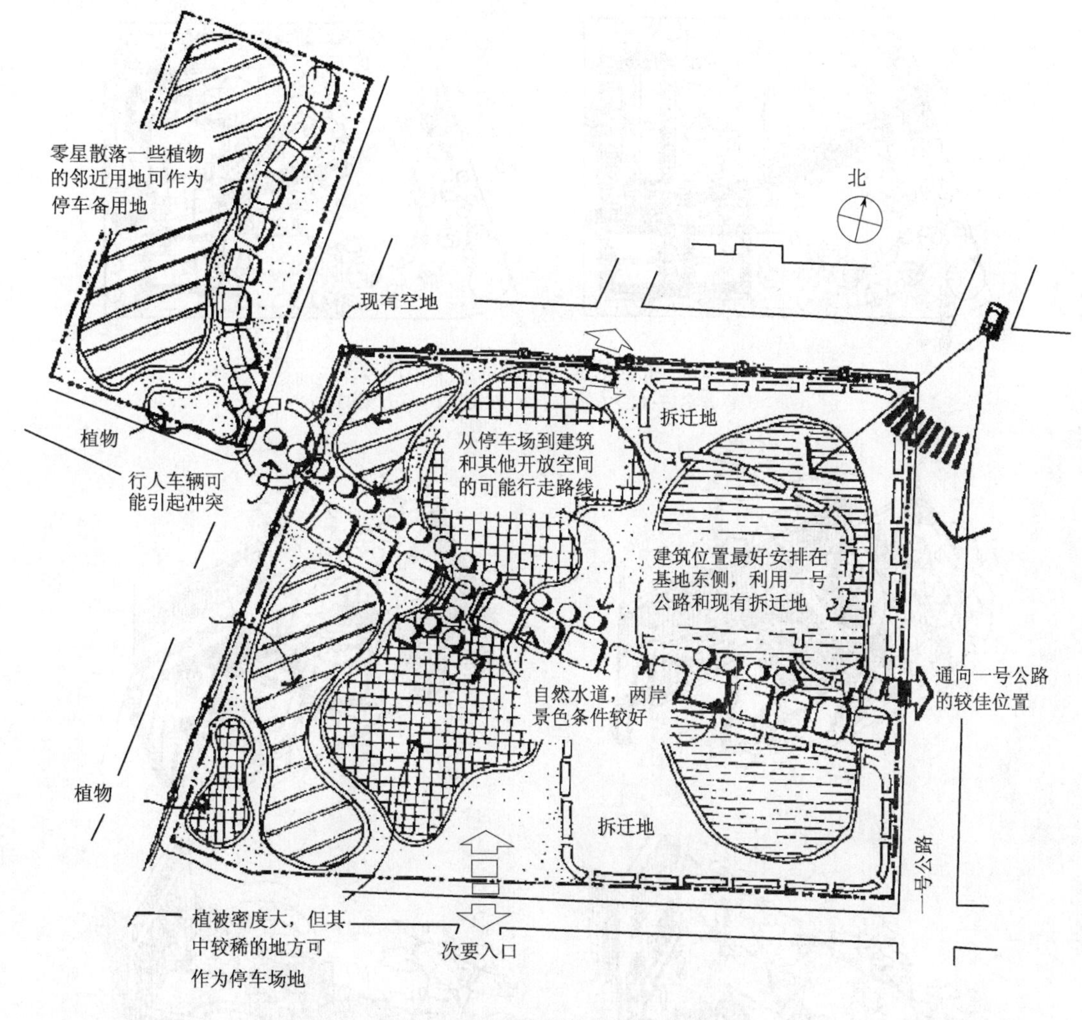

图 7-9　某基地现状条件及分析

2. 多方案构思的原则

为了实现方案的优化选择，多方案构思应满足以下原则。

1)多出方案，而且方案间的差别尽可能大。差异性保障了方案间的可比较性，而相当的数量则保障了科学选择所需要的足够范围。通过多方案构思来实现在整体布局、形式组织以及造型设计上的多样性与丰富性。

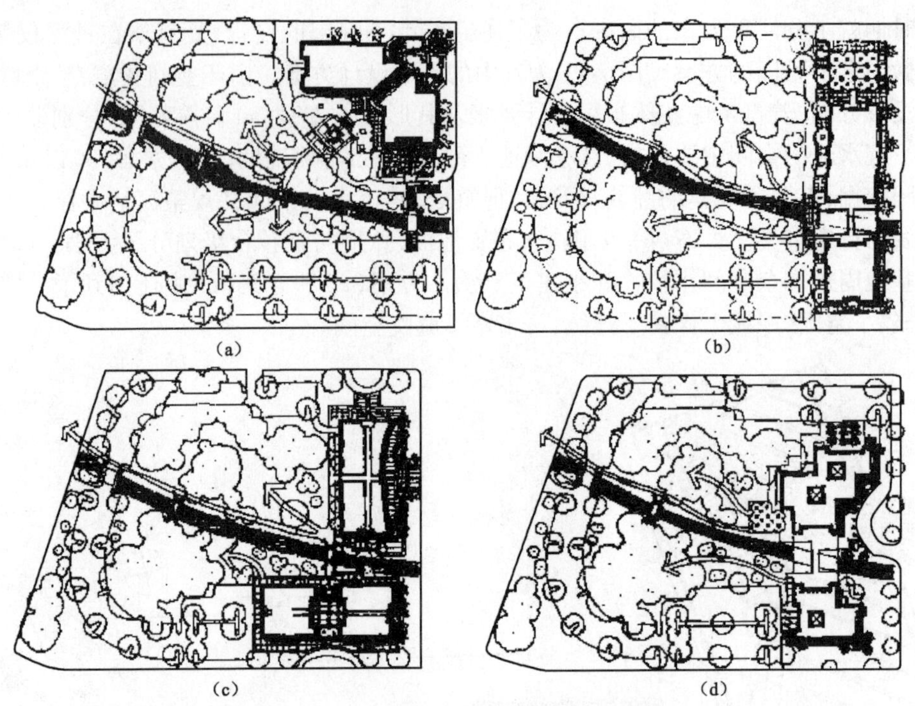

图 7-10　根据基地条件做的 4 个不同方案

(a)方案一;(b)方案二;(c)方案三;(d)方案四

图 7-11　盖瑞特·爱克堡借助于多个方案设计和基地的关系

(a)以自然线形的台地、绿篱和水池组成的空间;(b)以 45°斜线为平面构成骨架,形成规整简洁的空间;(c)用与基地倾斜的规整平面为主要活动空间,剩余部分用于种植;(d)以水面、汀步为主要空间

2)任何方案的提出都必须满足设计的环境需求与基本的功能要求,应随时否定那些不现实不可取的构思,以免浪费不必要的时间和精力。

3. 多方案的比较利于优化选择

当完成多方案后,将展开对方案的分析比较,从中选择出理想的方案。以某公园方案构思为例(见图7-12),分析比较的重点应集中在以下3个方面。

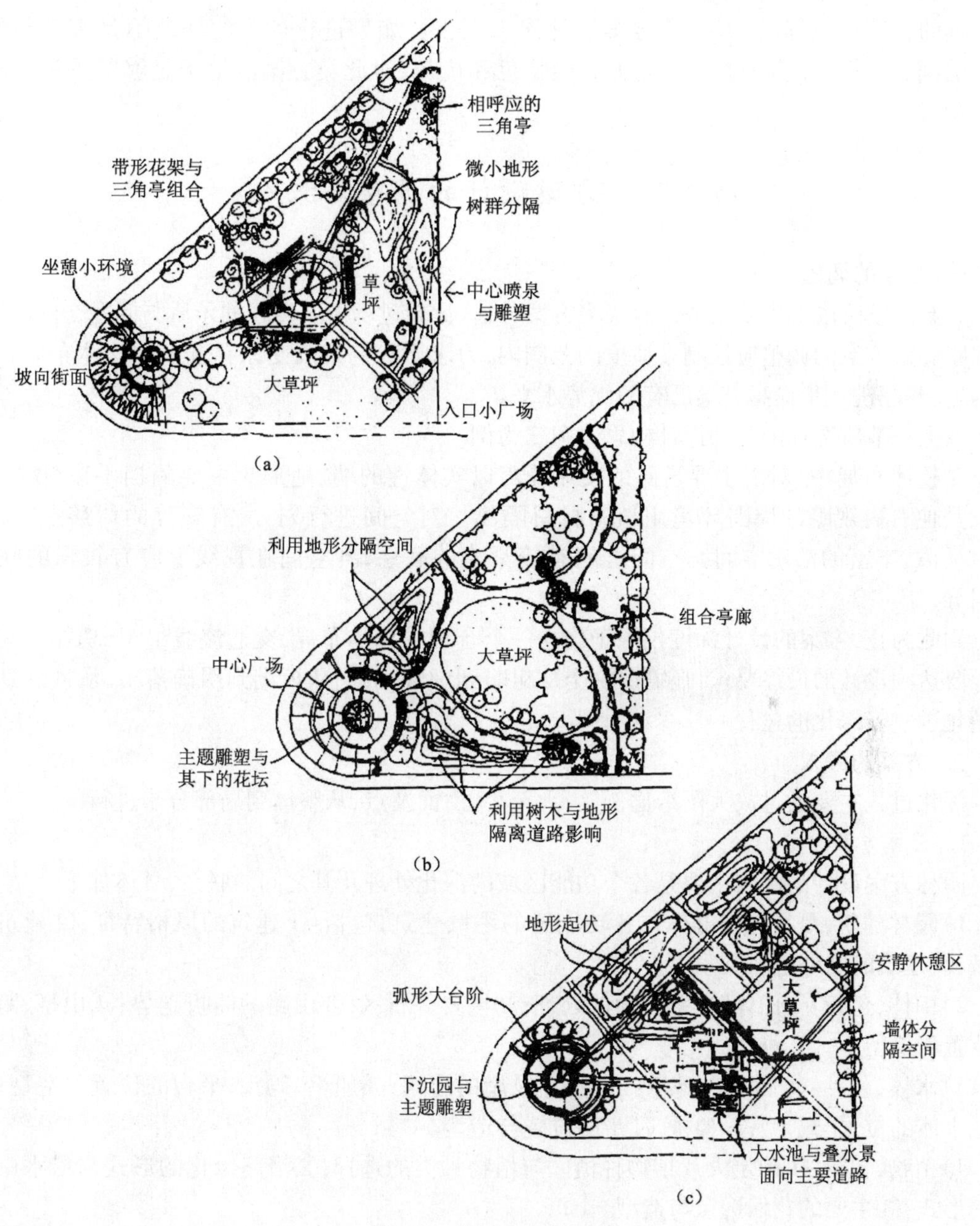

图7-12　公园方案构思

(a)方案一;(b)方案二;(c)方案三

(1) 比较设计要求的满足程度

是否满足基本的设计要求,是衡量一个方案合格与否的基本标准,包括功能、环境、结构等诸因素。

(2) 比较个性特色是否突出

缺乏个性的方案平淡乏味,难以给人留下深刻的印象。

(3) 比较修改调整的可能性

有的方案难以修改,无法使方案设计深入下去。如果进行彻底的修改不是带来新的、更大的问题,就是完全失去了原有方案的特色和优势,对此类方案应给予足够的重视,以防留下隐患。

第四节　方案设计的调整与深入

一、方案的调整

方案调整阶段的主要任务是解决多方案分析、比较过程中所发现的矛盾与问题,并弥补设计缺陷。对方案的调整应控制在适度的范围内,力求不影响或改变原有方案的整体布局和基本构思,并能进一步提高方案已有的优势水平。

以上一节所选择的公园设计构思方案三为例。

在整体布局中,对于主要道路的交通噪声以实体性的墙、地形为主要隔挡手段,次要道路及其他有碍观瞻的周围环境用植物材料隔离。对空间进行划分,有安静的休憩空间,有相对活泼、丰富的活动空间。空间之间有较紧凑的联系,各空间在视线上应有较强的联系或引导。

到此为止,方案的设计深度仅限于确立一个合理的总体布局,交通流线组织、功能空间组织等要达到设计的最终要求,还需要一个从粗略到细致刻画、从模糊到明确落实、从概念到具体量化进一步深化的过程。

二、方案的深入

深化过程主要通过放大图纸比例,由大至小、由面及点、从整体到局部分步进行。

1. 园林方案设计的深入

园林方案设计的深入主要是各个功能区域的深化处理及其之间的联系,具体如下。

1) 园林建筑,是指建筑群体与各功能区的零散建筑,包括:①建筑的风格特征;②建筑的造型;③建筑的内外空间关系。

2) 山体,包括:①山体陡、缓坡面的处理;②主要叠石区;③山路的曲折走势;④山亭、跨桥的位置与造型。

3) 水体,包括:①湖、池水岸线造型;②驳岸的形式;③船坞、码头、平台的位置与造型;④其他水体的位置与造型;⑤架桥、汀步的位置与造型。

4) 植物,包括:①确定大片植物种植区与植物种类的选择;②沿路绿化的形式与沿水岸绿化的形式;③主要的花坛选点与造型。

5) 道路与广场,包括:①道路与主轴线和骨架线关系;②道路的类型;③广场的选址与铺装方法。

6) 小品类,包括:①主要小品的选点;②小品的造型设计。

7）功能区的联系，包括：①选址连接点；②过渡带的处理手法。

8）公园入口部分的设计。由于公园入口部分是全园的重点之一，是对外展示的窗口，在深入设计中应作为单独的内容进行强化，包括：①售票处在内的园门设计；②内外广场设计，尤其是与外部环境的衔接。

2. 建筑方案设计的深入

方案构思阶段的比例为1：300，到方案深化阶段应放大到1：100～1：50。建筑方案设计的深入主要是建筑各部分的比例尺寸的细致推敲。

1）建筑结构与构造形式，包括屋顶的结构与构造形式。

2）建筑轴线尺寸、墙及柱宽度。

3）建筑内外高度。

4）门窗位置、大小，在立面图上反映的形象。

5）台阶、踏步、道路的尺寸。

6）室外平台与铺地的处理。

建筑方案设计要细致推敲平、立、剖面图之间的对应关系，相同的部分不应出现差异。

方案设计深入是一个循环反复的过程，经常是从深入到调整，再深入再调整，直至达到较为满意的效果。自始至终需要耐心与细心，这也是从事设计工作所不可缺少的基本素质。

第五节　方案设计的表现

方案设计的表现是方案设计的一个重要环节，方案表现得是否充分、是否美观，不仅关系到方案设计的形象效果，而且会影响方案的社会认可。根据目的性的不同，方案表现可以划分为设计推敲性表现与展示性表现两种。

一、设计推敲性表现

推敲性表现是设计师在各阶段构思过程中所进行的主要外在性工作，是设计师形象思维活动的记录与展现。它的重要作用体现在两个方面：其一，在设计师的构思过程中，推敲性表现可以用具体的空间形象刺激强化设计师的形象思维活动，从而宜于更为丰富生动的构思产生；其二，推敲性表现的具体成果为设计师分析、判断、抉择方案构思确立了具体对象与依据。推敲性表现在实际操作中有以下几种形式。

1. 草图表现

草图表现是一种较为传统与常用的表现方法。它的特点是操作简洁方便，并可以进行比较深入的细部刻画，尤其擅长对局部空间造型的推敲处理。

草图表现对徒手表现技巧有较高的要求，否则容易变现失真。

2. 草模表现

草模表现即用模型来表现设计，它比草图表现更为真实、直观而具体，可以从三维空间上进行全方位的表现。

草模表现有一定的具体操作技术的限制，另外，在细部的表现上有一定难度。

3. 计算机模型表现

随着计算机技术的发展，运用计算机建模成为一种新的表现手段。它的优点在于可以像草图表现那样进行深入的细部刻画，又能做到直观具体而不失真，可以选择任意角度、任意比例观察空间造型。

计算机建模对于计算机的硬件设备要求较高,同时还必须熟练掌握其操作技术。

二、展示性表现

展示性表现多为最终方案设计的表现,要求形态完整、准确,图面生动、美观。草图一经确定,便要着手正式方案设计图的绘制。

(1)构图

所有图面要表现的内容必须经过构图设计达到完美的组合,由于方案设计图面内容丰富,更应注意构图的一些基本要求,使阅览图面顺序清楚,易于辨认,美观悦目。

(2)绘制正式图前的工作

绘制正式图前应完成全部的设计工作,并将各图形绘出正式底稿,包括图题、图标、标注文字的定位,立面图中包括配景的树木、人与汽车等,在绘制正式图时不再改动,以保证将全部精力放在提高图纸的质量上。应避免在设计内容尚未完成时即匆匆绘制正式图,由于图面的不确定,必然会出现偏差与错误。

(3)确定表现方法

图纸的表现可以选择多种方法,如勾线运用铅笔线、墨线、颜色线以及在黑色纸上描白线等;着色运用水墨渲染、水彩渲染、彩色铅笔、马克笔以及水粉色等。整个图面还可以采用拼贴的方法。墨线的图纸最为普遍,因为墨线清晰、肯定,与纸面黑白对比分明。采用水彩渲染着色,利用其透明性能与墨线相互衬托,效果最好。

(4)铅笔稿与墨线图

画墨线的图纸要先画一遍铅笔稿,注意铅笔的力度要轻而匀。待铅笔稿全部完成后,反复检查无误再描画墨线,描画墨线要先主体后局部、先大后小、先建筑后配景,安排好整体和局部的关系。

(5)色彩处理

由于方案设计具有较强的立意,色彩应该很好地起到烘托作用,选择与立意相适应的色调,着色时侧重于画面的主体形象。方案设计需要表现方案效果图,由于效果图形象真实,要求刻画得具体而深入,因而是着色的主要方面。一般而言,平、立、剖面图适合清淡的色彩,以保持各种线条的清晰度。

图面最忌无主无次,散乱平均。整个图面色彩深、中、浅的视觉层次是避免平淡的主要途径之一。

第六节 园林与环境

园林的目的是创造出适宜于人类使用和观赏的空间环境,而它自身又处于自然和社会环境中。在这里,园林、人、环境应该被看作是一个不可分割的整体,脱离人对环境的要求,园林便失去了存在的意义。因此,仅仅停留在对园林自身的了解是远远不够的,还必须从人与环境的角度进一步了解园林和园林学,了解一个风景园林师所应负有的全部职责。

一、人类生存环境的变化与追求

人类本身是自然的一部分,原始的自然环境是抚育人类的摇篮。当人类从自然山林空间走向集聚、走向城市空间时,人类始终在追求改善自身的生存环境和居住条件。

自古以来，人类的活动就可以分为两类：一类要在人为的环境中进行；另一类则必须在自然环境中进行。单就生活本身来讲，人类也不会满足于蜷缩在咫尺的室内，也要求有良好的户外环境。从最早出现的“囿”到“庭”、“苑囿”等，这些在奴隶社会和封建社会常见的园林形式，其所涉及的环境内容相对较简单。今天，由于现代工业的高度发展、人口的急剧增长及人类对自然环境的破坏，人类要求的生存环境已不仅局限于某个庭园、公园、城市，而是整个地球环境的质量。

二、园林环境

人类社会的发展和人类在物质、精神需求上的提高，促进了园林学科的产生和发展，它已经形成了一个园林设计、居住区规划设计、城市设计及规划乃至区域景观及生态规划等相对独立而又互相联系的学科体系。它完整地反映出由家庭、邻里、社区、村镇和城市等不同层面所共同构成的人类庞大聚居系统对环境的需要，从而使园林工作者面临着十分广阔而多样的业务内容。

1）园林环境的相对性和整体性。任何园林环境都是相对于一定的内容而言的，如园林建筑中的柱、屋顶、地面构成了园林建筑的环境内容；园林建筑和植物、山石、水体等构成某一景点的环境内容；而多个景点共同组合构成一个园林作品。因此，风景园林师所面临的每个具体内容都有其完整的意义。而从相对意义来看，景点和园林又分别是园林和城市这个更大环境层次中的局部。局部是整体的组成要素，二者相互依存。当人们评论任何一项园林设计时，总不能脱离开它与周围环境的关系。在一定的情况下，局部和整体还可能会存在这样或那样的矛盾，因此，树立整体环境意识，处理好局部与整体的关系，显得尤为重要。

2）自然环境与人工环境。园林是科学与文化、技术与艺术的结合，从这个角度而言，它是一项人工产品，而优美的自然环境是人类永恒追求的目标。古代的园林有更多的机会选择自然条件较好的地段，即所谓“相地合宜，构园得体”，易于创造出人工环境和自然环境相融洽的园林。而在现代园林创作中，供选择的环境受到制约，园林更多的可能是在治疗城市的“疮疤”，这就需要因地制宜，充分利用科技和艺术手段，努力营造出自然环境，达到人与自然沟通的目的。

3）园林环境的内与外。任何园林都存在于某一自然包围之中，受周围环境的制约，而园林在创造出内部的空间环境后，对其周围环境又会产生一定的影响。园林的设计应结合周围环境共同考虑，在体量、造型、色彩、材料等方面与之相协调，同时也应注意利用外部环境，通过借景（见图 7-13）、框景、漏景等造景手法，使园林环境内外相联系，增加景观层次。

4）心理环境。园林是一种心理和行为的环境，人们在长期的生活实践中所形成的行为模式和心理体验，会在不同的活动中对园林环境提出不同的要求。例如，私密性的活动要求相对封闭的空间；老年人的活动则要求较安静的园林环境。反过来，不同的园林环境又会对人产生不同的制约和影响。而且，即使是同一园林环境，不同的人或人群也会有不同的反应（见图 7-14）。

现代社会的生活内容和行为方式要远比古代丰富和复杂，从环境行为的角度进一步认识人与园林环境的关系，这对提高园林环境的质量有着十分积极的意义。

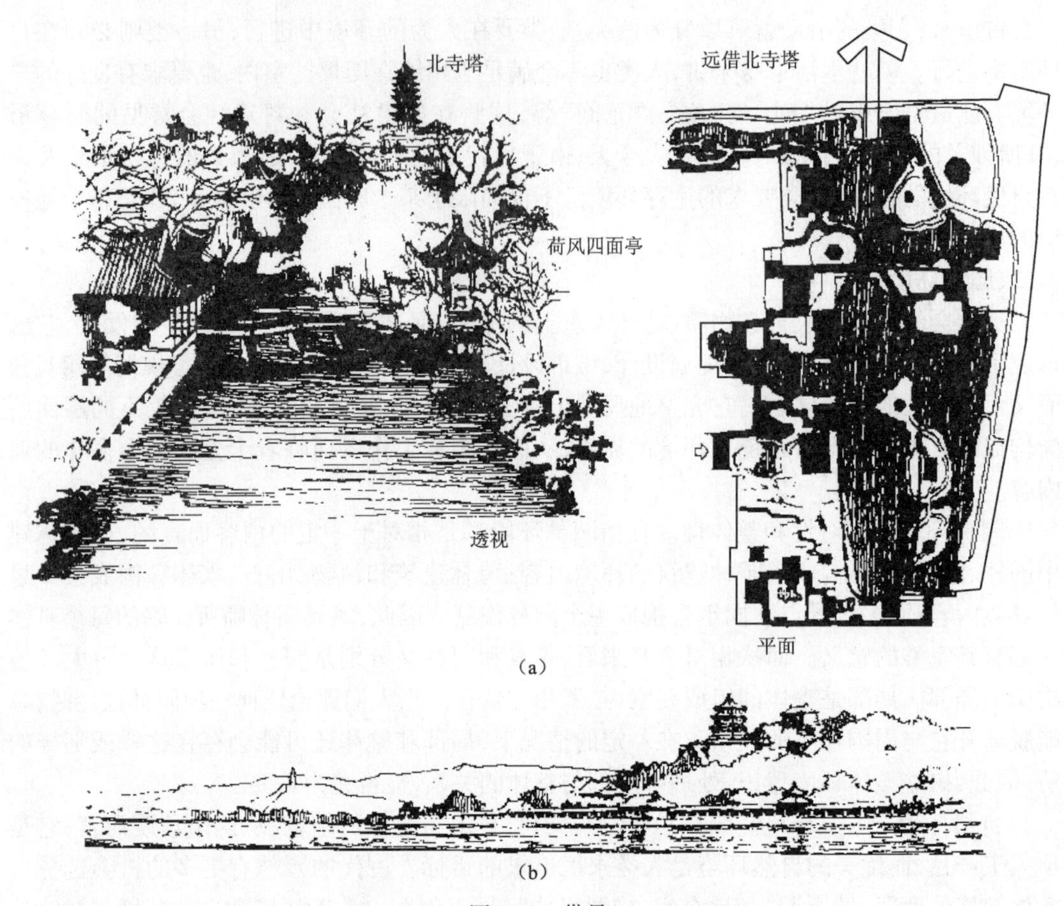

图 7-13　借景

(a)苏州拙政园远借北寺塔塔影的景观;(b)颐和园借西山景观

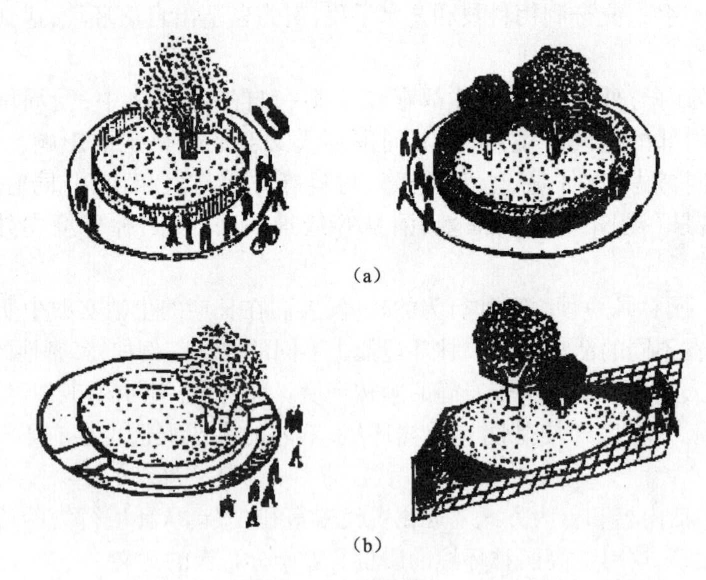

图 7-14　心理环境(一)

(a)栏杆、绿篱对人的行为形成“有形约束”;(b)通过地面标高和坡度变化形成“道德约束”

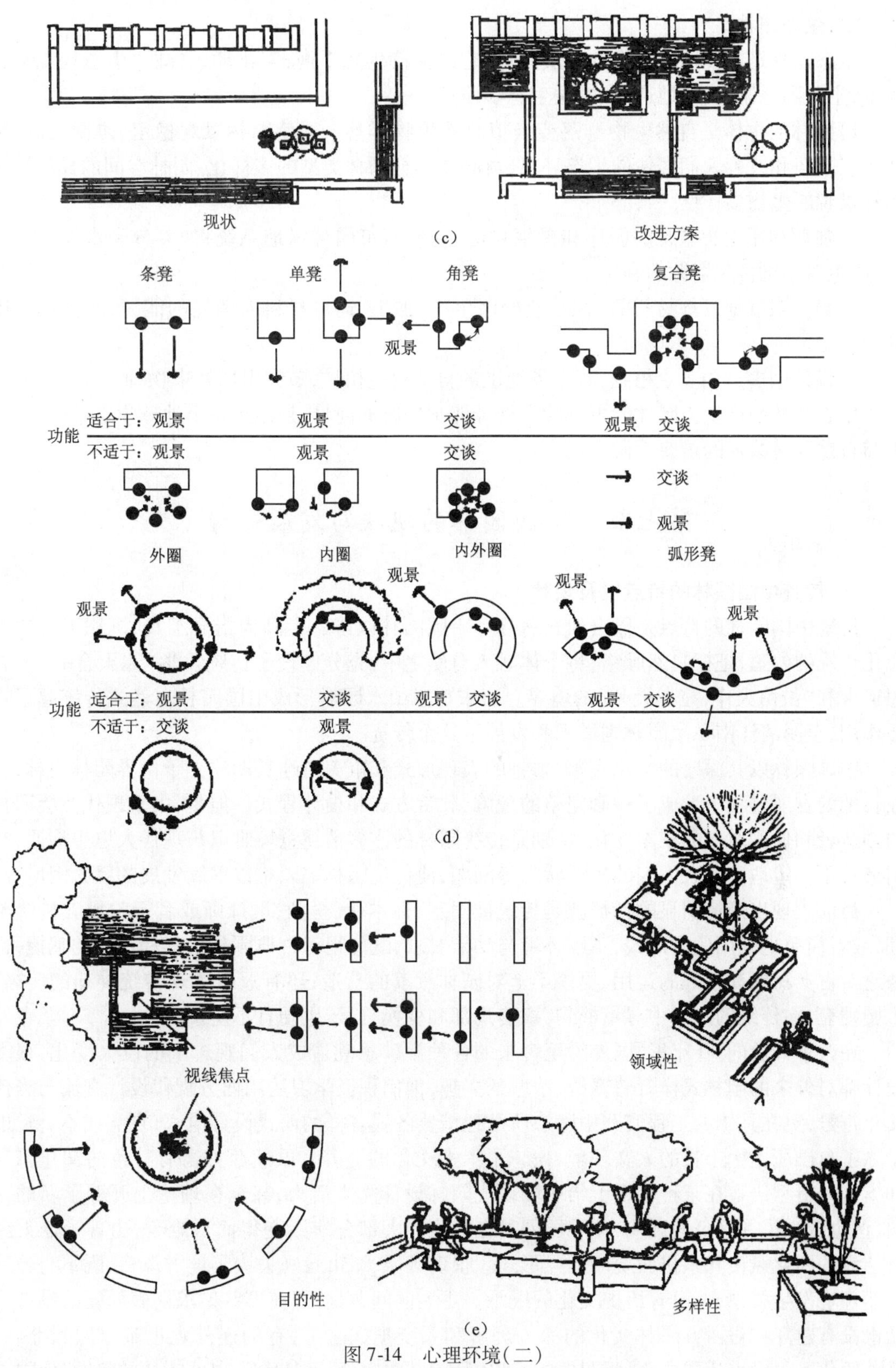

图7-14 心理环境(二)

(c)相对丰富、有一定自由选择范围的环境；(d)不同坐凳形式对行为与使用的影响；(e)休憩条凳的设置

三、生态园林

生态园林是当代园林建设的发展趋势，它以保持生态平衡、美化环境、减少生态环境灾害为主，主张因地制宜、适地适栽、遵循生态学原理。

1）园林的主体是自然生物群落或模拟自然生物群落。要使园林景观稳定、协调发展、维持生态平衡和改善人们居住的生态环境，就必须实行园林类型的多样化、园林空间的异质性和园林景观的生物多样性。

2）强调利用生态系统的循环和再生功能，构建城市园林绿地系统，如养分和水的循环利用，避免对不可再生资源的利用。

3）最大限度地发挥材料的潜能，减少因生产、加工、运输材料而消耗的能源，减少施工中的废弃物。

4）设计中多运用乡土植物，尊重场地上的自然再生植被，节制引用外来物种。

生态园林的产生为园林的可持续发展开辟了广阔的前景，是维护整个地球生态环境，实现人与自然和谐共存的重要手段。

第七节　中国园林的现状与发展趋势

一、传统中国园林的特点以及现状

传统中国园林的特点是以自然式著称。中国园林以诗、书、画为指导工具，沉积下历史和文化传统的内蕴，把握自然脉络，将个体融入自然之中，充分体现了传统哲学“天人合一”的思想追求和“虽由人作，宛自天开”的境界。唐宋写意山水园对形成中国园林自然式传统起了重要作用，至明清江南私家园林则继承和发展了这个传统。

中国园林以其深厚的文化底蕴、独特的表现形式和审美情趣长期屹立于世界园林之林，它在长期的发展过程中形成了一套完整的理解、欣赏方式和设计程式。但是，由于现代社会园林的创造者和使用对象的根本变化，特别是传统园林的许多情趣意境难以与现代人思想沟通，空间形式不一定适于今天人们的生活状态等问题，使传统园林陷入难以继续发展的巨大困境。

目前表现出来最明显的特征就是传统被固定、标本化、歪曲，设计师或者干脆抛弃传统不理，或者简单地采用仿古形式，不顾环境与功能要求，既忽视对古典园林尺度和比例的掌握，也缺乏对古典材料和细部的运用，更谈不上对园林意境的营造；还有冠以体现传统神韵的美名，生搬硬套，在传统的海洋中寻章摘句，拼凑局部和变换符号，生硬且不协调。

在改革开放的30年里，国外纷至沓来的各种设计思潮造成人们观念上的巨大变化，很多设计师对外来的园林式样有着新鲜、浓厚的兴趣，他们积极学习运用西方现代设计潮流与当代文化符号，更在具体的工程实践中随心所欲地借鉴各式各样的西式设计语言，自觉或不自觉地排除了自己所土生土长的人文环境，遗忘了本土文化的滋养。虽然西方富有特色的文化符号和丰富的造型语言在某种程度上给中国现代园林设计注入活力，甚至在理论上开辟了新的方向，但也带来了许多负面影响，使中国园林在当代的大部分实践变得面目难辨，出现了令人瞠目结舌的西化风格和东拼西凑的怪异形式。很多区域、城市景观失去了地方风格，既不与当地自然环境发生关系，也没有历史文化的继承。更大的问题是，即使那些追求彻底西化的设计作品也没有建立在对西方园林文化的深入理解和系统把握之上，有的连外观也难以做到准确。这种西化不仅没有让中国现代园林加入到国际园林中去，反而加深了中外园林的隔阂，使中国园林从独树一帜落伍到"拾人牙慧"的边缘。

二、中国园林面临的机遇与发展趋势

全球化带来了中国园林两难的困境，也带来了前所未有的发展机遇，开放的世界和充裕的信息使中国现代园林建设与发达国家站在同一条起跑线上。如果能结合传统与现代，融会东方与西方，将当代中国园林的整体精神及空间，延伸到人类普遍关心的意义和共享交流上，中国当代园林将必然有更大发展，跃上一个新台阶，像优秀的中国传统园林那样，出色地引导中国人，并作为中国文化精髓的代表，在世界园林舞台再创辉煌。

（一）面临的机遇

多元文化碰撞带来的开阔视野、开放社会导致的大量交流、公众参与所提升的欣赏水平、先进技术创造的全新体验以及广阔市场提供的大量需求使中国园林在全球化的未来中面临巨大的发展机遇。

1. 文化碰撞

全球化进一步突破了世界不同文化之间的隔阂，中外文化的大碰撞，必然使中国园林发展受益良多。一个更为广阔的借鉴和比较的视野，可以让设计师用全新思维换一种角度去重新审视过去与现在，把传统的艺术精神、区域的文化形式转换入世界的当代园林语境。实际上近几十年来西方园林设计的各种思想已深刻影响了中国当代园林的思想、观念、手法，甚至评判的态度，带来了中国园林多元化的局面，为进一步发展打下良好基础。

2. 开放的社会

经济文化交流增多，信息高速流通使社会开放程度越来越高。当国与国之间的交流增多以后，取而代之的是城市与城市、社区与社区、人与人之间的对话。对话的前提是各具自己特征，因此，强调地方特色和传统文化的园林景观必将成为环境设计思潮的主流。

3. 公众参与

园林作为现代人类的重要生活环境背景与精神寄托场所，必然受到公众更多关注和观念赋予。公众参与的结果必然大大提升公众自身的园林审美趣味与欣赏水准，反过来影响设计师与建设者进一步提高园林创作水准，创造高品质的园林景观，使环境和人的关系更契合、更和谐。

4. 先进技术

全球化促成现代科技日益广泛、迅速地运用，也必然带来现代园林翻天覆地的变化。信息交流使设计师拥有广阔的视角、丰富的素材库和新锐的观念，而新材料及结构的应用又将产生新颖的形式和创造崭新的视觉效果。更重要的是，高科技手段将使人类与自然、文化、历史产生多元的密切接触，打破时空限制，使园林从有限的实体环境塑造转化为无限的生命体验，将中国古典园林曾经不懈追求的"天人合一"观念转变为具体的现实。

5. 广阔的市场

园林市场的拓展有利有弊，市场化虽然会带来利益化运作，导致个性丧失，创造力衰退甚至品位降低，但市场竞争也会促成进步和发展，使园林更符合人的需求，更有人性，更多样化。尤其是中国园林在全球化趋势下将更有广阔的市场前途，随着经济的快速增长，社会对园林的需求也日益增大，享有园林、欣赏园林将是中国民众提升生活质量与精神层次的重要标志。

（二）园林的发展趋势

1. 园林绿化的内容和形式将随着时代的发展而不断丰富和发展

园林的内容向多功能方向发展，将会出现许多新风格的园林类型，如集文化、旅游、商贸、运动、休闲于一体的多功能标志性城市广场;集“三高”农业、生态农业、休闲旅游于一体的风景园;具有尊重自然,生态环境优美,城郊化居住,污染少,低密度建筑,空间分布合理,配套完美,体现出浓厚的以人为本的生态居住环境的社区。

2. 中国园林将以更快的步伐走向世界

“没有中国园林便不成世界园林。”中国园林对世界园林有很大影响。日本早在公元6世纪,便输入了中国园林艺术;20世纪90年代美国不惜重金,移植仿建了苏州网师园之“殿春簃”于纽约艺术博物馆;具有我国地方特色的庭园在德国、美国、日本、澳大利亚和瑞士等地相继建成开放。国际上多次举办园林展览,中国连连夺魁,使中国园林艺术更加蜚声海外。

随着我国改革开放的不断深入,东西方园林艺术的融合,以及世界各国园林艺术交流的加强,中国园林艺术不断得到弘扬,中国园林必将以更快的步伐走向世界。

3. 植物造景已成为主流

植物造景的观点愈来愈为人们所接受,园林建设中应以植物景观为主。因为植物变化丰富,景观优美,是具有生命的画面;而且投资少,能较好地满足游人游赏及改善环境生态效应的需要。植物造景方面在西方发达国家中有许多优秀的例子值得学习和借鉴。目前,我国也开始重视植物造景,许多地方积极营造森林公园、生态风景旅游区,设计植物群落,把自然风景引入室内,提高植物造景的比重。

4. 科学技术成果将越来越受到重视和应用

在21世纪,人们将保护、开发、利用各种植物资源,与此相关联的生命科学研究为园林建设提供了丰富的植物材料,提高了城市植物应用的多样性;工程技术新成果的应用,为丰富园林景观提供了保证。

5. 园林绿化在城市规划中越来越重要

只有通过有特色的园林绿化建设,才能打造出有特色的花园式城市。这一观点已越来越被政府和人们所认同,城市园林绿化规划建设将努力提高人均绿地面积;向群众敞开绿地,增加绿地率;积极推进和开展城市绿地系统规划,提高建设项目中配套绿化的比重。

6. 园林绿化建设和管理水平将不断提高

深化园林绿化系统的体制改革和建立完善的绿化管理体系,已成为当今迫切的任务。加强园林绿化的科学研究及科技成果的转化应用,提高制定绿化工程、治理方案的科学性水平,并保证监督实施;应加强对技术人员的培训,提高其专业技术水平与管理能力,创造比较宽松的政策环境和经济环境让科技人员充分发挥才干。进行定性、定量评估绿化建设和管理效益,使园林绿化建设走向良性循环与健康发展的道路。

7. 城乡一体化园林绿地网络系统将不断建立和完善

在宏观环境系统中,广大的农村是城市支撑的系统,应发挥尊重自然又改造自然的规律,以现代化新型城乡融合的理论作指导,建立和完善城乡一体化生态绿地网络系统,使绿地网络结构合理、分布均匀、功能高效,充分发挥绿地网络系统在调整、恢复、维护生态平衡,改善环境质量,美化城乡景观,提供娱乐、休闲等方面的作用,创建各种形式的人与自然和谐共生的生态环境。

园林学科的研究范围是随着社会生活和科学技术的发展而不断扩大的。传统理论已经满足不了现实生活的发展,新的理论体系与设计方法还未完全形成。风景园林领域的专家学者在继承和发扬中国古典园林艺术的同时,应该重视风景园林学科的基础理论研究,重视现代工程技术、人文科学、经济科学的社会科学的应用,完善风景园林领域的规范和法制建设,实现人居环境的可持续发展。

三、走向生态的设计

无论是小尺度、局部地段的环境设计还是大尺度区域范围的景观规划，风景园林师都应追求生态设计、可持续发展的理念。中型及大型的园林设计项目中往往单独开辟生态景观展示区或生态园林区，甚至有些项目本身即以“生态公园”定名。由此可见，对生态设计的关注已经成为当代风景园林师进行项目规划设计的重要内容。

生态设计日益成为景观设计的重要内容，但不能忽略其与文化艺术的联系，“缺乏文化含义和美感的唯生态设计是不能被社会所接受的，因而最终会被遗忘和湮没，设计的价值也就无从体现”。

四、走向文化的设计

众所周知，意境的创造曾经是我国古典园林独树一帜的精髓，秦汉山水建筑宫苑中的“一池三山”模式是古代帝王渴求长生不老的“神仙思想”的重要体现；清代江浙写意派山水园林中的“片山尺水、一草一木、楹联景题”都书写着园林主人和造园家对待人生的态度和感悟。

园林的主题立意，即园林所要塑造的精神文化内涵，是园林的灵魂，其定位的正确与否关系园林的存在和发展，也决定着园林本身的水平和地位。恰当的主题文化定位能使园林景观锦上添花，而不恰当的主题定位会使园林景观庸俗，甚至造成不良的社会影响。园林的建造要因人因地制宜，造园如做诗文，必须文题相对，方能成为佳作，如果离题万里，无论如何也不能成为好文章。因此，景观设计师对园林主题的定位应该小心谨慎，将其建立在对园林立地条件——自然地理结构和精神文化背景的深刻理解及对园林使用者行为心理特点的关怀上，而绝不是突发灵感下的偶得。此外，景观文化内涵的表达应该采取大众喜闻乐见的形式，不应该过于抽象晦涩，令人百思不得其解；或者过于具象，缺少含蓄美；或者采用低俗的手段表达低级趣味的主题等。

走向文化的设计是我国风景园林行业迅速发展的重要标志，代表风景园林行业新时代的到来。风景园林是文化的载体，也是一项实践性的造型艺术，新时代的景观设计师及从业人员，不仅要在思想上重视景观的文化底蕴，而且要在设计实践中将其与生态的、经济的、使用的要求结合起来，创造出高品位的、具有时代特点的精品园林文化。

五、走向区域的设计

当代风景园林行业的从业范围已经大幅度的展拓，从传统意义上的造园（古典园林）发展到“大地景观规划”。汪菊渊在1998年的《中国大百科全书·建筑·园林·城市规划》中论及“园林学的研究范围是随着社会生活和科学技术的发展而不断扩大的，目前包括传统园林学（即造园）、城市绿化和大地景观规划三个层次”。这三个层次与生态关系密切，是随着现代环境问题的日益凸显而出现的，尤其是第三个层次上的大地景观规划。

无论哪个层次的规划项目，都不能脱离生态的要求和人本的思想，其根本目的在于“把人类生活空间内的岩石圈、生物圈和智慧圈都作为整体人类生态系统的有机组成部分来考虑，研究各景观元素之间的结构和功能关系，以便通过人的设计和管理，使整个人类生态系统（景观）的时空结构和能流、物流及信息都达到最佳状态”。

六、走向科学和艺术结合的设计

园林是一门综合艺术，与其他艺术形式如绘画、诗歌，虽然形式不同，却有许多相同和相通之处。它们之间互相渗透，互相促进。古典园林又有它独有的特点，古朴典雅，景象优美，意境深邃,具有很高的艺术欣赏价值。

科学技术的发展改善了传统园林行业的设计手段和研究方法。一方面,计算机的普及和网络时代的来临将园林设计师从手工绘图的繁重作业中解放出来,代之以计算机辅助绘图,大大提高了工作效率,增加了绘图的准确性;互联网的普及使异地设计师的合作成为可能。另一方面,计算机技术的普及和应用软件的开发为景观设计师提供了全新的分析问题的方法。20世纪60年代,麦克哈格(La L·Mcharg)采用计算机技术进行区域景观要素的分层、叠加分析,为设计师更加全面地把握环境的特质、进行方案的比较研究奠定了基础。

科学技术的发展影响着园林主题文化的变革,信息社会、虚拟空间、人类交往方式和生活方式的改变及对待环境态度的变化决定了现代园林的主题创作必须适应现代人的行为心理需求。以传统园林的方式方法来约束现代园林建设是不合时宜的,现代园林必须在吸取传统园林精华的基础上,结合时代的变革,反映并满足新时代使用者的欲求。

科学技术的进步推动着风景园林行业地位的变化,同时也引起了设计程序的变革。园林设计已不再是建筑设计和城市规划的附属,而应该走在两者的前面,甚至是同步进行。惟其如此,才能更好地实现园林设计的生态要求,以达到改善全球生态的目的。此外,科学的设计程序也是园林设计师思考的主要问题,对项目可行性分析的重视日渐凸显,设计师从立项阶段即开始与委托单位接触,为委托单位出谋划策,从而达到科学立项、科学规划设计和科学实施管理的高标准。

附录　园林专业通用术语

1. 园林

园林是指一定地区内通过艺术手段和工程技术,如改造地形、种植花木、建造房屋及布置园路等途径创造出来的具有审美意义的自然环境和游憩场地。它在古代由圃、苑、园、山庄、别业等多种名称演绎而来。北魏时此词已出现,唐宋后广为应用。按现代园林之见解,它不仅为游憩之处,也有保护和改善自然环境,以及减轻人体身心疲劳之功效。所以,其含义除包含公园、游园、花园、庭园、游憩绿化带及各种城市绿地外,并扩大到郊区游憩区、森林公园、风景名胜区、自然保护区及国家公园等所有风景游览区及休养胜地。

2. 园林艺术

园林艺术是园林创作升华到艺术境界时的称呼。其内容涉及园林的审美范畴,作为社会特殊意识形态的艺术的各种属性,在园林创作中的表现以及园林艺术的创作方法。

3. 造园艺术

造园艺术是园林艺术的一种传统称呼。无论古今中外,都习惯把园林创作的建造活动称为造园,把造园的艺术称为造园艺术,今天世界上不少国家如日本等国仍沿用此名。若从狭义理解,可指园林艺术创作技巧,涉及园林之相地立基、规划布局、地貌创作、掇山理水、种植配置、园林建筑及为实现这种艺术创作的园林工程。

4. 风景园林

风景园林是传统园林在现代条件下内涵的扩大。园林学随社会生活和科学技术的发展不断引申,如今可包括传统园林学、城市绿化和大地景物规划 3 个层次。

5. 风景

风景常指自然景物。按字义,风乃为空气流动到可被人感知者,景为阳光与阴影,以此来概括自然景象说明我国古代文人对天象气候因素之器重。此词在在六朝出现,当时文人寄情山水,崇尚自然,是“风景”一词出现的历史背景。

6. 山水

“山水”一词由山水画简化而来。山水画是反映自然风光为主要对象的画种,在魏晋南北朝时期开始兴起,并逐渐渗入文学和园林艺术领域中。中国古代自然山水园和文人写意山水园均模山范水,不少画家直接从事园林创作,以画为本,以石为绘,以粉墙为纸,构成了立体的画,无声的诗,所以此词也就成了自然风景的同义语。

7. 名胜

名胜是指著名之风景地。其可以为自然景观形成、人文景观形成、文物古迹形成,也可为多种景观之复合。中国古代有文因景成、景借文传之说,名胜多半因文人墨客的渲染而传世,如江南三大名楼就因《黄鹤楼》诗、《滕王阁序》、《岳阳楼记》而名扬四海。此外,各种自然奇观、宗教场所、名人逸事、神话传说及民俗风情等也是重要原因。

8. 风景区规划

风景区规划多指以满足旅游活动需要为宗旨，开发、利用、保护风景资源为基本任务的大面积游憩绿地的区域性规划。其规划的编制和过程一般分规划大纲和总体规划两个阶段进行，以风景资源的评价与保护为前提，除解决空间景观方面的艺术处理外，尚须综合考虑一系列社会、经济及工程技术问题。

9. 园林设计

园林设计多指单个园林创作，以创造游憩场地和园林艺术形象为宗旨，是造园艺术创作理论的具体化。中国古典园林这方面积累了丰富经验，明计成在《园冶》中把它列为兴造、园说、相地、立基、屋宇、铺地、掇山、选石、借景等设计过程。在现代，则多指以人工造景为主的各类公园设计，国外的森林公园和国家公园多半相当于我国的风景区。我国公园通常仅限于小规模景观空间，如综合性公园、儿童公园、纪念性和名胜古迹园林等。

10. 园林布局

园林布局是指园林设计总体规划的骨架。要求按园林的性质、主题、内容和园址进行总体的立意构思，对构成园林的各种要素作综合的全面安排，确定它们的位置和相互关系。如园林内容与形式的选择，山水位置及其大小轮廓的确定，不同功能用地的分隔与联系以及主要入口、干道和主景的安排等。此外，还要综合考虑平面、立面之间的关系，使全园结构满足功能与景观要求，并经多方比较确定合适的方案。园林布局按其形式可分为规则式布局、自由式布局和混合式布局。

11. 规则式布局

规划式布局又称整形式和几何式布局。整个平面布置、立面造型以及建筑、广场、道路、水体、花草树木等都要求严整对称。西方在 18 世纪英国的风景式园林之前基本上以规则式布局为主，其中文艺复兴时期意大利台地园、17 世纪法国古典主义的凡尔赛宫为其典型代表。它们平面布局对称，以建筑物或建筑群所形成的空间为园林主体，追求几何图案美。我国北京天坛、南京中山陵都采用此种布局，它一般给人以庄严肃穆之感，适用于宫苑、纪念性园林及具有对称轴的建筑庭园中。

12. 自然式布局

自然式布局又称风景式布局。整个平面布置、立体造型、建筑、广场、道路、水体、花草树木都随地形作自然分布。中国古典园林师法自然，以真实山水为蓝本，平面布局不求对称，以自然景物为主体，追求朴素的自然美，如江南园林、承德避暑山庄等。它常给人以轻松活泼之感，适用于游憩观赏性园林，在现代如北京紫竹院和上海长风公园等采用。

13. 混合式布局

混合式布局是指规则式与自然式园林布局并用，在整个平面布置、地貌创作以及山水植物等自然景物上一般采用自然式布局，而建筑物或其群体空间组合上则采用规则式布局。实际上除西方古典园林、中国古代山水园林及英国的自然式园林外，单纯的规则式园林或自然式园林较少见，多数园林取两种之长，庄严与活泼按需并蓄。现代园林尤其多采用。

14. 园林种植设计

园林种植设计是指园林设计中的植物配置方式。自然界的植物群落是园林种植设计的艺术创作源泉。园林种植设计按植物分类有草地、花坛、花境，孤植、对植、列植，丛植、群植及垂直绿化等多种形式。除构图手法外，尚须特别注意色彩及其季节交替，并且还要配合其他构景要素一并考虑。

15. 园林建筑

园林建筑是指园林中有组景作用，同时供游人遮荫避雨、驻足休息、林泉起居的建筑物。中国园林受老庄哲学思想影响，长期以来形成了山水为主、建筑是从的造园艺术风格。建筑布局主张依山就势、自然天成，与自然景物相互穿插、交融。按不同的造型特征分有亭、廊、榭、舫、厅、堂、馆、轩、斋、楼、阁、台、桥等，分别用于点景、观景、分景等不同的造园功能。

中国园林建筑根据地理环境的不同，素有南、北风格之分。北方的建筑形式厚重沉稳，布局较为严整，多用色彩强烈的彩绘，构造近乎“官式”；南方的建筑形式则轻盈舒展，布局灵活自由，一般以青瓦素墙，褐色门窗为色彩基调，显得玲珑清雅；但不论是“北雄”还是“南秀”，在造型与布局上，都以崇尚自然美为宗旨。

16. 园林建筑小品

园林建筑小品是指园林中供休息、照明、展示、点饰及园林管理等的小型建筑设施。其中，包括桌椅、灯具、路标、导游牌、洗手池、公用电话亭及各种装饰物等。一般体量小巧，造型别致，富有地方特色，既有实际用途，也可美化园林，有时还起宣传作用。其设计不仅要考虑本身的艺术质量，还要选择合理的位置，以便与周围环境互相衬托，相映成趣。

17. 园林工程

园林工程是指园林创作的物化过程。其内容包括除园林建筑工程之外的一切室外工程，如体现园林地貌创作的土方工程、筑山工程、理水工程、园路和铺地工程及种植工程等。园林工程学的任务就是应用工程技术来表现园林艺术，使工程构筑物与园林景观融为一体。

18. 景观

景观是指人对各种天然与人工景物所感知的景象。一般分为自然景观与人文景观。按字义分析，景指被观赏的对象，观为观赏者的行为和感知过程。观赏风景是主客体相互作用的结果，而不是被动接受。景观是与人的主观评价分不开的，景的品质以观赏者的审美观为转移。

19. 观赏点

观赏点又称视点，是指人们观赏风景时人眼的空间位置。高度一般取人眼距离地面的高度。平面位置决定于与作为观赏对象的景点的对应关系。这种关系既决定于观赏对象的景物本身的造型，又决定于观赏的距离，此外还要考虑视线联系的可能性。由于园林是大尺度的三维空间环境，人们对它的观赏是在其中多方面进行的，所以观赏点不止一个，人们的感受往往是在许多观赏点上得到的审美感受共同作用的结果。

20. 观赏路线

观赏路线又称游览路线，既是园林中的交通线，又是贯穿各个观赏点的供人们游赏的风景线，对风景的展开和观赏程序起着组织作用。中国古典园林在这方面有着丰富的经验，如江南园林中的观赏路线，常采用以山、池为中心的环行路线，使园景一幕幕展开，逐步引人入胜，达到曲折幽深、小中见大的效果。

21. 视距

视距又称观赏距离，是指视点至观赏对象之间的距离。视距一方面决定于作为观赏对象的景物的高度以及人们对它的观赏要求，另一方面也决定于人的视力。对一般建筑景观而言，如200m之内可看清个体建筑、200～700m之间可看清群体建筑的轮廓，而1200m之外则只能隐约看到群体建筑的轮廓。即使一个美的景物，若无合适的观赏距离也难以取得理想的观赏效果。

22. 视角

视角又称观赏角，是指视点与景物上部轮廓连接线与视平线之间所成的夹角，通常取垂直、水平两个方向的视角作为衡量建筑观赏的标准。一般观赏建筑的水平视角约为60°。若以垂直视角而言，视角成45°时，适于观赏建筑局部；视角成27°时，适于观赏单幢建筑群体；视角成18°时，适于观赏建筑群。

23. 园林美

园林美是指在特定的环境中，由部分自然美、社会美和艺术美相互渗透所构成的一种整体美。它既通过山水、泉石、树木、花卉、建筑和构筑等客观事物物质实体的线条、色彩、体形、体量、质感、肌理等属性表现出一种形态特征，直接作用于人的感官，给人以审美享受，又通过上述物质实体及其属性，形成变化丰富、灵活自由的风景空间，使人们在动态与静态的游赏活动中，获得美好的身心感受。还为具有不同文化心理结构的人，在选择和组织欣赏过程中，创造感情客观化的条件。因此，园林美是时空综合艺术美。

24. 园林的自然美

园林的自然美是指在构成园林整体美中，具有线条、色彩、体形、体量、比例、对称、均衡、生机、音响等必备条件的自然物之美。上述条件作为自然物的形式与属性，只有当与人发生关系，如作为美化人的生活环境，给人带来物质与精神美好感受时才发生作用。

25. 园林的社会美

园林的社会美是指园林艺术的内涵美。社会生活中的道德标准和高尚情操，寓于园林景物中，使人触景生情。这是园林特有的感性的、直观的效应，在人的感觉中发生作用。中国从魏晋到明清，千百年中，文人士大夫通过园林审美而实现自我人格完善的事例不胜枚举。如养真、求志、寄傲、抱冰等标志人格的园林题额；甚至皇家苑囿和官府私园也常以“澹泊敬诚”“澡身浴德”一类的警句作景区、景点之命名。

26. 园林的艺术美

园林的艺术美是指园林的一种时空综合艺术美。在体现时间艺术美方面，它具有诗与音乐般的节奏与旋律，能通过想象与联想，使人将一系列的感受转化为艺术形象。在体现空间艺术美方面，它既能使人感觉与触摸，又能使人深入其内，身历其境，观赏和体验到它的序列、层次、高低、大小、宽窄、深浅等。中国传统园林是以山水画的艺术构图为形式，以山水诗的艺术意境为内涵的典型的时空综合艺术，其艺术美是融诗画为一体的内容与形式谐调统一的美。

27. 园林的形式美

园林的形式美是指在园林整体美中，以感性特征直接引起人们视觉美感的形式。园林的形式美从两方面表现出来，一方面是从园林的构成元素——山水、岩石、植物、建筑等的物质属性（如色彩、形状、质感、肌理等）中表现出来；另一方面是通过造园活动，由人的创造所形成的格局中表现出来。

28. 园林立意

园林立意是指确定布局、构图、组景、造景和创造特定意境的园林创作构思活动。由于中国园林与文学、绘画的融会贯通，造园犹如吟山水诗、作风景画，先须构思成熟，方可“下笔”，即“意在笔先”。园林立意可理解为园林构思，但又比构思具有更深的文化内涵和更高的文化层次。

29. 园林意境

园林意境是指通过园林形象的塑造所表现出来的富于诗情画意的园林艺术境界和情调。这是一种由人的感情客观化中再现的景物和因它诱发的想象相统一的园林环境。园林意境包含了意与境,即情与景这样一对相辅相成的要素。意、情属于主观范畴,境、景属于客观范畴,因此意境是主客观相熔铸的产物。园林意境的具体表现即情景交融,它是造园家追求的园林艺术境界,也是欣赏者和批评家用以衡量园林艺术美的尺度与标准。

30. 私家园林

私家园林是官僚、地主、富商、士大夫等私人所属的园林,萌芽于战国,西汉时已盛。初期的私家园林除规模略小外,与帝王苑囿并无二致。至魏晋南北朝开寄情山水之园风,始与皇家园林呈并驾齐驱之势。其后,私人营园之风盛而不衰。明清时私园更遍及全国。北方以北京为中心,江南以苏杭为典型。同时,南方还有岭南风格园林。其中,以江南园林最富代表性。私家园林多处于城市之中,多为第宅之延扩,一般面积较小,玲珑雅致,内容却包罗众多,融居住、聚友、读书、听戏、赏景诸多功能于一园。其造园总特色是,在有限的空间内用人工的手法细致地摹仿自然,浓缩再现出无限的自然山水之美,创造可游、可观、可居的城市山林,实现人与自然统一和谐的审美理想、同时又刻意追求诗情画意的艺术意境,以满足清高风雅的生活情趣。现存著名的私家园林有苏州的拙政园、留园,无锡的寄畅园,扬州的个园等,皆为明清之遗存。

31. 寺观园林

寺观园林是指寺观建筑和自然环境结合而形成的园林化的环境。自东汉起,尤其是魏晋南北朝之际,随着大量的舍宫为寺、舍宅为寺,宫苑和宅园同时被带入寺观,园林气氛与宗教活动融为一体,形成寺观园林的独特形式。一般有两大类型,即位于城镇的模仿自然的寺观山水园与位于大自然的自然风景式寺观园,后者逐渐成为主流。寺观园林的主要特色是:①重视相地选址,以僻静为宗旨,多位于名山大岳和自然条件较好之处,静穆清幽之境,若处市镇屋宇之间,则以高墙大树遮隔,造出一个静憩养性的宗教园林空间;②顺应自然,以与自然和谐为目标,以不破坏或不违背自然环境为根本,园景力呈自然风景所固有的本色,或雄伟险峻,或秀丽明净,或曲折幽深,或明朗开畅;③建筑布置"精而体宜",其造型、材料、色彩与周围环境协调,颇具"寺补旧青山"之效;④园林组景、借景巧妙地利用自然景观,游览路线的布置以最大限度地串联各风景点为能事,以有节奏地达到步移景异,渐入胜境为目的。现存著名的寺观园林极多,如杭州灵隐寺、虎跑寺,峨眉山万年寺等。

32. 自然山水园

自然山水园是指开始于魏晋时期的以自然山水为主体的园林。自然山水园扬弃以宫殿楼阁为主、禽兽花鸟充斥其间的汉代建筑宫苑形式,继承并进一步发展古代"一池三山"传统,从而开创以土山水池为园景基础的园林风格。最突出特征是,通过穿池构山形成自然山水的境域,山水风景组成的基础是地形创作,构山要重岩覆岭,深溪洞壑,崎岖山路,合乎山的自然生态,所创的山水不仅是风景更是人游憩的生活场所。楼观的布列是散点式布局,与秦汉宫苑中殿屋楼阁复道相连的建筑群体大异其趣,反映了人与自然关系的变化,山水草木泉石不只是被人欣赏的无生命的东西而是人生活的组成部分,融合在人的情感之中。

33. 写意山水园

写意山水园是随文人山水画的发展而出现的一种诗情画意为主导思想的园林,兴于唐而盛于宋。多以山水画为蓝本,园林思想的主题是超脱、秀逸的意境,刻意追求山水画所提倡的意趣,反映了唐宋文人及上层社会对生活享受与精神寄托的追求。因造园条件的差异可分两类:一是就天然胜区加以布置而成的自然园林;二是在城郊区相地合宜,构图得体而创的园林,其中包括花园、宅园、别墅、游息园等。其代表园当推辋川别业。

34.《园冶》

《园冶》是古代造园专著。明末造园家计成撰。除总体论述造园主旨方针外,还从厅堂、楼阁、门楼、书房、亭榭、廊房、墙垣、门窗、栏杆、假山、铺地等造园各个方面提出具体要求,强调建筑布局精而合宜,巧而得体,适合揽胜幽雅的造园用意。造园技艺介绍尤为详备。全书集中反映了当时园林面貌和造园艺术技法水平,对后来造园影响深远。传入日本后,为日本造园界推崇。它是世界最早的古造园学名著。1981 年 10 月中国建筑工业出版社出版了陈植注释、陈从周校阅的《园冶注释》。

35. 一池三山

一池三山是秦汉时兴起的宫苑布局形式。其特点是由大水面环绕三座岛山,象征仙海神山。三座岛山即蓬莱、方丈、瀛洲,仙海即东海。一池三山的宫苑格局源于东方蓬莱神话系统,突破了先秦"灵囿"中一水一台的"灵台"、"灵沼",提高了水体在园林中的地位与作用。这种以池岛为中心的园林布局形式,不仅在中国传统园林中影响深远,对日本、朝鲜等国园林也产生了深刻影响。

36. 虽由人作,宛自天开

此为《园冶》名句,中国园林以模仿自然山水,加以浓缩提炼,用传神写意的方式表现出来,创造艺术形象;创造的作品要求尽量不露人工斧凿痕迹,宛若天开图画。这种相似不是形似,而要神似;以形写神,形神兼备。从美学角度来看,这句话反映了中国传统文化中老庄思想的影响,提倡平淡天真,朴素自然;反对繁华浓艳,雕绘满眼。

37. 意在笔先

此为传统画论用语。"凡画山水,意在笔先。意存笔先,画尽意在。"意思是下笔前要胸有全局,对主题、意境、构园等有确定的立意,而不能信手所之,以致不可收拾。中国画重意境,立意在先才能以意使笔而不为笔所使。意与笔的关系是立意构思统率用笔。落笔之前,要胸有丘壑,才能精神贯注,一气呵成,神全气足。中国画重意尚写,用笔肯定,一般没有修改余地,故强调意在笔先。造园即是立体的画,当然也要循这一规律。对于造园家来说,不是用笔问题,而是掇山理水、莳花种树、造屋架桥的问题。

38. 构园无格

语出《园冶》,意谓园林创作没有规定格式,不可因袭。画论中所谓"善画者师物不师人,善学者师心不用道","至人无法,非无法也,无法而法,是为至法"。任何文艺创作,都不应为公式化格式所拘。而造园和建筑不同,就在于没有固定"法式",特别是掇山叠石,虽然以画为蓝本,但施工兴造,却全凭工匠因地制宜,因石成形,才能有个性和特点。如因袭他人窠臼,则必然千篇一律。因此,构园无格对于园林艺术更显得重要。

39. 意境

意境是指文艺创作中自觉或不自觉地赋予作品的高层次精神内涵,集中、强烈、深刻地反映某种感情、意志或理念,并且以含蓄的方式寓于作品的审美形象之中。意境是文艺作品的灵魂。风景园林艺术意境的创造,有以下主要途径:①形象,如颐和园佛香阁与前山建筑群,可以联想起帝王与群臣；②气氛，如假山水，浓缩自然，把大自然的美丽移到面前，创造世外桃园的气氛，引发山林啸傲的情怀，或体验“石令人古，水令人远”的感受，或领悟“智者乐水，仁者乐山”的情怀；③象征，如个园的假山象征四季，“一池三山”象征“海上神山”；④隐喻，如沧浪亭、不系舟暗示隐士逸人；⑤传说，如金山塔与雷峰塔和《白蛇传》传说，黄鹤楼道士与黄鹤的传说；⑥题咏，以景名、对联、诗文、书画碑碣、摩崖等方式直抒胸臆，如岳阳楼联云：“四面湖山归眼底，万家忧乐到心头”，把先忧后乐的意境烘托出来，造成情景交融的效果。

40. 三分匠，七分主人

语见《园冶》，中国古代园林艺术追求诗情画意，高古典雅，非文人墨客，不能主其事。故工匠在造园中的作用被认为只能占十分之三，而主持（构思设计）人占十分之七。

41. 巧于因借，精在体宜

此为对园林布局的要求，“因”指因地（包括各种条件）制宜，“借”指借景入园，“体”指得体合度，“宜”指方便适合。其意为多利用自然条件及现有基础，因势利导，用较少的人工物力，收较好的景观效果，如苏州沧浪亭把园外的葑溪“借”为己有。

42. 俗则屏之，嘉则收之

此为造园技巧之一。对于不高雅不美观的形象，要用屏障物作遮蔽。例如，天坛为了创造隔离尘环境界，种了满园圆柏以遮掩不必要的因素；苏州园林高墙深院，也是屏俗的需要，隔开闹市以存幽。嘉则收之往往通过借景，设法让优美的形象易于进入游人的视野。例如，颐和园借玉泉山，寄畅园借惠山，避暑山庄借棒槌山，拙政园借北寺塔，沧浪亭借葑溪，补园宜两亭邻借拙政园等。若再加上框景，则更能体现一个“收”字。寄畅园就利用框景收惠山塔影，颐和园也多次用框景将玉泉山塔影收入天然图画中。

43. 步移景异

步移景异又称移步换景。中国绘画采用散点透视，或曰动点透视。假定画面景物是人在行进中的连续印象，如《长江万里图》或《清明上河图》是动观的记录。在园林景观布局中借鉴绘画原理，考虑与游路相联系的动观效果，在空间中引进时间的因素，要求在空间序列中景点的安排有节奏地变化，精心考虑游人视点、视距、视角等观赏参数与空间景物多样性的巧妙结合。具体方法是利用参差错落，穿插渗透的空间景物与曲折起伏，俯仰转折的游人游路以产生蒙太奇效应。

44. 层次

在观景视野中，由于景观因素与视点距离的不同而有近景、中景、远景的区别，又由于景观因素虚实疏密的差异而造成掩映关系，合起来使观景者得到“山外青山楼外楼”的感受，或重峦叠嶂的重叠感，这就是景观的层次。层次多的景观可产生幽深莫测的形象，丰富多变，富有魅力。古诗有“山重水复疑无路，柳暗花明又一村”的名句，常被引用来形容人们对多层次景观的感受与意味。在小空间里要创造深度大的效果，必须增加层次。“庭院深深深几许，杨柳堆烟，帘幕无重数”，无重数就是层次多，其结果是给人庭院深深的印象。因此，多层次大深度是中国园林的特色，也是造成含蓄蕴藉的主要途径。

45. 湖中有岛，岛中有湖

中国古代造园常用手法之一，其目的就在于造成有层次和深度的景观空间。例如，圆明园九洲清宴、西湖三潭印月、无锡蠡园等都采取了这种手法。三潭印月是其中典范，其岛中的湖又分为四个小湖，中间又有岛，以堤和曲桥相连，形成“湖中有岛，岛中有湖，湖中又有岛”的布局。其外的三个石灯塔也可视为三个象征性的岛,可称为“岛外又有岛”。这种多层次空间穿插渗透手法体现了中国造园美学含蓄蕴藉的特色。

46. 引景

风景园林中引导游人和视线的方式。其主要分为三种:①游路引导,因路得景,这是最基本的一种,如“远上寒山石径斜”,“自古华山一条路”;②前景引导,在前方有景物引人入胜,当有歧路时人们选择景物方向,如“山重水复疑无路,柳暗花明又一村”,又一村便是前景;③指示或标志引导,是利用文字、图画、声音或光照等符号指示去向。三种方式常常并存,更能令游人确信无疑,而且也增加变化,破除单调。如登泰山,一路上有牌坊、摩岩、碑碣为指示,有十八盘那样的蹬道导引,有南天门一类的前景召唤,使游者认定目标,下定决心,奋力登山。

47. 对景

对景是指通过轴线引导使景物与观景视线的关系固定,主客体在轴线两端相对由于对景的视线是被限定了的,不像借景的随便,可以在漫不经心中去偶然发现;因此,对景往往带有秩序感、约束感、严肃感,特别在轴线为大道或林荫道时为显著。对景常在纪念性或大型公共建筑上采用,并多与夹景、框景相结合。例如,天坛祈年殿前神道中轴线正对祈年门和皇穹宇,通过祈年门柱梁构成框景,神道两侧柏树为夹景;三座建筑成为互为对景关系。

48. 借景

借景一般是指将观赏者所在的园林范围以外的景观通过一定方式“借”入园来,使园内之人能看到园外之景。这是中国古代园林艺术中的重要造景手法。《园冶》说:“园林巧于因借,精在体宜。”又说借景是“林园之最要者”;“构园无格、借景有因”,“因借无由,触景俱是”,阐明了借景的规律和特点。园林本身面积有限,有咫尺山林之称,为了弥补其不足,借景是个好办法。陶潜诗云:“采菊东篱下,悠然见南山。”体现了借景的逸趣。借景有远借、邻借、仰借、俯借、应时而借几种。

49. 夹景

夹景是构景手法之一,常与对景相结合,在所对景物的轴线两侧已排列成行的景物限定并引导观者的视线朝向主景(即所对景物)。夹景一般用树木、房屋、墙垣、崖壁、雕塑等形成。古代帝王将相陵墓园林多在墓道两侧设置石人、石兽、石表(柱)、石幢等,排列数里,即起了夹景作用,又形成微差韵律。夹景的夹和景也具有对比与反衬作用。

50. 框景

框景是指有意识地设置门窗洞口或其他框洞,使观者在一定位置通过框洞看到景物。框景可以约束并引导人们的视线,并摒除粗俗而选取精美景色摄入视野,宛如经过剪裁的一幅图画。杜甫诗云:“窗含西岭千秋雪,门泊东吴万里船。”窗与门成为框景的主要手段。《园冶》云“窗虚蕉影玲珑”,“处处邻虚,方方侧景”,就是讲框景的运用。除门窗柱楣外,桥拱洞也可构成优美景框;此外,由树冠与树干构成景框显得自然一些,但往往并非有意为之。

51. 隔景

隔景是分景的具体手法之一。利用隔景可将大空间划分为许多小空间,以增加景效。隔景可分为实隔与虚隔两种:实隔多用围墙、有墙壁的建筑物、山石等;虚隔则多为疏林、空篱、栅栏、花架、空花墙、无墙亭廊、水、桥、道路、铺地、地面高差、柱表、雕塑等手段。大范围风景园林中这两种手段常结合使用,如杭州西湖湖中水面多虚隔,湖外山林多实隔,形成旷奥对比,如湖中有岛、岛中有湖、湖中又有岛的三潭印月,或六桥烟柳的苏堤春晓,远远望去,有“隐隐飞桥隔野烟”的意境，是为虚隔的典范。

52. 障景

障景是指在游路或观赏点上设置山石、墙壁等屏障以挡住视线和去路而引导游人改变游览方向的造景手法。障景可作为分景手段，也可作为过渡方式，是造成抑扬掩映效果的重要途径。例如，拙政园进门就是一座怪石峥嵘的假山，绕过山去，有小桥流水；花木掩映中可见远香堂、香洲等建筑；再绕到远香堂北面月台上，全园主景豁然开朗，奔来眼底。这种手法在《红楼梦》大观园入口处也被采用。障景在自然山水中主要靠游路选择，如华山、黄山、峨眉山、青城诸山都因游路顺山起伏转折而常常出现峰回路转、有亭翼然的景象；武夷山、三峡、小三峡等名胜则以水路为引导，以山崖为障景，造成九曲十八湾的效果。障景还可用来屏蔽不堪入目之处，所谓“俗则屏之”。

53. 漏景

漏景又称泄景或透景，一般是指有虚隔的两个空间透过隔物（如门窗、洞口、漏花等）而看到景物，看到局部的为漏景或泄景，看到大部的为透景。“春色满园关不住，一枝红杏出墙来。”红杏一枝透漏了满园的春色消息，引起探胜寻幽的浓厚兴趣和强烈愿望。中国园林善于利用漏景创造空间渗透和过渡的效果。

54. 题景

题景又称点景、意景，主要由匾、联上的景名、对联以及其他文字作品（诗词歌赋等）所描写的意境来体现。这是中国风景园林、名胜古迹的一大特点。曹雪芹在《红楼梦》中说：“若大景致，若干亭榭，无字标题，任是花柳山水，也断不能生色。”其中，景名或题匾是最精练地为风景传神写意的，往往托物言志，借景抒情，表达人们的审美理想。补园留听阁由李商隐诗句“留得残荷听雨声”而来。

55. 孤植

在草坪、水滨、山冈或广场等空旷空间，单独栽植一株树形优美的乔木或灌木，称作孤植。孤植树主要表现植株个体的特点，突出树木的个体美，如奇特的姿态、丰富的线条、浓艳的花朵、硕大的果实等。因此，应选择那些具有体形巨大、枝条开展、姿态优美、轮廓线分明、生长旺盛、成荫效果好、寿命长等特点的树种。

56. 对植

对植是指两株或两丛相同的树，按一定的轴线关系，左右相互对称或均衡的种植形式，主要用于强调公园、建筑、道路、广场的出入口，同时起到庇荫和装饰美化的作用，在构图上形成配景和夹景。同孤立树不同，对植很少作主景。

57. 丛植

两株或两株以上的乔、灌木成丛栽植称为丛植。几株树木的配合，在树种、树形、体量、动势、距离上要协调呼应，彼此有变化，切忌规整的几何图形。丛植树种应选择树形美观、枝叶庇荫、生长旺盛、有花有朵的植物。

58. 群植

群植是指大型树丛，一般为二三十株以上组成的树群。在园林构图中可作主景、屏障、诱导或透视的夹景。常以乔木、灌木、花卉、草坪与地被植物按其生物学特性与生态学规律配植。在平面陶图上应有丰富曲折的变化；在立体构图上应充分考虑到林冠线与林缘线的变化，错落有致，富有层次。在植物选择上应综合考虑喜光树种与阴性树种、物候季相、叶色花期、树形姿态等因素。

59. 风景林

城市园林中也有树林，但多属于小规模的。尽管这些林木之间，林木与环境之间也有着相互作用，若与森林相比较则不够条件，在营林目的上也不同，前者以生产商品用材为主，后者则从功能和景观效果上考虑。为了区别起见，把这种小规模的园林林木称为风景林。

60. 季相

在风景构图中，植物是活的设计元素，几乎每时每刻都在按照一个复杂而微妙的时间表在活动，呈现出不同自然景色和外貌。这种有规律性的季节变化称为季相或物候相。设计者必须对季相变化有敏感性，同时还要懂得在风景设计中如何把它们作为一种易变的因素来使用。

61. 选石

掇山造景，必先选择石料。《园冶》、《长物志》、《闲情偶寄》以及自宋以来历代《石谱》著作，对选石均有独到见解。从景石的角度来看，湖石一般以漏、透、瘦、皱者为佳。

62. 漏透瘦皱

这是古人对湖石的审美要求。漏是指石上洞穴上下左右穿通；透是指石上洞穴透空，可以望穿；瘦是指立石比例纤细修长；皱是指表面肌现多凹凸，粗而不平。通常湖石多能满足这种要求，尤以太湖石为最。总的看来，立石以玲珑空透、婉转多姿为佳。

63. 景石

景石又称峰石、立石，是指独立的观赏用岩石，一般多取太湖石类。这种景石造型变化多姿，常作为半抽象半具象的雕塑来欣赏。景石的设置必须从园林空间总体布局、环境背景、石型特点、观赏位置等方面综合考虑。中国赏石传统以“石令人古”为审美纲领。现有著名景石有苏州的冠云峰、瑞云蜂、岫云蜂、朵云峰，上海的玉玲珑，杭州的皱云峰，广州的九曜石，北京的青芝岫等。

64. 置石

园林中除用山石叠山外，还可利用山石零星布置，称为置石。置石用的山石材料较少，结构比较简单，对施工技术也没有特殊的要求，因此容易实现，而且艺术效果较好，适应范围广，如点缀土山、水畔、庭园、墙隅、路旁、树下无不相宜。置石有特置、散置和群置之分。

65. 特置

特置又称孤置山石、孤赏山石或峰石。它本身具有比较完整的构图关系，秀丽的姿态，古拙或奇异的形体，堪作单独欣赏者而见长。放置时可设基座，也可不设基座，将其半埋于土中，更显其自然。特置石必须具备独特的观赏价值，方可选用。

66. 群置

群置在用法和要点方面基本上与散点相同。差异之处是其所在空间比较大，如果用单体山石散点，会显得与环境不相称。故常把六七块，或更多的石堆叠一起，以增加体量。而且堆数也可增多，但就其布置的特征而言，仍属散置范畴。只不过是以多代少、以大代小而已。

67. 散置

散置是指将山石零散布置，即所谓“攒三聚五”、“散漫理之”的作法。其布置要点在于有聚有散，有断有续，主次分明，高低曲折，顾盼呼应，疏密有致，层次丰厚。

68. 掇山

掇山又称叠山，是指人工堆造假山。汉武帝的太液池中模仿海上神山堆了三座假山，是中国造园史上掇山的先声。宋徽宗造艮岳，以假山景观为主，模仿天下名山，掇山艺术已达到成熟期。中国古代园林以模山范水为特点，掇山艺术是其精华。掇山之道，多借用传统画论。

69. 叠石

叠石又称理石，是指纯用岩石掇山。石山的空间布局及造型应高低参差，前后错落；主山高耸，客山避让；主次分明，起伏奔趋；大小相间，顾盼呼应，千姿百态，浑然一体；一气贯通，鲜明得势。同一假山，应用同一石种，务使纹理连续，依皴合掇，达到峰与皴合，皴自峰生。还要注意疏密相映，虚实相生，层次深远，意境含蓄。即使是孤峰独石，也要力求片山多致，寸石生情。叠石为造园师的主要技艺，有法无式，只有师法自然，才能胸有丘壑。

70. 叠石操作步骤

叠石通常包括以下步骤：①相石，又称读石、品石，是指观察形色纹理，估计大小轻重，定其品质地位等；②奠基，是指地面以下承重部分；③立座，又称拉底或起脚，是指地面上假山垫底（山脚）部分；④堆叠，是指假山中层主体部分的构筑；⑤起洞，是指洞穴应在立座与堆叠时同时构成；⑥立峰，又称收头或结顶，为假山最上层轮廓及峰石的布局；⑦刹垫，是指对堆叠不稳不严处以较小石块楔垫，使其严实稳定；⑧勾缝，是指使石山浑然一体。叠石操作技法，据北京"山子张"祖传有"十字诀"："安、连、接、斗、挎、拼、悬、剑、卡、垂。"

71. 理水

理水是指园林中各种水景的设计修造。理水的原则是："水面大则分，小则聚；分则萦回，聚则浩渺；分而不乱，聚而不死；分聚结合，相得益彰。水有源头，流随山转；穿花渡柳，悄然逝去。瀑布落泉，洄湾深潭，动静相兼，活泼自然。"水体的形态有湖、池、潭、湾、瀑、溪、渠、涧等。分隔水体的手段有堤、埂、岛屿、洲渚、滩浦、矶、岸、汀、闸、桥、建筑、花木等。理水要师法自然，切忌生硬造作。

72. 理水手法

一分，将水面分成形状不同的局部；二隔，是完成分的手段，可以用堤、闸、桥、廊、亭、榭、岛、散石、汀步、矶、树、花、石幢灯笼等；三破，岸线宜有变化，造成曲折凹凸，纵横交错的形式；四绕，景观因素环绕，使相互资借，相得益彰；五掩，用山石、树木、建筑、堤桥等掩蔽岸线及水流、水口、水源；六映，倒映天光云影，亭廊桥堤，花木岛屿，山峦矶岸等，以扩大空间，并在夜景中邀月招云；七近，亭榭、桥堤、矶岸、月台、汀步均应尽可能接近水面；八静，水面以静赏为主；九声，以静为主，也要适当有动；十活，或曰引，引活水入园，或在池中挖井泉，使池水不断更新。

73. 亭

亭是指只有屋顶没有墙的小屋。在风景园林中用来点景、观景、供游人驻足小憩、纳凉、避雨。其特征是玲珑轻巧，从各个角度观赏都有相对独立和完整的建筑形象。一般由屋顶、柱身、台基三部分组成。北方浑厚稳重；江南则纤巧秀丽、轻快活泼。亭的选址在风景园林中至关重要，"花间隐榭，水际安亭"是园林中的构景要素。一般在风景名胜区或大型的离宫别苑中，亭多布局在主要的观景点和风景点上；在规模较小的私家园林中，亭多作为组景的主体而位于假山之巅、池水之涯、松柏之荫、幽篁之林。

74. 廊

廊是指有覆盖的通道，一般用作建筑室内外空间的过渡和建筑物之间的连接，有遮风避雨、联系交通等实用功能。其基本特征是窄而长，可"随形而弯，依势而曲"。在风景园林中通常作为组织空间序列展开的重要手段。

75. 榭

榭是指水边的敞屋。在风景园林中除具有供人游憩的功能外，主要起观景与点景作用。最早的榭只是高台上的木构亭状物，有检阅台的性质。明清时进一步发展为园林建筑的专用名词。《园冶》："榭者，借也。借景而成者也。或水边，或花畔，制亦随态。"古典园林中现存的榭大多设在水边，如拙政园芙蓉榭、颐和园洗秋榭等。新中国成立后新建的一些水榭多用钢筋混凝土结构，造型轻快、通透、舒展，功能上可作休息室、茶室、接待室、游船码头等。

76. 轩

轩是指地处高旷、环境幽静的小室。园林中多作观景之用。古代，轩是指一种有帷幕而前顶较高的车，"车前高曰轩，后低曰轾。"从轩中外望，有"欲举之意"。用在建筑上，则指厅堂前带卷棚顶的部分。园林中的轩，特征是轻巧灵活，高敞飘逸，多布局在高旷地段，踞冈临下，是园内的主要观景点之一。如留园闻木樨香轩。也有布局在池畔的，形式与功能与水榭类似，但不像水榭那样伸入水中。

77. 雕塑

雕塑是造型艺术之一，包括雕、刻、塑3种制作方式。以各种适宜雕或塑的材料（如砖、石、木、金属、黏土）等进行艺术创作，制作出各种形态的具有实在体积的艺术形象。从材料分类，如石雕、砖雕、木雕、泥雕、金属雕刻等；从形式分类，如圆雕、浮雕、透雕等；从内容分类，如纪念雕塑、寓言雕塑、象征性雕塑、宗教雕塑、墓葬雕塑、城市雕塑、园林雕塑等。

78. 汀步

汀步是指水中代小桥的石块，旧称步石。宜布置成曲折状，大小、高低、形状应有所变化，显得活泼一些。要注意水位高低，在急流中应考虑稳定，深水应保证安全。

参 考 文 献

[1]吴机际. 园林工程制图[M]. 广州:华南理工大学出版社,2005.
[2]侯军. 建筑工程制图图例及符号大全[M]. 北京:中国建筑工业出版社,2004.
[3]黄东兵. 园林规划设计[M]. 北京:高等教育出版社,2002.
[4]游泳. 园林史[M]. 北京:中国农业科学技术出版社,2002.
[5]苏丹,宋立民. 建筑设计与工程制图[M]. 武汉:湖北美术出版社,2001.
[6]李莉婷. 色彩构成[M]. 武汉:湖北美术出版社,2001.
[7]周维权. 中国古典园林史[M]. 北京:中国建筑工业出版社,2001.
[8]马晓燕,卢圣. 园林制图[M]. 北京:气象出版社,2001.
[9]王晓俊. 风景园林设计[M]. 南京:江苏科学技术出版社,2000.
[10]彭一刚. 中国古典园林分析[M]. 北京:中国建筑工业出版社,1999.
[11]罗哲文. 建筑初步[M]. 北京:中国建筑工业出版社,1999.
[12]田学哲. 建筑初步[M]. 北京:中国建筑工业出版社,1999.
[13]童鹤龄. 建筑渲染[M]. 北京:中国建筑工业出版社,1998.
[14]彭敏,林晓新. 实用园林制图[M]. 广州:华南理工大学出版社,1998.
[15]马子民. 钢笔仿宋字书法[M]. 北京:新时代出版社,1997.
[16]唐学山. 园林设计[M]. 北京:中国林业出版社,1997.
[17]过元炯. 园林艺术[M]. 北京:中国农业出版社,1996.
[18]卢仁,金承藻. 园林建筑设计[M]. 北京:中国林业出版社,1995.
[19]辽宁林校. 园林规划设计[M]. 北京:中国林业出版社,1995.
[20]李征. 园林设计[M]. 北京:中国建筑工业出版社,1995.
[21]高雷. 建筑配景画图集[M]. 南京:东南大学出版社,1995.
[22]诺曼·K. 布思. 风景园林设计要素[M]. 北京:中国林业出版社,1993.
[23]郦芷若,唐学山. 中国园林[M]. 北京:新华出版社,1992.
[24]刘光明. 建筑模型[M]. 沈阳:辽宁科学技术出版社,1992.
[25]张家骥. 中国造园论[M]. 太原:山西人民出版社,1991.

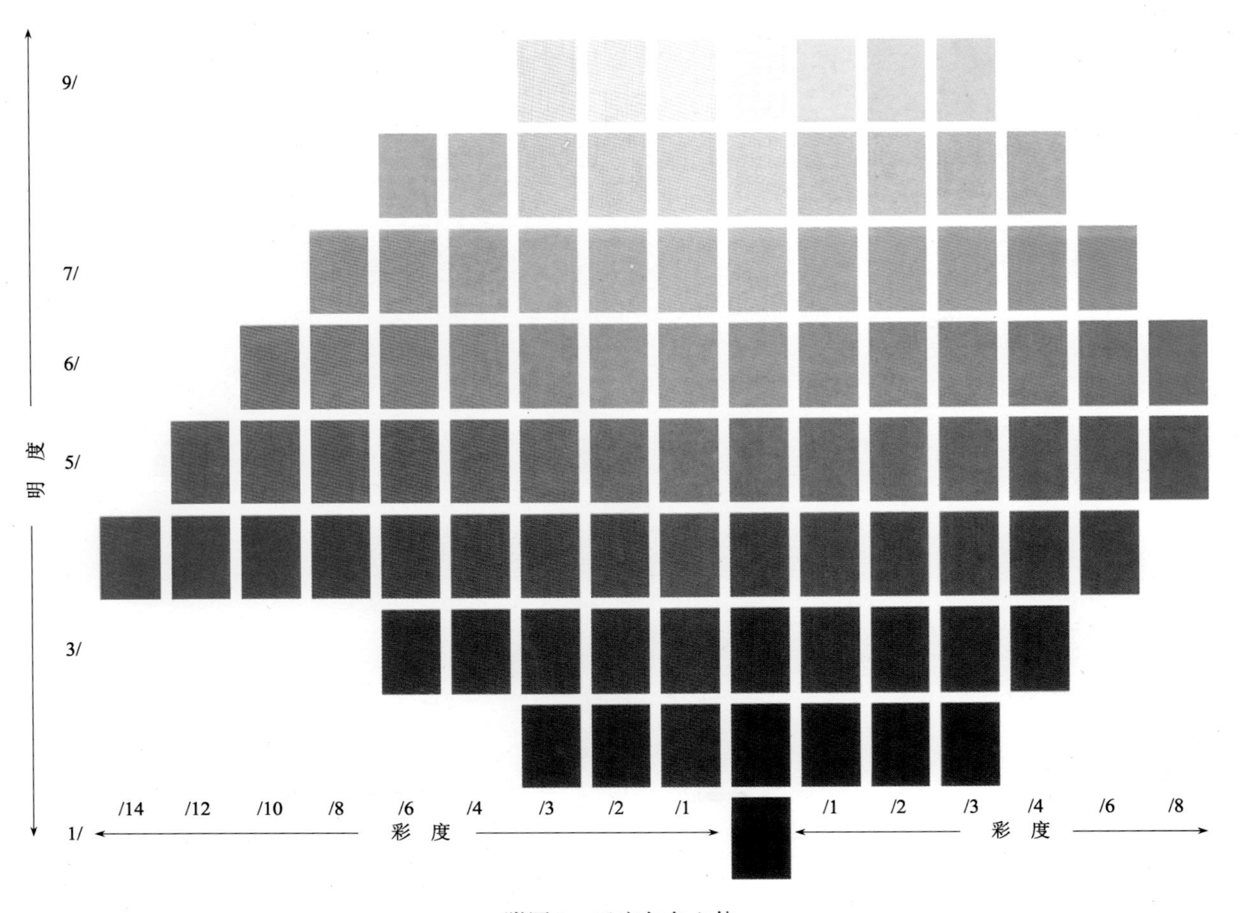

附图 1　孟塞尔色立体

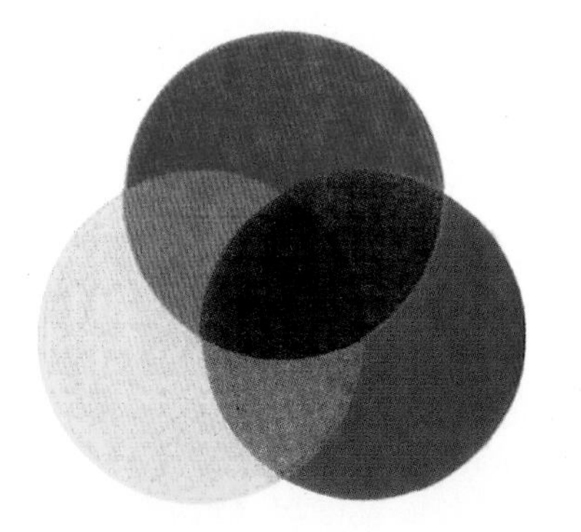

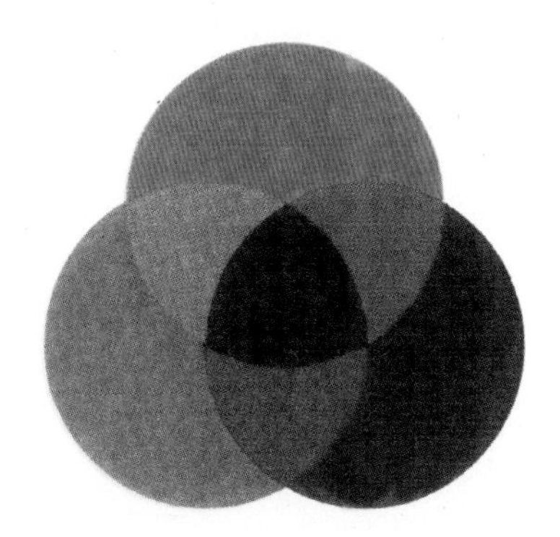

附图 2　原色、间色、复色

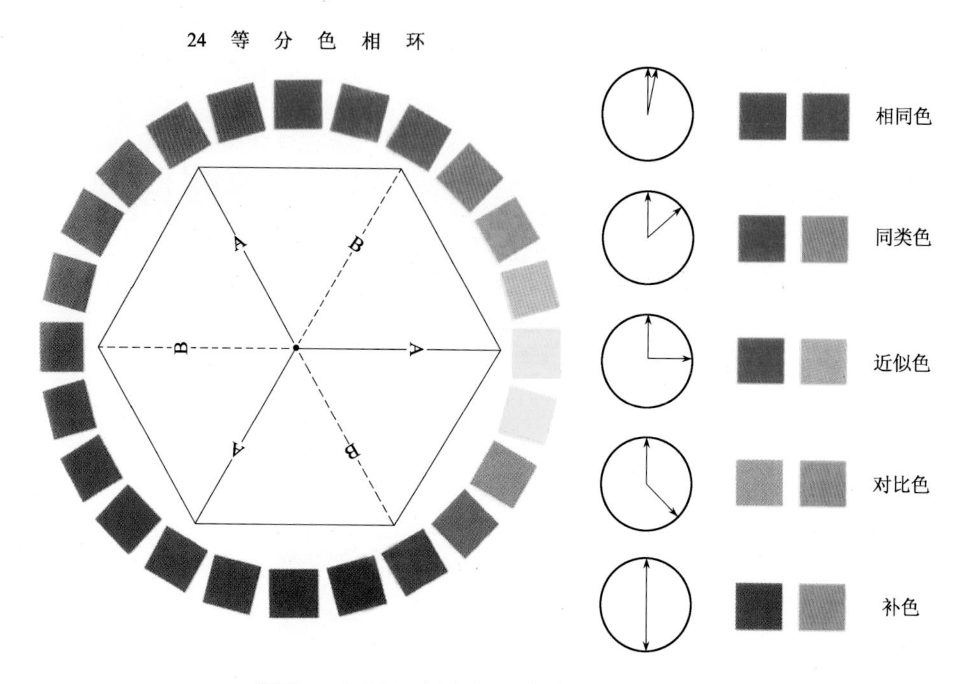

附图 3　相同色、同类色、近似色、对比色、补色

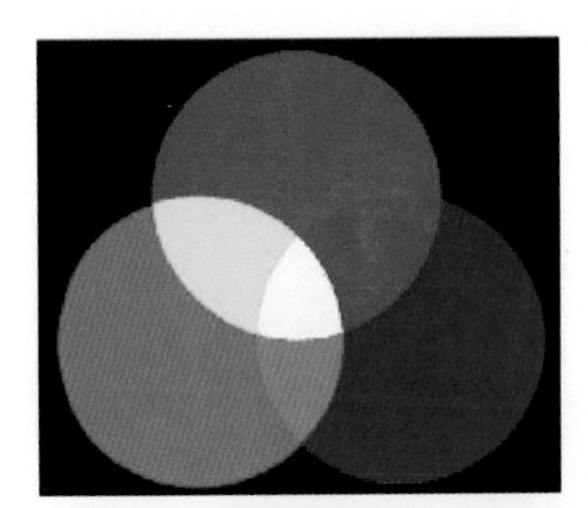

加色混合

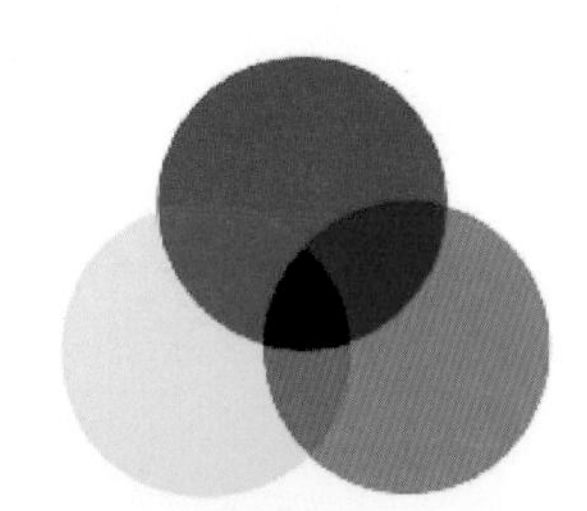

减色混合

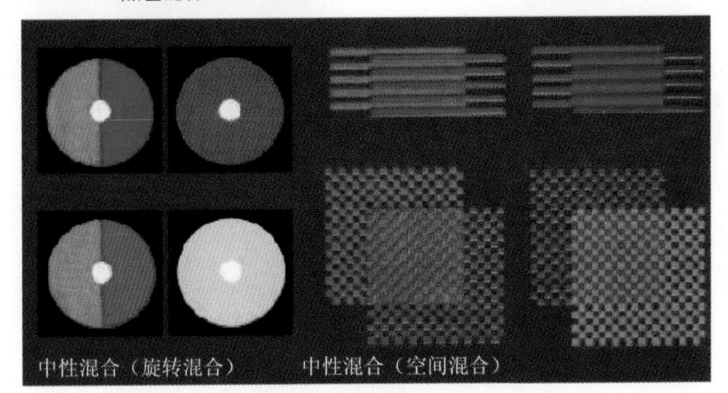

中性混合

附图4　色彩的混合

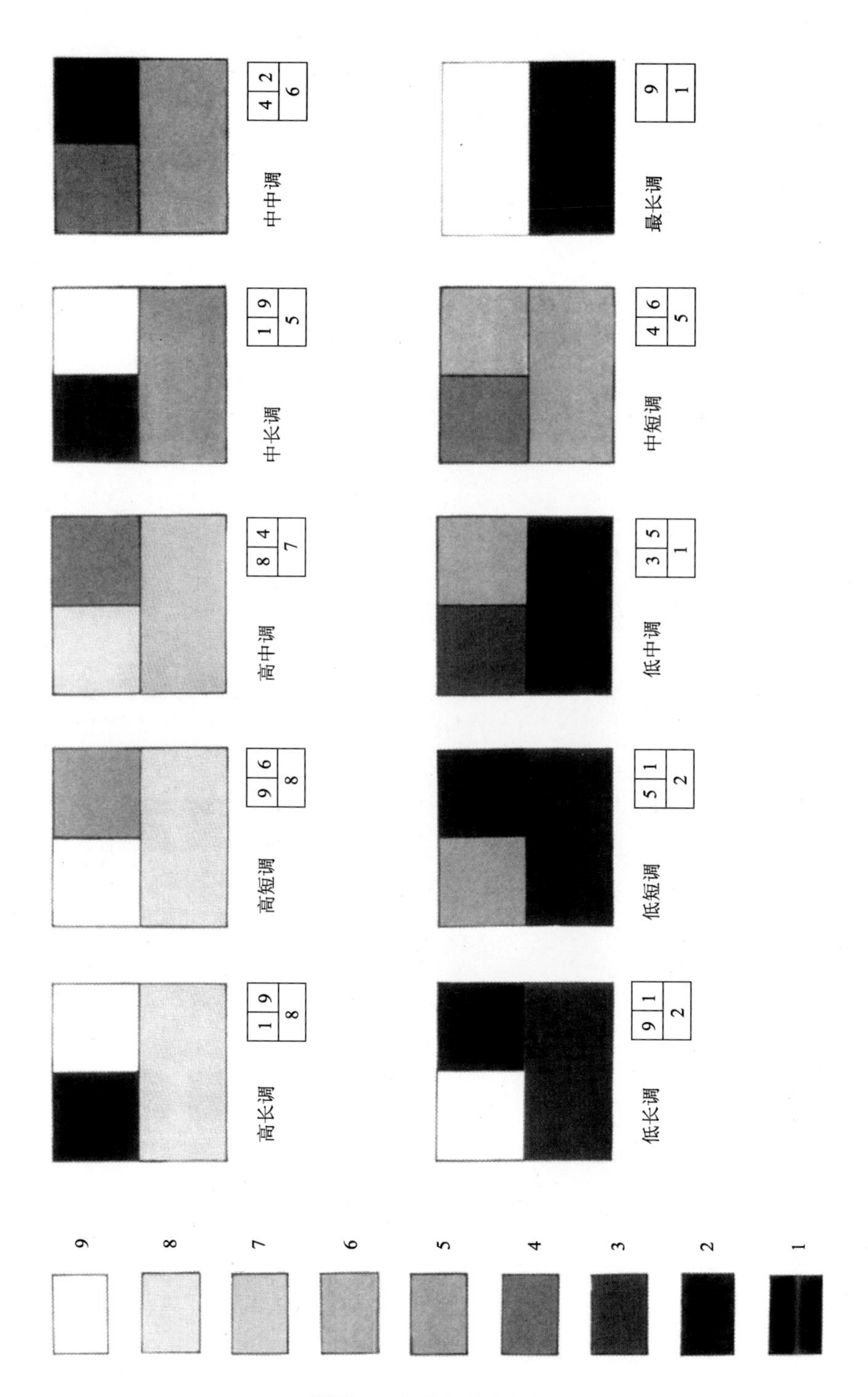

附图5　色彩的明度基调

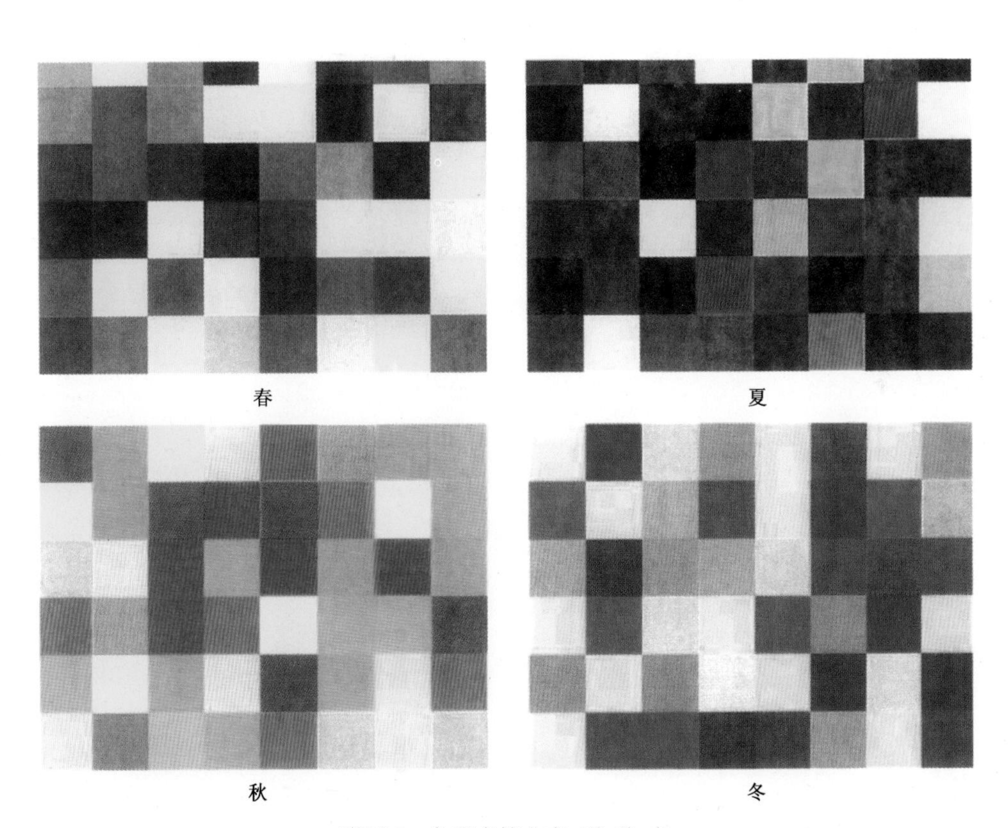

附图6　色彩表情之春、夏、秋、冬

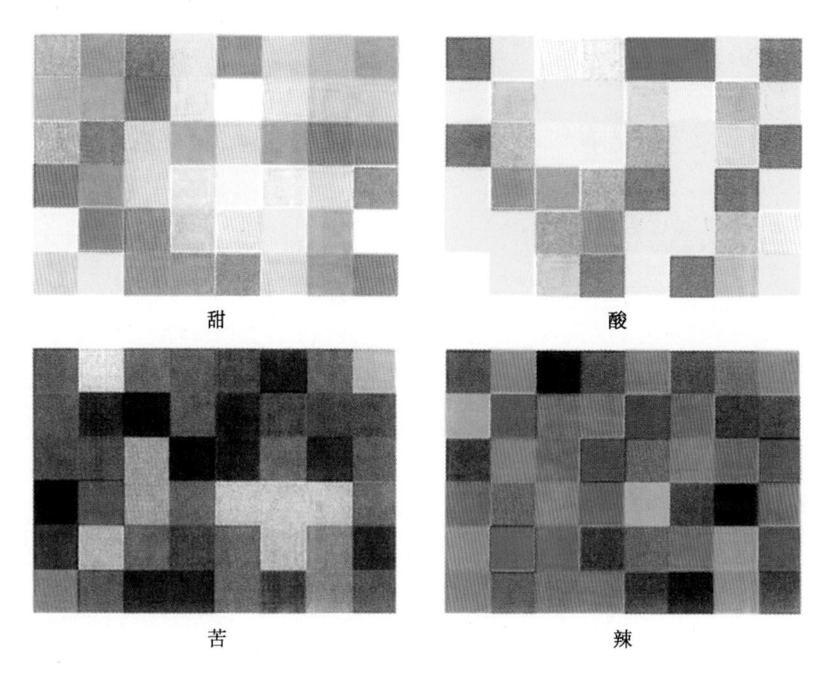

附图 7　色彩表情之酸、甜、苦、辣

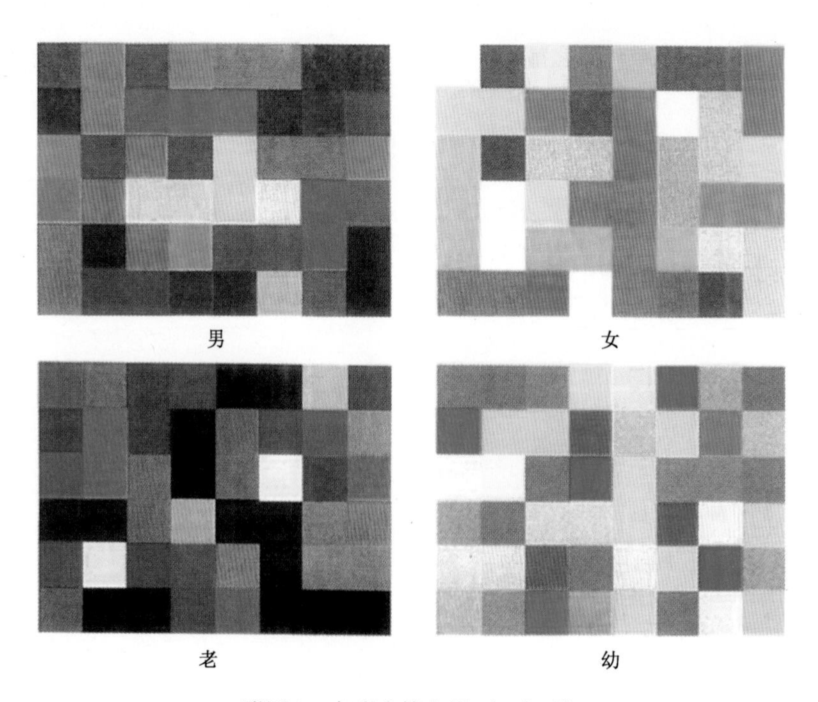

附图 8　色彩表情之男、女、老、幼

一种色占主导的面积

主调明确的对比色

低彩度

调入相同色

明度差与彩度差明显的对比色

中性色占较大的比重

对比色呈渐变

中性色（黑）作为间隔的配置

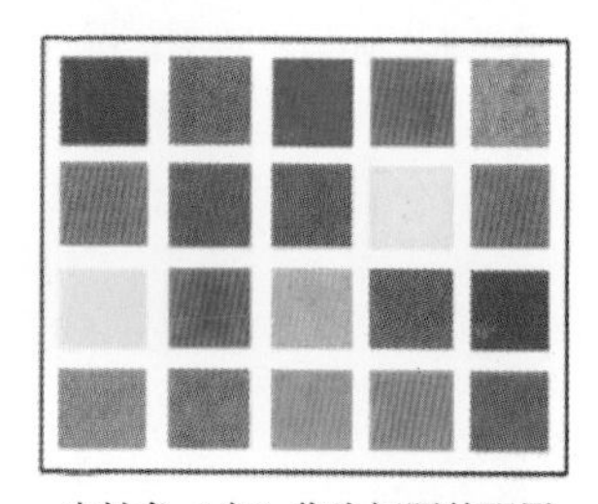
中性色（白）作为间隔的配置

中性色（灰）作为间隔的配置

附图9　色彩的协调

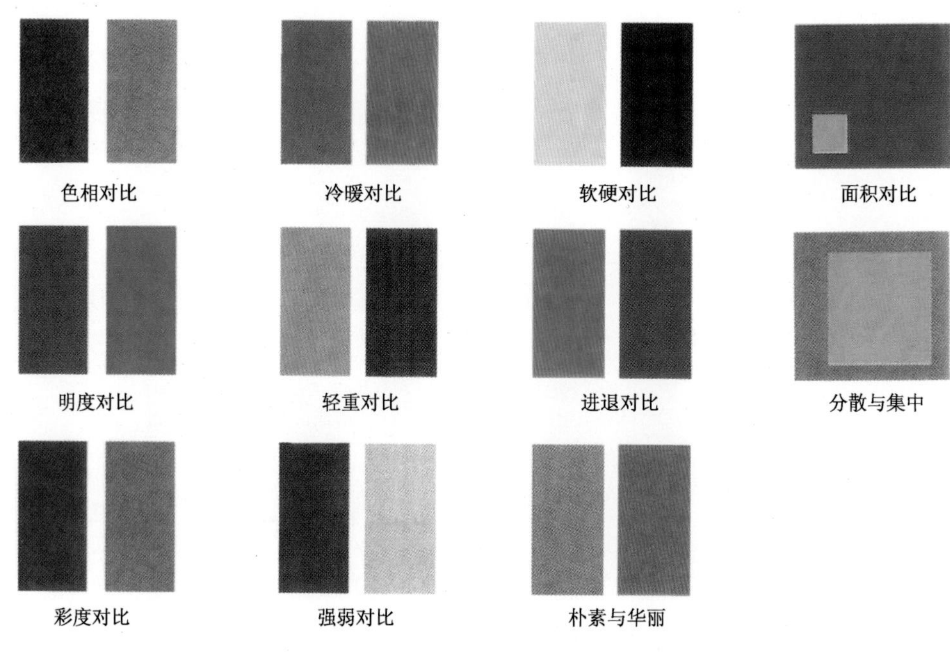

附图 10　色彩的对比

附图 11　色彩的错视